YANGCHANG

SHOUYAO ANQUAN SHIYONG

YU YANGBING FANGZHI JISHU

羊场兽药安全使用与羊病防治技术

魏刚才　郑爱荣　张晓霞　主编

化学工业出版社

·北京·

图书在版编目（CIP）数据

羊场兽药安全使用与羊病防治技术/魏刚才，郑爱荣，张晓霞主编．—北京：化学工业出版社，2024.2
ISBN 978-7-122-44418-9

Ⅰ.①羊…　Ⅱ.①魏…②郑…③张…　Ⅲ.①羊病-兽用药-用药法②羊病-防治　Ⅳ.①S859.79②S858.26

中国国家版本馆 CIP 数据核字（2023）第 214572 号

责任编辑：邵桂林　　　　　　　　　文字编辑：李玲子　陈小滔
责任校对：宋　夏　　　　　　　　　装帧设计：韩　飞

出版发行　化学工业出版社
　　　　　（北京市东城区青年湖南街 13 号　邮政编码 100011）
印　　刷　三河市航远印刷有限公司
装　　订　三河市宇新装订厂
850mm×1168mm　1/32　印张 12¼　字数 353 千字
2024 年 3 月北京第 1 版第 1 次印刷

购书咨询：010-64518888　　　　售后服务：010-64518899
网　　址：http://www.cip.com.cn
凡购买本书，如有缺损质量问题，本社销售中心负责调换。

定　　价：65.00 元　　　　　　　　　　　版权所有　违者必究

编写人员名单

主　　编　　魏刚才　　郑爱荣　　张晓霞

副 主 编　　朱洪强　　赵喜荣　　任毅冉　　王英华　　任　杰

编写人员 (按姓名笔画排列)

王亚楠 (河南省长垣职业中等专业学校)

王英华 (河南省动物疫病预防控制中心)

朱洪强 (河南省濮阳市华龙区农业农村局)

任　杰 (河南省濮阳县农业农村局)

任毅冉 (河南省延津县动物疫病预防控制中心)

张晓霞 (河南省畜牧技术推广总站)

陈学敏 (河南省濮阳县农业农村局)

陈惠丽 (河南省潢川县农业综合行政执法大队)

郑爱荣 (河南省畜牧技术推广总站)

赵喜荣 (河南省郸城县农业农村局)

胡生华 (河南省延津县农业农村局)

崔新萍 (河南省卫辉市太公镇便民服务中心)

靳安红 (河南省濮阳县农业农村局)

滕战伟 (河南科技学院)

魏刚才 (河南科技学院)

前言
PREFACE

近年来，我国养羊业稳定发展，羊的数量和产品产量逐年增加，规模化、集约化程度不断提高，羊场疾病控制难度也越来越大，羊病的现场临床诊断显得尤为重要。另外，生产中为了防治疾病，药物的误用、滥用、不规范使用现象普遍存在，导致药不对症、药物残留和污染环境等。目前，市场上有关羊病防治的书籍不少，但都没有专门的章节介绍药物；而兽药方面的著作众多，但涉及羊病防治方面的内容又过于简单，形成脱节。市场迫切需要临床常用的药物与常见羊病防治有机结合的读物。为此，编者组织有关人员编写了《羊场兽药安全使用与羊病防治技术》一书。

本书共分为上、下两篇，上篇是羊场兽药安全使用，包含兽药的基础知识、抗微生物药物的安全使用、抗寄生虫药物的安全使用、中毒解救药的安全使用、中草药制剂的安全使用、其它药物的安全使用、生物制品的安全使用、消毒防腐药的安全使用；下篇是羊场疾病防治技术，包含羊场疾病综合防控体系和羊场疾病诊治技术。

本书密切结合养羊业实际，体现系统性、准确性、安全性和实用性的要求，并配有大量图片以便读者理解和掌握。本书不仅适合羊场兽医工作者阅读，也适用于饲养管理人员阅读，还可作为大专院校、农村函授及培训班的辅助教材和参考书。

本书图片主要是畜禽生产课题组多年教学、科研与畜禽生产服务的资料，为充实内容，也引用了其他一些彩图，在此表示感谢。

由于水平所限，书中可能会有疏漏和不当之处，敬请广大读者批评指正。

编者

目 录
CONTENTS

●●上篇　羊场兽药安全使用●●

上 篇
羊场兽药安全使用

第一章

兽药的基础知识

第一节　兽药的定义和分类

一、兽药的定义

兽药是用于预防、诊断和治疗动物疾病，或者有目的地调控动物生理功能、促进动物生长繁殖和提高生产性能的物质。

二、兽药的种类

兽药主要可以分为六类（见图 1-1）。

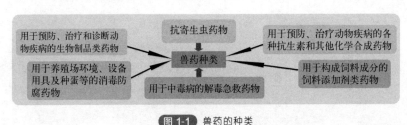

用于预防、治疗和诊断动物疾病的生物制品类药物

抗寄生虫药物

用于预防、治疗动物疾病的各种抗生素和其他化学合成药物

用于养殖场环境、设备用具及种蛋等的消毒防腐药物

兽药种类

用于中毒病的解毒急救药物

用于构成饲料成分的饲料添加剂类药物

图 1-1　兽药的种类

第二节　兽药的剂型和剂量

一、兽药的剂型

剂型是指药物经过加工制成便于使用、保存和运输的一种形式。

兽医药物的剂型，按形态可分为液体剂型、半固体剂型和固体剂型（见表 1-1）。

表 1-1 兽药的剂型及特征

剂型		特征
液体剂型	溶液剂	不挥发性药物的澄明液体。药物在溶媒中完全溶解，不含任何沉淀物质。可供内服或外用，如氯化钠溶液等
	注射剂（亦称针剂）	指灌封于特制容器中的专供注射用的无菌溶液、混悬液、乳浊液或粉末（粉针），如 5% 葡萄糖注射液、青霉素钠粉针等
	合剂	两种或两种以上药物的澄明溶液或均匀混悬液，多供内服，如胃蛋白酶合剂
	煎剂	生药（中草药）加水煮沸所得的水溶液，如槟榔煎剂
	酊剂	生药或化学药物用不同浓度的乙醇浸出的或溶解而制成的液体剂型，如龙胆酊、碘酊
	醑剂	挥发性药物的乙醇溶液，如樟脑醑
	搽剂	刺激性药物的油性、皂性或醇性混悬液或乳状液，如松节油搽剂
	流浸膏剂	将生药的醇或水浸出液经浓缩后的液体剂型。通常每毫升相当于原生药 1 克
	乳剂	两种以上不相混合的液体，加入乳化剂后制成的均匀乳状液体，如外用磺胺乳
半固体剂型	软膏剂	药物和适宜的基质均匀混合制成的具有适当稠度的膏状外用制剂，如鱼石脂软膏。供眼科用的灭菌软膏称眼膏，如四环素眼膏
	糊剂	大量粉末状药物与脂肪性或水溶性基质混合制成的一种外用制剂，如氧化锌糊剂
	舐剂	药物和赋形剂（如水或面粉等）混合制成的一种黏稠状或面团状制剂
	浸膏剂	生药的浸出液经浓缩后的膏状或粉状的半固体或固体剂型。通常浸膏剂每克相当于原药材 2~5 克，如甘草浸膏等
固体剂型	散剂	一种或一种以上的药物均匀混合而成的干燥粉末状剂型，如健胃散、消炎粉等
	片剂	一种或一种以上药物与赋形剂混匀后，经压片机压制而成的含有一定药量的扁圆形状剂型，如土霉素片
	丸剂	药物与赋形剂制成的圆球状内服固体制剂。中药丸剂又分蜜丸、水丸等
	胶囊剂	将药粉或药液装于空胶囊中制成的一种剂型，供内服或腔道塞用，如四氯化碳胶囊、消炎痛胶囊等
	预混剂	一种或多种药物加适宜的基质均匀混合制成供添加于饲料用的粉末制剂，如氨丙啉预混剂等

二、兽药的剂量

药物的剂量是指药物产生防治疾病作用所需的用量。在一定范围内，剂量愈大，药物在体内的浓度愈高，作用也就愈强。但剂量过大，会引起中毒甚至死亡。剂量与药理作用的关系见图 1-2。药物剂量和浓度的计量单位见表 1-2。

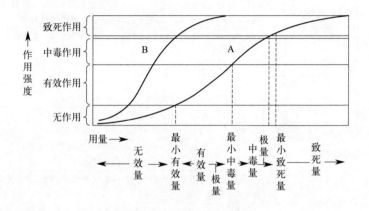

图 1-2 剂量与药理作用的关系

表 1-2 药物剂量和浓度的计量单位

类别	单位及表示方法	说明
重量单位	公斤或千克、克、毫克、微克，为固体、半固体剂型药物的常用剂量单位。其中以"克"作为基本单位或主单位	1 千克＝1000 克 1 克＝1000 毫克 1 毫克＝1000 微克
容量单位	升、毫升为液体剂型药物的常用剂量单位。其中以"毫升"作为基本单位或主单位	1 升＝1000 毫升
百分浓度	百分浓度（％）指 100 份液体或固体物质中所含药物的份数	100 毫升溶液中含有药物若干克（克/100 毫升） 100 克制剂中含有药物若干克（克/100 克） 100 毫升溶液中含有药物若干毫升（毫升/100 毫升）

续表

类别	单位及表示方法	说明
比例浓度	$(1:x)$，指 1 克固体或 1 毫升液体药物加溶剂配成 x 毫升溶液。如 1：2000 的洗必泰溶液	如溶剂的种类未指明时，都是指的蒸馏水
其它	效价单位、国际单位是有些抗生素、激素、维生素、抗毒素(抗毒血清)、疫苗等的常用剂量单位	这些药物需经生物鉴定其作用强弱，同时与标准品比较，以确定一定量检品药物中含多少效价单位。凡是按国际协议的标准检品测得的效价单位，均称为国际单位

第三节　兽药的作用及影响因素

一、兽药的作用

药物的作用是指药物与机体之间的相互影响，即药物对机体（包括病原体）的影响或机体对药物的反应。药物对机体的作用主要是引起生理功能的加强（兴奋）或减弱（抑制），此即药物作用的两种基本形式。由于药物剂量的增减，兴奋和抑制作用可以相互转化。药物对病原体的作用，主要是通过干扰其代谢而抑制其生长繁殖，如四环素、红霉素通过抑制细菌蛋白质的合成而产生抗菌作用。此外，补充机体维生素、氨基酸、微量元素等的不足，或增强机体的抗病力等都属药物的作用。同时，"是药三分毒"，药物亦会产生与防治疾病无关，甚至对机体有毒性或对环境有危害的有害因素。

1. 药物的有益作用

（1）防治作用　用药的目的在于防治疾病，能达到预期疗效者称为治疗作用。针对病因的治疗称为对因治疗，或称治本。如应用抗生素杀灭病原微生物以控制感染，应用解毒药促进体内毒物的消除等。此外，补充体内营养或代谢物质不足的称为补充疗法或代替疗法，也可以预防此类疾病。如应用微量元素等药物治疗畜禽的某些代谢病。应用药物以消除或改善症状的治疗称为对症治疗，或称治标。当病因不明、但机体已出现某些症状时，如体温上升、疼痛、呼吸困难、心力衰竭、休克等情况，就必须立即采取有效的对症治疗，防止症状进一步发展，并为进行对因治疗争取时间。如应用解热镇疼药解热镇痛、应用止咳药减轻咳嗽、应用利尿药促进排尿，以及有机磷农药中毒时用硫酸阿托品解除流涎、腹泻症状等都属于对症治疗。对健康或无临床症状的畜禽应用药物，以防止特定病原的感染称为预防作用。

（2）营养作用　新陈代谢是生命最基本的特征。畜禽通过采食饲料，摄取营养物质，满足生命活动和产品形成的需要。在集约化饲养条件下，畜禽不能自由觅食，所需营养全靠供应。同时，品种、生产目的、生产水平、发育阶段不同的群体，对营养的需要都有一定的差异。此外，饲料中的营养物质，虽然在种类上与动物体所需大致相似，但其化合物构成、存在形式和含量却有着明显的差别。因此，应当供给羊营养价值完全、能够满足其生理活动和产品形成需要的全价配合饲料。所以，必需氨基酸、矿物质、维生素等营养性饲料添加剂的补充，对完善饲料全价性具有决定意义；而且对于病畜病禽来说，饲料添加剂的营养作用，除有利于羊的康复、提高抗病能力外，还有治疗作用。

（3）调控作用　参与机体新陈代谢和生命活动过程调节的物质，属于生物活性物质，如激素、酶、维生素、微量元素、化学递质等。它们在动物体内的含量很少，有些在体内合成（如激素、酶、化学递质、某些维生素），有些需由饲料补充（某些微量元素和维生素）。生命活动是极其复杂的新陈代谢过程，又受不断变化的内外环境的影响。因此，机体必须随时调节各种代谢过程的方向、速度和强度，以保证各种生理活动和产品形成的正常进行。畜禽新陈代谢的调节可在细胞水平和整体水平上进行，但都是通过酶完成的。药物的调控作用，主要是影响酶的活性或含量，以改变新陈代谢的方向、速度和强度。例如，肾上腺素激活腺苷酸环化酶，使细胞内激酶系统活化，促进糖原分解；许多维生素或金属离子，或参与酶的构成，或作为辅助因子，保证酶的活性，以调节新陈代谢。

（4）促生长作用　能提高畜禽生产力、繁殖力的药物作用称为促生长作用。许多化学结构极不相同的药物，如抗生素、合成抗菌药物、激素、酶、中草药等，都具有明显的促生长作用，常作为促生长添加剂应用。它们通过各不相同的作用机制，加速畜禽的生长，提高畜禽生产性能和产品形成能力。

2. 药物的毒副作用

（1）副作用　指药物在治疗剂量时所产生的与治疗目的无关的作用。一般表现轻微，多是可以恢复的功能性变化。产生副作用的原因是药物的选择性低，作用范围大。当某一效应被作为治疗目的时，其他效应就成了副作用。因此，副作用是随治疗目的而改变的。例如：阿托品治疗肠痉挛时，则利用其松弛平滑肌作用，而抑制腺体分泌、引起口干便成了副作用；当作为麻醉前给药时，则利用其抑制腺体分泌作用，而松弛平滑肌，引起肠臌胀、便秘等则成了副作用。

（2）毒性作用　指由于用药剂量过大或用药时间过长而引起的机体生理生化功能紊乱或结构的病理变化。药物的毒性作用，常因用量过大或应用时间过长引起，有时两种相互增毒的药物同时应用，也会呈现毒性作用。因用药剂量过大而立即发生的毒性，称为急性毒性；因长时间应用而逐渐发生的毒性，称为慢性毒性。毒性作用的表现因药而异，一般常见损害神经、消化、生殖及循环系统和肝脏、肾脏功能，严重者可致死亡。药物的致癌、诱变、致畸、致敏等作用，也属于毒性作用。此外，药物对畜禽免疫功能、维生素平衡和生长发育的影响，都可视为毒性作用。

（3）变态反应　变态反应是机体免疫反应的一种特殊表现。药物多为小分子，不具抗原性；少数药物是半抗原，在体内与蛋白质结合成完全抗原，才会引起免疫反应。变态反应仅见于少数个体。例如，青霉素G制剂中杂有的青霉烯酸等，与体内蛋白质结合后成为完全抗原，当再次用药时，少数个体可发生变态反应。

（4）危害机体的免疫力　许多抗生素能提高机体的非特异性免疫功能，增强吞噬细胞的活性和溶酶体的消化力。若在应用抗菌药物的同时，进行死菌苗或死毒苗（灭活菌）抗病接种，能促进机体免疫力的产生；若利用弱毒抗原接种，则对抗体形成往往有明显的抑制作用，尤其是一些抑制蛋白质合成的抗菌药物（氟苯尼考、链霉素等），在抑制细菌蛋白质合成的同时，也影响机体蛋白质的合成，从而影响机体免疫力的产生。同时，抗菌药物也能抑制或杀灭活菌苗中的微生物，使其不能对机体免疫系统产生应有的刺激，影响免疫效果。因此，在各种弱毒抗原（活菌苗）接种前后 5～7 天内，应禁用或慎用抗菌药物。

3. 药物的其它不良作用

药物可以预防和治疗疾病，也会产生毒副作用，更能产生危害公共卫生安全的不良作用。

（1）药物残留 食用动物应用兽药后，常常出现兽药及其代谢物或杂质在动物细胞、组织或器官中蓄积、储存的现象，称为药物残留，简称药残。食用动物产品中的兽药残留对人类健康的危害，主要表现为细菌产生耐药性、变态反应、一般毒性作用、特殊毒性作用。

① 细菌产生耐药性。未经充分熟制的食品中存在的耐药菌株，被摄入消化道后，一些耐胃酸的菌株会定植于肠道，并将耐药因子通过基因水平转移，转移给人体内的特异菌株，后者在体内繁殖，导致耐药因子的传播。因此造成细菌对多种药物产生耐药性，给人类感染性疾病的治疗选药带来困难。

② 变态反应。青霉素、磺胺类药、四环素及某些氨基糖苷类药物，具有半抗原性或抗原性，它们在肉、蛋、奶中的残留，引起少数人发生变态反应，主要临床表现为皮疹、瘙痒、光敏性皮炎、皮肤损伤、头痛等。

③ 毒性作用。有些药物残留在畜禽体内，人们食用后可能会出现毒性症状（一般毒性作用）。药物残留的致畸、致突变、致癌和生殖毒性作用，是特殊毒性作用。

（2）机体微生态平衡失调 畜禽消化道的微生物菌群是一个微生态系统，存在多种有益微生物，菌群之间维持着平衡的共生状态。微生物菌群的平衡和完整是机体抗病力的一个重要指标。微生态平衡失调是指正常微生物菌群之间和正常微生物菌群与其宿主（机体）之间的微生态平衡，在外界环境影响下，由生理性组合转变为病理性组合的状态。微生物菌群的变化，尤其是抗生素诱导的变化，使机体抵抗肠道病原微生物的能力降低。同时，还可使其他药物的疗效受到影响。

如在治疗畜禽腹泻时，大量使用土霉素后，不仅杀灭了致病菌，也对肠道内的其他细菌特别是厌氧菌有明显的抑制或杀灭作用，而厌氧菌如乳酸杆菌、双歧杆菌等对维持消化道黏膜菌群的抵抗力起着重要作用。因此，抗生素的使用会使机体抵抗力下降而增加机体对外源性感染的敏感性。不合理用药而引起的机体正常微生态屏障的破坏，使那些原来被菌群屏障所抑制的内源性病原菌或外源性病原菌得以大量繁殖，从而引起畜禽的感染发病和产生耐药菌株。一些病原体在产生耐药性以后，可通过多种方式，将耐药性垂直传递给子代或水平转移给其他非耐药的病原体，造成耐药性在环境中广为传播和扩散，使应用药物防治疾病变得非常困难，这也是近年来耐药病原体逐渐增加和化学药物的抗病效果越来越差的重要原因。而更值得警惕的是，医用抗生素作为饲料添加剂，有可能增加细菌耐药菌株，因为在低浓度下，敏感菌受抗生素抑制，耐药菌则相应增殖，并可能经过二次诱变，产生多价耐药菌株。同时，动物的耐药性病原体及其耐药性还可通过动物源性食品向人体转移，可能引起人的过敏，甚至导致癌症、畸胎等严重后果，造成公共卫生问题，使人类的疾病失去药物控制。

（3）污染环境　从生态学角度看，环境中的化学物质达到或超过中毒量，环境中有敏感动物或人存在，以及具备该化学物质进入机体的有效途径时，就会导致区域性中毒事件。根据食物链逐级富集理论，食物链上的每一级都称为一个营养级。每经过一个营养级，90%的食物被消耗，仅有10%进入产物中。食物链越长，易于蓄积的化学残留物就越多。一方面，在集约化畜牧业中，广泛应用某些饲料药物添加剂，以及应用酚类消毒药、含氯杀虫药等，都可能导致水源、土壤污染。另一方面，畜禽又是工业废水、废气、废渣所致环境污染的首要受害者，有害污染物在食用畜禽产品中残留，又会损害人的健康。因此，应当增强环境和生态意识，科学安全地使用药物，保护环境，避免动物和人的健康受到危害。

二、影响兽药作用的因素

药物的作用是药物与机体相互作用的综合表现，因此总会受到来自药物、动物机体、给药方法及饲养管理环境等方面因素的影响。这些因素不仅能影响药物作用的强度，有时甚至还能改变药物作用的性质，也影响动物性产品的安全性。因此，在临床用药时，一方面应掌握各种常用药物固有的药理作用，另一方面还必须了解影响药物作用的各种因素，才能更合理地运用药物防治疾病，以达到理想的防治效果。

1. 动物机体方面

（1）种属差异　多数药物对各种动物一般都具有类似的作用。但由于各种动物的解剖构造、生理功能、生化特点及进化水平等的不同，对同一药物的反应，可以表现出很大的差异。

大多数情况下表现为量的差异，即药物作用的强弱和持续时间的长短。如反刍动物对二苯胺噻唑比较敏感，小剂量即可出现肌肉松弛镇静作用，而猪对此药不敏感，较大剂量也达不到理想的肌肉松弛镇静效果；赛拉嗪，猪最不敏感，而牛最敏感，其达到化学保定作用的剂量仅为马、犬和猫的十分之一；对乙酰氨基酚对羊、兔等动物是安全有效的解热药，但用于猫即使很小剂量也会引起明显的毒性反应；家禽对有机磷农药及呋喃类、磺胺类、氯化钠等药物很敏感，对阿托品、士的宁、氯胺酮等能耐受较大的剂量。

少数情况下表现为质的差异。酒石酸能引起犬、猪呕吐，但对反刍动物则呈现促进反刍作用；吗啡对人、犬、大鼠表现为抑制，对猫、马和虎表现为兴奋。

（2）生理差异　不同性别、年龄、体重、健康状况和功能状态对同一药物的反应往往有一定差异，这与机体器官组织的功能状态，尤其与肝细胞微粒体混合功能氧化酶系统有密切关系。老龄和幼畜的药酶活性较低，其对药物的敏感性较高，故用量应适当减少；雌性动物比雄性动物对药物的敏感性高，在发情期、妊娠期和哺乳期，除了一些专用药外，使用其他药物必须考虑母畜的生理特性。如泻药、利尿药、子宫兴奋药及其它刺激性药物，使用不慎容易引起流产、早产和不孕等。有些药物，如四环素类、氨基糖苷类等可以通过胎盘或乳腺进入胎儿或新生动物体内而形影响其生长发育，甚至致畸，故妊娠期和哺乳期要慎用。某些药物，如氯霉素、青霉素肌内注射后可渗入牛奶、羊奶中，人食用后前者引起灰婴综合征，后者引起过敏反应。另外肝脏、肾脏功能障碍，脱水，营养缺乏或过剩等病理状态，都能对药物的作用产生影响。

（3）个体差异 同种动物用药时，大多数个体对药物的反应相似；但也有少数个体，对药物的反应有明显的量的差异，甚至有质的不同，这种现象一般符合正态分布。个体差异主要表现为少数个体对药物的高敏性或耐受性。高敏性个体对药物特别敏感，应用很小剂量，即能产生毒性反应；耐受性个体对药物特别不敏感，必须给予大剂量，才能产生应有的疗效。药物代谢酶基因的多态性是影响药物作用个体差异的最重要因素之一。相同剂量的药物在不同的个体中，有效血药浓度、作用强度和作用持续时间有很大差异。另外，个体差异还表现在应用某些药物后产生的变态反应，如马、犬等动物应用青霉素后，个别可能出现过敏反应。

2. 药物方面

（1）药物的化学结构与理化性质 大多数药物的药理作用与其化学结构有着密切的关系。这些药物通过与机体（或病原体）生物大分子的化学反应，产生药理效应。因此，药物的化学结构决定着药物作用的特异性。化学结构相似的药物，往往具有类似的（拟似药）或相反的（拮抗药）药理作用。例如，磺胺类药物的基本结构是对氨基苯磺酰胺（简称磺胺），其磺酰氨基上的氢原子，如被杂环（嘧啶、噻唑等）取代，可得到众多抗菌作用更强的磺胺类药物；而具有类似结构的对氨基苯甲酸，则为其拮抗物。有的药物结构式相同，但其各种光学异构体的药理作用差别很大，例如，四咪唑的驱虫效力仅为左旋咪唑的一半。

药物的化学结构决定了药物的物理性状（溶解度、挥发性和吸附力等）和化学性质（稳定性、酸碱度和解离度等），进而影响药物在体内的过程和作用。一般来说，水溶性药物及易解离药物容易被吸收；不易被吸收的药物，可通过对其化学结构的修饰和改造以增加吸收量，如红霉素被制成丙酸酯或硫氰酸酯后，吸收增加。有些药物是通过其物理性状而发挥作用的，如药用炭吸附力的大小取决于其表面积的大小，而表面积的大小与颗粒的大小成反比，即颗粒越细，表面积越大，其吸附力越强。灰黄霉素与二硝托胺（球痢灵）的口服吸收量与颗粒大小有关，细微颗粒（0.7毫克）的吸收量比大颗粒（10毫克）高 2 倍。

（2）剂量　同一药物在不同剂量或浓度时，其作用有质或量的差别。例如，乙醇在 70％浓度（按容积计算约为 75％）时杀菌作用最强，浓度增高或降低，杀菌效力均会降低。在安全范围内，药物效应随着剂量的增加而增强，药物剂量的大小关系到体内血药浓度的高低和药效的强弱。但也有些药物，随着剂量或浓度的不同，作用的性质会发生变化，如人工盐小剂量表现为健胃作用，大剂量则表现为下泻作用；碘酊在低浓度时表现为杀菌作用，但在高浓度（10％）时则表现为刺激作用。

在临床用药物治疗疾病时，为了安全用药，必须随时注意观察动物对药物的反应并及时调整剂量，尽可能做到剂量个体化。在集约化饲养条件下群体给药时，则应注意使药物与饲料混合均匀，尤其是防止有效剂量小的药物因混合不匀而导致个别动物超量中毒的问题发生。

（3）药剂质量和剂型　药剂质量直接影响药物的生物利用度，对药效的发挥关系重大。不同质量的药物制剂，乃至同一药厂不同批号的制剂，都会影响药物的吸收以及血液中药物浓度，进而影响药物作用的快慢和强弱。一般来说，气体剂型吸收最快，吸入后从肺泡吸收，起效快；液体剂型次之；固体剂型吸收最慢，因其必须经过崩解和再溶解的过程才能被吸收。

3. 给药方法方面

（1）给药时间　许多药物在适当的时间应用，可以提高药效。例如，健胃药在动物饲喂前 30 分钟内给予，效果较好；驱虫药应在空腹时给予，才能确保药效；一般口服药物在空腹时给予，吸收较快，也比较完全。目前认为，给药时间也是决定药物作用的重要因素。

（2）给药途径　给药途径主要影响药物的吸收速度、吸收量以及血液中的药物浓度，进而也影响药物作用快慢与强弱。个别药物会因给药途径不同，影响药物作用的性质。一般口服给药（包括混水、混料用药），药物在胃肠吸收比其他给药途径慢，起效也慢，而且易受许多条件如胃肠内食糜的充盈度、酸碱度（影响药物的解离度）、胃肠疾患等因素的影响，致使药物吸收缓慢而不规则。易被消化液破坏的药物不宜口服，如青霉素。口服一般适用于大多数在胃肠道具有吸收作用的药物，也常用于在胃肠道难以吸收从而发挥局部作用的药物，后者如磺胺脒等肠道抗菌药、驱虫药、泻药等。肌内注射的注射部位多选择在感觉神经末梢少、血管丰富、血液供应充足的骨骼肌组织，吸收较皮下注射快，疼痛较轻。注射水溶液可在局部迅速散开，吸收较快；注射油溶液或混悬液等长效制剂，多形成贮库后再逐渐散开，吸收较慢，1次用药可以维持较长的作用时间，保持药效稳定，并可减少注射次数。皮下注射是将药液注入皮下疏松结缔组织中，经毛细血管或淋巴管缓缓吸收，其发生作用的速度比肌内注射稍慢，但药效较持久。混悬的油剂及有刺激性的药物不宜作皮下注射。气体、挥发性药物以及气雾剂可采用吸入法给药，此法给药方便易行，发生作用快而短暂。

（3）用药次数与反复用药　用药的次数完全取决于病情的需要，给药的间隔时间则需参考药物的血浆半衰期。一般在体内消除快的药物应增加给药次数，在体内消除慢的药物应延长给药的间隔时间。磺胺类药物、抗生素等抗菌药物，以能维持血液中有效的药物浓度为准，一般每日2～4次；长效制剂每日1～2次。为了达到治疗的目的，通常需要反复用药一段时间，这段时间称为疗程。反复用药的目的在于维持血液中药物的有效浓度，比较彻底地治疗疾病，坚持给药到症状好转或病原体被消灭后，才停止给药。必要时，可继续第二个疗程，否则在剂量不足或疗程不够的情况下，病原体很容易产生耐药性。

（4）联合用药和药物的相互作用　两种或两种以上药物同时或先后使用，称为联合用药。联合用药时，各药之间相互发生作用，其结果可使药物作用增强或减弱，作用时间延长或缩短（见图1-3）。

4. 饲养管理和环境方面

药物的作用是通过动物机体来表现的，因此机体的功能状态与药物的作用有密切的关系。例如，化学治疗药物的作用与机体的免疫力、网状内皮系统的吞噬能力有密切的关系，有些病原体的最后消除还要依靠机体的防御机制。所以，机体的健康状态对药物的效应可以产生直接或间接的影响。

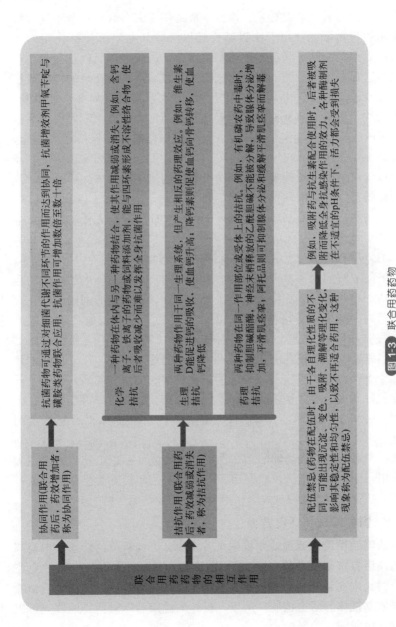

联合用药药物的相互作用

协同作用（联合用药后，药效增加者，称为协同作用）

抗菌药物可通过对细菌代谢不同环节的作用而达到协同，抗菌增效剂甲氧苄啶与磺胺类药物联合应用，抗菌作用可增加数倍至数十倍

拮抗作用（联合用药后，药效减弱或消失者，称为拮抗作用）

化学拮抗

一种药物在体内与另一种药物结合，使其作用减弱或消失。例如，含钙离子、铁离子的药物或饲料添加剂，能与四环素形成不溶性络合物，使后者吸收减少而难以发挥全身抗菌作用

生理拮抗

两种药物作用于同一生理系统，但产生相反的药理效应。例如，维生素D能促进钙的吸收，使血钙升高，降钙素则促使血钙向骨肌转移，使血钙降低

药理拮抗

两种药物在同一作用部位或受体上的拮抗。例如，有机磷农药中毒时，神经末梢释放的乙酰胆碱不能被分解，导致腺体分泌增加，平滑肌痉挛，阿托品则可抑制腺体分泌和缓解平滑肌痉挛而解毒

配伍禁忌（药物在配伍时，由于各自理化性质的不同，可能出现沉淀、变色、潮解等理化变化，影响其稳定性和均匀性，以致不再适合药用，这种现象称为配伍禁忌）

例如，吸附药与抗生素配合使用时，后者被吸附而降低全身抗感染作用的效力。各种酶制剂在不适宜的pH条件下，活力都会受到损失

图1-3　联合用药药物

饲养和管理水平高低直接影响到动物的健康和用药效果。饲养方面要注意饲料营养全面，根据动物不同生长时期的需要合理调配日粮的成分，以免出现营养不良或营养过剩的情况。管理方面应考虑动物群体的大小，防止密度过大，房舍的建设要注意通风、采光和考虑动物活动的空间，要为动物的健康生长创造较好的条件。上述要求对患病动物更有必要，动物疾病的恢复，单纯依靠药物是不行的，一定要配合良好的饲养管理，加强护理，提高机体的抵抗力，才能使药物的作用得到更好的发挥。

药物的作用又与外界环境因素，如温度、湿度、光照、通风等有着密切的关系。这些因素使动物对药物的敏感性可能增高，而有些可能降低。

许多消毒防腐药物的抗菌作用都受环境的温度、湿度和作用时间以及环境中的有机物多少等条件的影响。例如，甲醛的气体消毒要求空间有较高的温度（20℃以上）和较高的空气相对湿度（60％～80％）。温度低、空气相对湿度不够，甲醛容易聚合，聚合物没有杀菌力，消毒效果差。升汞的抗菌作用可因周围蛋白质的存在而大大减弱。

另外，应用药物（尤其是使用化学治疗药物或环境消毒药）时，应尽可能注意选用那些在环境中或畜禽粪便中易于降解或消除的药物，以避免或减轻对环境的污染。

第四节　用药方法

一、内服给药

1. 经口投药法

经口投药法是投服少量片剂、丸剂或舔剂等固体、半固体药物时常用的方法。舔剂一般可用光滑的木片或竹片；丸剂、片剂可徒手投服，亦可用镊子投服，必要时用特制的丸剂投药器（或投药枪）。经口投药法简便快捷、安全有效。

（1）投药方法　动物保定，术者或助手一只手打开或撬开动物口腔，另一只手夹持或用镊子夹住药片、药丸，舔剂则用竹片刮取，自另一侧口角送入舌根部投药，或反转竹片将药剂抹在舌背面，迅速抽出手、镊子或竹片等，使其闭口，并用右手掌托其下颌，使其头稍高抬，让其自行咽下，或外部刺激咽部，促使快速吞咽。如果用丸剂投药器，先将药丸装入投药器内，术者持投药器自动物一侧口角伸入并送向舌根部，迅速将药丸打（推）出后，抽出投药器，待其自行咽下。

（2）注意事项　投药后视其需要可灌少量饮水。有时也可以将药物混入少量精料，放入手中诱食。

2. 经口灌药法

经口灌药法是投服少量药液时常用的方法。灌服药液可用灌角、橡皮瓶、药匙或注射器等进行。经口灌药法简便快捷、安全有效，但操作时容易造成浪费。

（1）灌药方法　助手抓住病羊的两耳，把羊头略向上提，使羊的口角与眼角连线近水平，并用两腿夹住羊腰背部。术者用左手拇指和食指压迫颊部（或食指和中指插入口角，拇指顶开上腭，此法应防止动物前后移动，咬伤术者手指），打开口腔，右手用药匙或其它灌药器具，从舌侧面靠颊部倒入药液，待其咽下后，再灌第二匙，直到灌完为止。

（2）注意事项　每次灌药，药量不宜太多，速度不可太快，否则容易将药物呛入气管内；灌药过程中，病畜发生强烈咳嗽时应暂停灌服，并使其头部低下，将药物咳出；头部吊起的高度，以口角与眼角连线近水平为宜，若过高，易将药液灌入气管或肺中，轻者引起肺炎，重者可造成死亡；当动物拒绝吞咽时，如果有药液流出，应以药盆接住，以减少流失。

3. 经口胃管投药法

经口胃管投药法是在药液量较多，或药品有特殊气味，经口不易灌服时采用。经口胃管投药法优点是剂量准确、效果好，可以大量投药；缺点是费工费时，有一定危险性。

（1）胃管投药方法　将动物站立保定，佩戴开口器后，再经口投入胃管（胃管应粗细长短合适，并涂凡士林润滑），抵达咽部，轻捣刺激吞咽，随吞咽动作将胃管送入食管，进行充气检查，按照"吹动吸不动，必在食管中；吹动吸也动，则在气管中；吹不动吸也不动，则胃管打折"的原则进行判断。如果胃管已经插入食管，再将胃管前端推送到颈部下 1/3 处或胃内，连接漏斗，进行投药。投药完毕，灌少量清水，或向胃管中打气两次，再将胃管打折后徐徐拔出，胃管洗净消毒后，放回原处备用。胃管插入食管或气管的鉴别要点见表1-3。

（2）注意事项　胃管使用前要仔细洗净、消毒，涂以滑润油或凡士林，使管壁滑润。插入、抽动时不宜粗暴，要小心、徐缓，动作要轻柔，防止食管损伤和破裂。有明显呼吸困难的病畜不宜用胃管，有咽炎的病畜更应禁用。应确实证明胃管插入食管深部或胃内后再灌药，如灌药后引起咳嗽、气喘，应立即停灌，如中途因动物骚动使胃管移动、脱出，亦应停灌，待重新插入，并确定无误后再行灌药。开口器佩带应牢固，以防动物咬伤、咬断胃管。

表 1-3　胃管插入食管或气管的鉴别要点

鉴别方法	插入食管内	插入气管内
胃管送入的感觉	插入时稍感前送有阻力	无阻力
观察咽、食管及动物的动作	胃管前端通过咽部时，可引起吞咽动作或伴有咀嚼，动物安静	无吞咽动作，可引起剧烈咳嗽，动物不安
触诊颈沟部	食管内可摸到一坚硬探管	无
将胃管外端放耳边听诊	可听到不规则的咕噜声，但无气流冲耳	随呼气动作而有强力的气流冲耳
鼻嗅胃管外端	有刺鼻酸臭味	无
排气和呼气动作	不一致	一致
将橡皮球打气或捏扁橡皮球后再接于胃管外端	打入气体时可见颈部食管呈波动状膨起，接上捏扁的橡皮球后不再鼓起	不见波动状膨起，橡皮球迅速鼓起

4. 经口群体给药法

经口群体给药法有饮水给药法和拌料给药法。

（1）经口群体给药方法

① 饮水给药法。将药物溶解在水中让家畜饮用，预防和治疗疾病，特点是简便、快捷、效果较好。一般易溶于水的药物，可采用此法。但某些药在水中时间长易失效，水质对药物会有一定影响。

② 拌料给药法。将药物拌在饲料中让家畜采食药物而预防和治疗疾病。动物有食欲或食欲正常时可应用，该法也适用于不溶于水的药物。注意为防止药物中毒，应分级混合均匀。

（2）注意事项　饮水给药法和拌料给药法，药物用量的计算，可按每千克体重给药，或按饮水或拌料的浓度给药。拌料给药时应混合均匀，防止中毒。饮水给药比拌料给药的效果好，因为病畜食欲减退或废绝时，往往饮水正常或增加。饮水量和拌料量的计算，应在原来的基础上相应增加。反刍动物经口投喂抗菌药物，会使瘤胃菌群失调，应用时应慎重。

二、注射给药

1. 皮内注射法

皮内注射法是指将药液注入羊表皮和真皮之间的注射方法，多用于诊断和某些疫苗接种。一般仅在皮内注射药液或疫苗 0.1～0.5 毫升。

（1）注射部位　羊的颈侧中部或尾根内侧。

（2）注射方法　使用小容量注射器或 1～2 毫升的注射器与短针头，吸取药液，局部剪毛，用 2%～5% 碘酊消毒，70%～75% 酒精脱碘，以左手大拇指和食指、中指固定（绷紧）皮肤，右手持注射器，针头斜面向上，与皮肤呈 5° 刺入皮内。待针头斜面完全进入皮内后，放松左手，并固定针头与注射器交接处，右手推注药液，并感到推药时有一定的阻力，局部可见一半球形隆起，俗称"皮丘"。注射完毕，迅速拔出针头，术部用酒精棉球轻轻消毒，避免挤压局部。

（3）注射注意事项　注射部位一定要认真判定准确无误，否则将影响诊断和预防接种的效果。进针不可过深，以免刺入皮下，应将药液注入表皮和真皮之间。拔出针头后注射部位不可用棉球按压揉搓。

2. 皮下注射法

皮下注射法是将药液注入皮下结缔组织内的注射方法。皮下注射的药物可由皮下结缔组织内丰富的毛细血管吸收入血液，皮下有脂肪层，药物吸收慢，药效维持时间长。皮下注射药液吸收比口服给药快，剂量准确，比血管内给药安全易操作。皮下注射可大量注入药物，易导致注射部位肿胀疼痛。

（1）注射部位　多在皮肤较薄、富有皮下结缔组织、活动性较大的部位。羊多在颈侧、背胸侧和股内侧。

（2）注射方法　将动物保定，局部剪毛消毒。术者左手中指和拇指捏起注射部位的皮肤，同时用食指尖下压使其呈皱褶陷窝，右手持连接针头的注射器，针头斜面向上，从皱褶基部陷窝处与皮肤呈30°～40°，刺入针头的2/3（根据动物体型适当调整），此时感觉针头无阻抗，且能自由活动针头时，左手把持针头连接部，右手抽吸无回血，即可推压针筒活塞，注射药液。如需注射大量药液，应分点进行。注射完毕，用左手持酒精棉球压迫针孔部位，迅速拔出针头。必要时可对局部轻轻按摩，促进吸收。

（3）注射注意事项　刺激性强的药物不能作皮下注射；药量多时，可分点注射，注射后最好对注射部位轻度按摩或温敷。

3. 肌内注射法

肌内注射法是将药液注入肌肉内的注射方法。该方法药物吸收缓慢，药效维持时间长。肌肉皮肤感觉迟钝不宜注射刺激性药物。因肌肉致密，只能注射少量药液。由于动物的骚动，操作不熟练时易使针头折断。

（1）注射部位　羊多在颈侧及臀部。

（2）注射方法　保定动物，局部剪毛消毒处理。术者左手固定于注射局部，右手持连接针头的注射器，使针头与皮肤垂直，迅速刺入肌肉内，一般刺入2～3厘米（羔羊酌减）；而后用左手拇指与食指握住针头结合部分，以食指指节顶在皮肤上，再用右手抽动针管活塞，无回血，即可缓慢注入药液。如有回血，可将针头拔出少许再行试抽，见无回血后方可注入药液。注射完毕，用左手持酒精棉球压迫针孔部位，迅速拔出针头。有时也可先以右手持注射针头，直刺入局部，接上注射器，然后用左手把住针头和注射器，右手推动活塞手柄，注入药液。

（3）注射注意事项　为防止针头折断，刺入时应与皮肤呈垂直的角度并且用力的方向与针头方向一致；注意不可将针头的全长完全刺入肌肉中，一般只刺入全长 2/3 即可，以防折断时难于拔出；对强刺激性药物不宜采用肌内注射；注射针头如接触神经时，动物骚动不安，应变换方向，再注入药液。

4. 静脉内注射法

静脉内注射法是将药液注入静脉内，是治疗危重疾病的主要给药方法。药物直接进入静脉内随血液分布全身，药效快、作用强，注射部位疼痛反应较轻，但药物代谢较快，维持时间较短。药物直接进入血液，不会受到消化道和其他脏器的影响而发生变化或失去作用。静脉注射可以耐受刺激性药物（如钙剂等），可以容纳大量的输液或输血。

（1）注射部位　羊多在颈静脉的上 1/3 与中 1/3 的交界处，波尔山羊也可在耳静脉，特殊情况也可以在掌心静脉。

（2）注射方法　将羊站立或侧卧保定，注射部位剪毛消毒，指压或用细绳结扎血管近心端，使其怒张，右手持针头（可接注射器、输液线或什么都不接），使针头斜面向上，针尖与皮肤呈 30°～45°，沿静脉血管，在压迫点前 2～3 厘米处，迅速准确地刺入静脉内，如有空虚感，检查有回血后，再沿静脉管进针少许，以防骚动时针头滑出血管，用夹子或软胶管等固定针头，将压迫的手指或结扎的细绳松开，即可注入药液，并调整输液速度，注射完毕，以干棉球或酒精棉球按压穿刺点，迅速拔出针头，局部按压片刻，防止出血。

（3）注射注意事项　应严格遵守无菌操作规程，对所有注射用具、注射局部，均应严格消毒。要看清注射部的血管，明确注射部位，防止乱扎，以免局部血肿。羊颈静脉注射一般选用 9#、12# 和 16# 长针头，穿刺时要注意检查针头是否通顺，当反复穿刺时，针头常被血凝块堵塞，应随时更换。针头刺入静脉后，要再送入 1～2 厘米，并使之固定。注入药液前应排净注射器或输液胶管中的气泡。要注意检查药品的质量，防止有杂质、沉淀。混合注入多种药液时注意配伍禁忌。油剂不能作静脉注射。静脉注射量大时，速度不宜过快。药液温度，要接近于体温。药液的浓度以接近等渗为宜。注意心脏功能，尤其是在注射含钾、钙等药液时更应小心。静脉注射过程中，要注意观察动物表现，如有骚动不安、出汗、气喘、肌肉战栗等现象时应及时停止。当发现注射局部明显肿胀时，应检查回血，如针头已滑出血管外，则应整顺或重新刺入。若静脉注射时药液外漏，可根据不同的药液，采取相应的措施处理，立即用注射器抽出外漏的药液。如为等渗溶液，不需处理；如为高渗盐溶液，则应向肿胀局部及其周围注入适量的蒸馏水，能稀释之；如为刺激性强或有腐蚀性的药液，则应向其周围组织内，注入生理盐水；如为氯化钙溶液，可注入10％硫酸钠溶液或10％硫代硫酸钠溶液10～20毫升，使氯化钙变为无刺激性的硫酸钙和氯化钠。注射局部可用5％～10％硫酸镁溶液进行温敷，以缓解疼痛；如为大量药液外漏，应早期切开，并用高渗硫酸镁溶液引流。

　　羊的肌内、皮下、静脉、皮内注射示意图见图1-4。

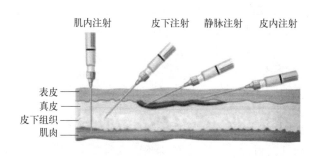

图 1-4　羊的肌内、皮下、静脉、皮内注射示意

5. 腹腔内注射法

　　腹腔内注射法是利用药物的局部作用和腹膜的吸收作用，将药液注入腹腔内的一种注射方法。该法药物吸收快、注射方便，可以大量补液。腹腔注射对器官的疾病有一定的作用。

　　（1）注射部位　成年羊在右肷窝部，羔羊在两侧后腹部。

（2）注射方法

① 成年羊腹腔内注射。站立保定，术部剪毛消毒，右手持针头从肷窝中央垂直刺入腹腔，回抽判断无血液、尿液、粪液等，即可注入药液。注射完毕，用左手持酒精棉球压迫针孔部位，迅速拔出针头。

② 羔羊腹腔内注射。可倒立保定，局部剪毛消毒，在耻骨前沿3～5厘米腹中线的两侧，或脐与耻骨连线中点，避开血管，垂直进针或刺入皮肤向下进针1～2厘米再向腹腔进针，之后回抽判断，注射药液。

（3）注射注意事项　腹腔注射宜用无刺激性的药液，如药液量大，则宜用等渗溶液，并将药液加温至近似体温的程度。

6. 动脉内注射法

动脉内注射法主要用于肢蹄、乳房及头颈部的急性炎症或化脓性炎症疾病的治疗。一般使用普鲁卡因青霉素或其他抗生素及磺胺类药物注射。动脉内注射抗生素药物，直接作用于局部，发挥药效快、作用强。特别是当治疗乳腺炎时，经会阴动脉内注射药液，药液可直接分布于乳腺的毛细血管内，迅速奏效。动脉内注射药液有局限性，不适合全身性治疗，注射技术要求高，不如静脉内注射易掌握和应用广泛。

（1）注射部位

① 会阴动脉注射部位。在乳房后正中提韧带附着部的上方2～3指处，可触知会阴体表的会阴静脉，在会阴静脉侧方附近、与会阴静脉平行的即为会阴动脉。

② 颈动脉注射部位。约在颈部的上1/3部，即从颈静脉上缘的假想平行线与第6颈椎横突起的中央，向下引垂线，其交点即为注射部位。

（2）注射方法

① 会阴动脉内注射法。病畜侧位保定，先以左手触摸到会阴静脉，在其附近，右手用针先刺入4～6厘米深，此时稍有弹力性的抵抗感，再刺入即可进入动脉内，并见有搏动样的鲜红色血液涌出，立即连接注射器，徐徐注入药液。

② 颈动脉内注射法。在病灶的同侧，注射部位消毒后，一手握

住注射部位下方，另一只手手持连接针头的注射器与皮肤呈直角刺入4厘米左右。刺入过程同样有动脉搏动感，流出鲜红色血液，即可注入药液。

（3）注射注意事项 保定切实，操作要准确，严防意外。当刺入动脉之后，应迅速连接注射器，防止流血过多，污染术部，影响操作。操作熟练者最好1次注入，以免出血。注射药液时，要握紧针筒活塞，防止由于血压力量，而顶出针筒活塞。

7. 瓣胃内注射法

瓣胃内注射法将药液直接注入瓣胃中，使其内容物软化通畅。其主要用于治疗瓣胃阻塞。

（1）注射方法 站立保定，注射部位在羊右侧第8～9肋间（羊有13对肋骨，由后向前数，第6个肋骨即是第8肋骨，第8肋骨与第9肋骨之间即是第8肋间）与肩关节水平线交界处下方2厘米处。术部剪毛消毒后，用12#7厘米长的注射针头，向对侧肩关节方向刺入4～5厘米深。可先注入生理盐水20～30毫升，随即吸出一部分，当液体中有食物或液体被污染时，证明已刺入瓣胃内。然后注入所需药物（如25％硫酸镁溶液30～40毫升、石蜡油100毫升）。注完后，拔出针头，局部消毒。

（2）注射注意事项 操作过程中要保定病畜，注意安全，以防意外。注射中病畜骚动时，要确实判定针头是否在瓣胃内，而后再行注入药物。在针头刺入瓣胃后，回抽注射器，如果有血液或胆汁，是误刺入肝脏或胆囊，是位置过高或针头偏向上方的结果，这时应拔出针头，另行移向下方刺入。注射1次无效时，于第二日再重复注射1次。必要时皮下注射氯化氨甲酰甲胆碱注射液，兴奋胃肠运动功能，促进积聚物排出。

第五节　用药的原则

安全用药的原则是发挥药物的有利作用，避免有害作用，消除不良影响因素，达到安全、有效、经济、方便的目的。

一、预防为主原则

养羊业的规模化和集约化发展，对环境条件要求越来越高、应激因素不断增多，导致病原传播的机会增加，疾病危害越来越严重。因此预防用药，控制疾病发生显得更加重要。

一年四季中，随着温度、湿度以及外界环境的变化，羊的一些疫病的发生和流行具有较明显的季节性。夏季随着外界温度升高、空气湿度增大，饲料极易发霉变质，饲草品质恶化，羊的机体抵抗力减弱，羊群的疾病发生率就会增高，如容易发生中毒性疾病（霉变饲料中毒、瘤胃酸中毒）、腐蹄病、消化道疾病（水泻）、寄生虫病（原虫病）等；而在气候骤变的天气以及冬春寒冷季节，则极易引起羔羊痢疾（羔羊体弱、羔羊饥饱不均、气候寒冷，特别是大风雨雪后羔羊受冻时，易感染该病）、巴氏杆菌病（当寒冷、潮湿、多雨雪、气候剧变、圈舍通风不良、营养缺乏和饲料突变时易发生内源性传染）、羊传染性脓疱、山羊伪结核病、皮肤真菌病、羔羊肺炎以及羔羊的疥癣、虱蝇和线虫病、绦虫病等疾病。

羊不同的生理阶段（或年龄阶段），疾病的发生也有其不同的特点，如：羔羊痢疾，是新生羔羊于产后七天内发生的一种急性毒血症，以剧烈腹泻和小肠发生溃疡为特征；羊肠毒血症也是羔羊常发疾病；原虫病、细颈囊尾蚴病等寄生虫病羔羊可严重感染发病，而成年羊没有症状表现；羔羊出生后断脐或其他不明原因的创伤，很可能导致感染破伤风梭菌。

所以，养羊场除加强饲养管理和做好疫苗（羔羊出生后 12 小时之内，尽可能注射破伤风抗毒素灭活苗 1 毫升每只，肌内注射。羔羊出生后的 1 周内尽可能地注射三联四防灭活苗 1 毫升每只，肌内注射，避免抵抗力低、体质弱的羔羊感染上产气荚膜梭菌，造成羊只大批死亡）预防外，还要注意进行药物预防。例如，羔羊生后 12 小时内，灌服土霉素 0.15～0.2 克，每日一次，连服 3 天，对羔羊痢疾有一定的预防效果；可在饲料或饮水中添加磺胺类药物、抗生素和微生态制剂等药物，磺胺类药预防量 0.1%～0.2%，四环素类抗生素预防量 0.01%～0.3%，一般连用 5～7 天，必要时也可酌情延长。定期驱虫，如每年春、夏、秋三季各驱虫一次，用硫双二氯酚（别丁）按每千克体重80～100毫升配成混悬剂口服；每年春、秋两次或每个季度驱线虫一次（左旋咪唑每千克体重8～10毫升饮水灌服或用5%注射液肌内或皮下注射，或阿维菌素注射液每千克体重0.2毫克，或丙硫咪唑每千克体重5～10毫克口服）；每年春、秋两季，用阿维菌素注射液按每千克体重0.2毫克皮下注射，或用阿维菌素预混剂每1000千克饲料中添加2克连用7天驱除体外寄生虫病等。羊群一年四季主要保健措施见表1-4。

表1-4　羊群一年四季主要保健措施

时间	保健措施	目的
1～3 月	对羔羊注射亚硒酸钠注射液，出生后第一周注射第一次，间隔3～4周注射第二次，断奶后注射口蹄疫疫苗	预防白肌病和口蹄疫
4～6 月	给全部的羊内服别丁（硫双二氯酚），剂量按每千克体重100毫克计算，加入饲料中自食	驱除绦虫
5～7 月	二号布鲁氏菌疫苗，每只羊2毫升，口服，用橡皮管注入口内	预防布鲁氏菌病
9 月	内服驱虫净或左旋咪唑	驱除肺线虫
10 月	注射羊梭菌病四防(羊快疫、羊猝狙、羊黑疫和羊肠毒血症)疫苗，每只羊5毫升，皮下或肌内注射	预防肠毒血症

为了杀灭病原，环境消毒也很重要。环境消毒可以杀灭病原微生物、寄生虫及其虫卵，消除环境中的生物病因。环境消毒是预防疾病的最重要措施之一。定期对羊舍（包括用具）地面土壤、粪便、污水、皮毛等进行消毒，可消灭传染源散播于外界环境中的病原微生物，切断传播途径，阻止疫病继续蔓延。

二、特殊性原则

反刍动物与其它动物在解剖生理、生化代谢、遗传繁殖等方面，有明显的差异。它们对药物的敏感性、反应性和药物的体内过程，既遵循共同的药理学规律，又存在着各自的种属差异。特别是在集约化饲养条件下，行为变化、群体生态和环境因素都对药物作用的发挥产生很大的影响。如羊与其他家畜相比较主要生理特点为反刍、复胃消化和独特的瘤胃微生物群作用等，这决定了其药物使用方面的特殊性。

成年反刍家畜以食草为主，其消化需要靠瘤胃内的嫌气性的纤毛虫和微生物来完成，在这些有益微生物作用下合成蛋白质、糖类和维生素供机体利用，当这些有益微生物受到破坏时，家畜出现消化紊乱。由于抗生素具有抑制和杀灭微生物的作用，内服抗生素会杀灭或抑制消化道内某些有益的敏感细菌，破坏平衡，使一些不敏感或耐药菌过度繁殖而造成二重感染从而干扰和破坏胃内有益微生物群的正常活动，使一系列复杂的消化过程无法进行。家畜产生厌食、瘤胃臌气、前胃弛缓、腹泻等消化疾病。因此不宜内服广谱抗生素。对于幼年哺乳期反刍家畜，由于瘤胃尚未发育完全，微生物群也未建立，食物以母乳为主，因此当出现消化道疾病时，可内服抗生素进行治疗。

瘤胃内食物在被微生物发酵过程中，不断地产生大量气体（二氧化碳、甲烷），这些气体少部分被吸收入血液经肺排出或被瘤胃微生物所利用。大部分气体通过瘤胃后背盲囊收缩，由后向前推进，移向瘤胃前庭，驱入食管，引起嗳气排出。由于抗胆碱药（如硫酸阿托品、盐酸消旋山莨菪碱等）具有抑制平滑肌收缩作用，用药后瘤胃及食管的收缩受到抑制，瘤胃内所产生的气体就不能及时排出，易造成臌气。因此临床上对于抗胆碱药，除作为某些农药中毒（有机磷酸酯类、氨基甲酸酯类农药中毒）的生理拮抗药外，应少用为宜。否则，易造成前胃弛缓、瘤胃臌气。

反刍家畜前胃的节律性蠕动和正常的反刍动作以及瘤胃内有益微生物群的作用是构成食物消化的重要因素。当某些致病因素使其正常蠕动和反刍减弱或停止时，就易引起消化障碍性疾病，此时在临床治疗上，不宜采用助消化药物（如稀盐酸、胃蛋白酶、干酵母、乳酶生等），而应以兴奋瘤胃、促进蠕动和恢复反刍为治疗原则。肌注新斯的明、氢溴酸加兰他敏，或静注浓氯化钠溶液，或内服健胃酊剂（以马钱子酊、姜酊为主药配合其他健胃酊剂，混合后加等量水灌服）。对于瘤胃臌气还应及时排气（采用瘤胃穿刺或胃导管投放排气）或内服消沫药（泡沫性臌气）。

呕吐是一种保护性反应，动物借助呕吐将进入消化道的有害物质排出。肉食和杂食动物易发生呕吐，而草食和啮齿动物由于呕吐中枢不发达一般发生呕吐。因此，临床上对于反刍动物食物中毒或瘤胃积食病例，需把内容物排出体外时，应采用下泻方法，如内服盐类泻剂硫酸镁、硫酸钠，而不宜使用催吐剂如硫酸铜。

反刍家畜（尤其是牛）对敌百虫较敏感，耐受性差，稍微过量易发生药物中毒。临床上牛羊驱虫时宜选用一些较安全的抗寄生虫药和杀虫剂。如左旋咪唑、驱蛔灵、丙硫咪唑可作为肠道线虫的驱虫药物，而用拟除虫菊酯类农药可作为体外杀虫剂。一般不选用敌百虫作为肠道驱虫药和体外杀虫剂。在非用敌百虫不可时，应注意药物浓度不宜过高（一般以小于 2% 为宜），用药面积不宜过大，每次用药一般不宜超过体表 1/4 范围，以免引起中毒。

另外，羔羊可以使用土霉素，但成年羊口服土霉素等抗生素时，常会引起肠炎等中毒反应。

三、综合性原则

疾病是病因、传播媒介和宿主三者相互作用的结果。病因有物理因素（如温度、湿度、光线、声音、机械力等）、化学因素（如有害气体、药物、毒素等）和生物因素（如细菌、病毒、真菌、寄生虫等）；传播媒介有蚊、虫、鼠类，以及恶劣的环境和不良的饲养管理条件等；宿主即羊体，在有传播媒介存在的条件下，病因较强而机体的抵抗力较弱时，羊就产生疾病。反之，羊抵抗力强，病因就不易诱发疾病。

在疾病防治过程中，使用药物的作用：一是消除病因，如抗生素抑制或杀灭病原微生物，维生素或微量元素治疗相应的缺乏症；二是减轻或消除症状，如抗生素退高热、止腹泻，硒和维生素 E 消除白肌病等；三是增强机体的抵抗力，如维生素、微量元素构建和强壮机体，维持正常结构和功能，提高免疫力等。但药物不能抵消理化病因，也不能完全消除传播媒介。要消除理化病因和传播媒介，主要依靠饲养管理。

综合性原则，是指添加用药与饲养管理相结合，治疗用药和预防用药相结合，对因用药和对症用药相结合。如抗菌药物只对病原生物起作用，即抑制或杀灭病原微生物或寄生虫，但对病原生物的毒素无拮抗作用，也不能清除病原的尸体，更不能恢复宿主的功能。有的抗菌药物本身还有一定的毒副作用。因此，在应用抗菌药物时，还要注意采取加强营养（可以提高机体的抵抗力或免疫力，使机体能够清除病原、毒素乃至药物所致的病理作用）和加强饲养管理（可以减少或消除各种诱因及传播媒介，切断发病环节）以及对症或辅助用药（纠正病原及其毒素所致的机体功能紊乱以及药物所致的毒副作用）等措施。

四、规程化用药原则

羊病的发生和发展都有规律可循。大多数疾病都是在羊生长发育的某个阶段发生，有些疾病只在某个特定的季节发生，有些疾病只在某个区域内流行。即使是营养缺乏症，也与羊的年龄、生产性能和饲料等因素有关，也有规律可循。因此，应用药物防治动物疾病时，应熟知疾病发生的规律和药物的性能，有计划地切断疾病发生、发展的关键环节。药物应用的规程化，是指针对羊的疾病在本地的发生、发展和流行规律，有计划地在羊生长发育的某一阶段、某个季节，使用特定的药物和具体的给药方案，以控制疾病、保障生产、避免损失。它包括针对何种疾病，使用何种（或几种）药物，何时使用，剂量多大，使用多久，休药期多长，何时重复使用（或更换为其他药物）等。

五、无公害原则

药物具有二重性。一方面，它能提高羊群生产性能，防治羊病，改善饲料利用率，保障和促进养殖生产。另一方面，药物的不合理使用和滥用，也有一些负面作用，如残留、耐药性、环境污染等公害，影响养殖业的持续发展乃至人类社会的安全。要选择符合兽药生产标准的药物，不使用禁用药物、过期药物、变质药物、劣质药物和淘汰药物，因为这些药物会使病原菌产生耐药性和造成药物残留，危害消费者的健康。

第二章

抗微生物药物的安全使用

第一节 抗微生物药物安全使用要求

一、抗微生物药物的概念和种类

抗微生物药是指能在体内外选择性地杀灭或抑制病原微生物（细菌、支原体、真菌等）的药物。由于其常用于防治感染性疾病，又称抗感染药。其包括抗生素（是从某些放线菌、细菌和真菌等微生物培养液中提取得到、能选择性地抑制或杀灭其他病原微生物的一类化学物质，包括天然抗生素及半合成抗生素）、合成抗菌药、抗病毒药、抗真菌药、抗菌中草药等，它们在控制畜禽感染性疾病、促进动物生长、提高养殖经济效益方面具有极为重要的作用。抗微生物药物是对抗致病微生物的有力武器。抗微生物药物的作用机制主要是阻碍细菌的细胞壁合成，导致菌体变形、溶解而死亡，干扰微生物蛋白质的合成，从而抑制和杀灭病原微生物，抗微生物药物的作用机制见图2-1。

二、科学安全使用的要求

在自然界中，引起畜禽细菌性疾病的病原非常多，给养羊业造成了较大的损失。药物预防和治疗是预防和控制细菌病的有效措施之一，尤其是对尚无有效的疫苗可用或免疫效果不理想的细菌病，在一定条件下采用药物预防和治疗，可收到显著的效果。在应用抗菌药物

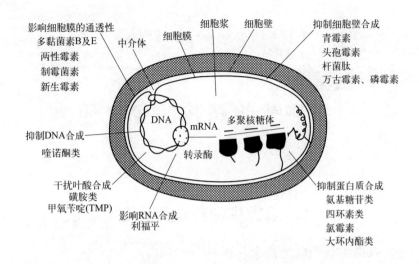

图 2-1　抗微生物药物的作用机制

治疗羊病时，要综合考虑到病原菌、抗菌药物以及机体三者相互间对药物疗效的影响（图 2-2），科学合理地使用抗菌药物。

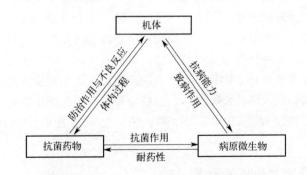

图 2-2　机体、抗菌药物及病原微生物的相互作用

1. 根据抗菌谱和适应证选择抗菌药物

在病原确定的情况下应尽量使用窄谱抗菌药，如革兰氏阳性菌应

尽可能选用青霉素类、大环内酯类和第一代头孢菌素类；革兰氏阴性菌应尽可能选用氨基糖苷类、氟喹诺酮类等。如果病原不明、混合感染或合并感染时，则可以选用广谱抗菌药或联合用药，如支原体合并感染大肠杆菌可选用四环素类、氟喹诺酮类或联合使用林可霉素和大观霉素等。用药前最好做药敏试验。细菌学诊断针对性更强，细菌的药敏试验以及联合药敏试验，其结果与临床疗效的吻合度可达 70%～80%，而且目前药品种类繁多，同类疾病的可选药物有多种，但对于一个特定的羊群来说效果会不大一样。因此，应做好药敏试验再用药，同时也要掌握羊群的用药史以及过去的用药经验。

2. 根据药动学特性选择用药

对于肠道感染的疾病，应选择在胃肠道内不被破坏、吸收的药物，以使其在肠道内药物浓度最高，如氨基糖苷类、氨苄西林、磺胺脒等。泌尿系统感染应选择以原型从泌尿系统排出的抗菌药物，如青霉素类、链霉素、土霉素、氟苯尼考等。呼吸道感染应选择易吸收且在呼吸道和肺组织有选择性分布的抗菌药物，如达氟沙星、阿莫西林、氟苯尼考、替米考星等。

3. 剂量和疗程要准确

为了抑制或杀灭病原菌，抗菌药物必须在动物体内达到有效血药浓度并维持一段时间。一般要求血药浓度应高于最低抑菌浓度（MIC），有剂量依赖性的氟喹诺酮类则应高出 8～10 倍疗效最佳，杀菌药疗程以 2～3 天为佳，抑菌药尤其是磺胺类疗程则应达到 3～5 天。每天用药剂量、次数、间隔时间等应按《兽药使用指南》规定，以期达到较好的疗效并避免耐药性的产生。切忌病情稍有好转立即停用抗菌药，容易导致病情复发和耐药性的产生。

4. 正确联合使用抗菌药

在一些严重的混合感染或病原未明的病例，当使用一种抗菌药物无法控制病情时，可以适当联合用药，以扩大抗菌谱、增强疗效、减少用量、降低或避免毒副作用、减少或延缓耐药菌株的产生。目前一般将抗菌药分为四大类：第一类为繁殖期或速效杀菌剂，如青霉素类、头孢菌素类药物等；第二类为静止期杀菌剂，即慢效杀菌剂，如氨基糖苷类、多黏菌素类药物等；第三类为速效抑菌剂，如四环素类、大环内酯类、酰胺醇类药物等；第四类为慢效抑菌剂，如磺胺类药物等。第一类和第二类合用一般可获得增强作用，如青霉素和链霉素合用，前者破坏细菌细胞壁的完整性，使后者更易进入菌体内发挥作用。第一类与第三类合用则可出现拮抗作用，如青霉素与四环素合用，由于后者使细菌蛋白质合成受到抑制，细菌进入静止状态，因此青霉素便不能发挥抑制细胞壁合成的作用。第一类与第四类合用，可能无明显影响，第二类与第三类合用常表现为相加作用或协同作用。在联合用药时要注意可能出现毒性的协同或相加作用，而且也要注意药物之间理化性质、药物动力学和药效学之间的相互作用与配伍禁忌。

5. 避免耐药性的产生

随着抗菌药物的广泛使用，细菌耐药性的问题也日益严重，为防止耐药菌株的产生，临床防治疾病用药时应做到：一要严格掌握用药指征，不滥用抗菌药物，所用药物用量充足，疗程适当；二要单一抗菌药物有效时就不采用联合用药；三要尽可能避免局部用药和滥作预防用药；四要注意病因不明者，切勿轻易使用抗菌药物；五要尽量减少长期用药；六要确定为耐药菌株感染，应改用对病原菌敏感的药物或采取联合用药。

对于抗菌药物添加剂也须强调合理使用，要改善饲养管理条件，控制药物品种和浓度，尽可能不用医用的抗生素作动物药物添加剂；按照使用条件，用于合适的靶动物；严格遵照休药期和应用限制，减少药物毒性作用和残留量。

第二节　抗生素类药物的安全使用

一、青霉素类

1. 青霉素 G（苄青霉素）

【性状】其属弱有机酸，性质稳定，难溶于水，其钠盐、钾盐则易溶于水。其水溶液不稳定、不耐热，室温中 24 小时大部分即被分解，并可产生青霉噻唑酸和青霉烯酸等致敏物质，故常制成粉针剂，临用时用注射用水溶解。遇酸、碱、醇、氧化剂、重金属离子及青霉素酶等均可使青霉素的 β-内酰胺环被破坏而失效。

【适应证】青霉素 G 对"三菌一体"，即革兰氏阳性和阴性球菌、革兰氏阳性杆菌、放线菌和螺旋体等高度敏感，常作为首选药。临床上主要用于对青霉素 G 敏感的病原菌所引起的各种感染，如坏死杆菌病、炭疽病、破伤风、恶性水肿、气肿疽、各种呼吸道感染、乳腺炎、子宫炎、放线菌病、钩端螺旋体病等。

【用法与用量】青霉素 G 钠或钾粉针，每支 20 万、40 万、80 万、160 万国际单位。肌内注射，一次量，2 万～3 万国际单位/千克体重，2～3 次/天，连用 3～5 天。

【药物相互作用（不良反应）】其与氨基糖苷类合用可提高后者在菌体内的浓度，表现为协同作用；不宜与红霉素、四环素、土霉素、氯霉素、卡那霉素、庆大霉素、大环内酯类药物、磺胺类药物、碳酸氢钠、维生素 C、去甲肾上腺素、阿托品、氯丙嗪以及重金属、酸类、碱类、醇类、碘、氧化剂、还原剂等混合和配伍应用。青霉素 G 的毒性极小，其不良反应除局部刺激性外，主要是过敏反应。

【注意事项】多数细菌对青霉素 G 不易产生耐药性，但金黄色葡萄球菌在与青霉素 G 长期反复接触后，能产生并释放大量的青霉素酶（ β-内酰胺酶），使青霉素的 β-内酰胺环裂解而失效。对耐药金黄色葡萄球菌感染的治疗，可采用半合成青霉素类、头孢菌素类、红霉素等进行治疗。青霉素 G 钾（钠）遇湿易分解失效，其铝盖胶塞瓶装制剂不宜放置冰箱中。

2. 普鲁卡因青霉素

【性状】白色或淡黄色结晶性粉末。微溶于水。遇酸、碱、氧化剂等迅速失效。每克含青霉素 95 万单位以上、普鲁卡因 0.38～0.4 克。

【适应证】用于对青霉素敏感菌引起的慢性感染的治疗，如子宫蓄脓、乳腺炎、复杂骨折等。

【用法与用量】粉针，每支为 40 万国际单位（含普鲁卡因青霉素 30 万国际单位和青霉素钾或青霉素钠 10 万国际单位）或 80 万国际单位（二者含量加倍）。肌内注射，1万~2万国际单位/千克体重，每天1次。

【药物相互作用（不良反应）】见青霉素G。

【注意事项】遇湿易分解失效，其铝盖胶塞瓶装制剂不宜放置冰箱中。

3. 氯唑西林（邻氯青霉素）

【性状】白色粉末或结晶性粉末。有引湿性，极易溶于水。应密封在干燥处保存。

【适应证】其属耐酸、耐酶青霉素，可供内服。对金黄色葡萄球菌、链球菌、肺炎球菌（特别是耐药菌株）等，具有杀菌作用。适用于耐药金黄色葡萄球菌等大多数革兰氏阳性菌引起的感染。

【用法与用量】注射用氯唑西林钠，0.5克/支。内服，4~10毫克/千克体重，每天2~4次，连用2~3天；肌内注射剂量同内服。

【药物相互作用（不良反应）】不宜与四环素、土霉素、氯霉素、卡那霉素、庆大霉素、大环内酯类药物、磺胺类抗微生物药及碳酸氢钠、维生素C、去甲肾上腺素、阿托品、氯丙嗪等混合应用。

【注意事项】遇湿易分解失效，其铝盖胶塞瓶装制剂不宜放置冰箱中。

4. 氨苄西林（氨苄青霉素、安比西林）

【性状】白色结晶性粉末。微溶于水，其钠盐易溶于水。应密封保存于冷暗处。

【适应证】广谱青霉素，对革兰氏阳性菌和革兰氏阴性菌，如链球菌、葡萄球菌、炭疽杆菌、布鲁氏菌、大肠杆菌、巴氏杆菌、沙门菌等均有抑杀作用，但对革兰氏阳性菌的作用不及青霉素，对铜绿假单胞菌和耐药金黄色葡萄球菌无效。主要治疗敏感菌引起的呼吸道感染、消化道感染、尿路感染和败血症。在临床上常用于巴氏杆菌病、肺炎、乳腺炎，亦可用于李氏杆菌病。

【用法与用量】混悬注射液，5克/支（本品5克含氨苄西林钠2克）或注射用氨苄西林钠。内服，5~20毫克/千克体重，每天2~3次；肌内注射，2~7毫克/千克体重，每天2次。

【药物相互作用（不良反应）】本品与其它半合成青霉素、卡那霉素、庆大霉素等合用易发挥协同作用。对胃肠道正常菌群有较强的干扰作用，成年反刍动物禁止内服。其他同青霉素 G。

【注意事项】遇湿易分解失效，其铝盖胶塞瓶装制剂不宜放置冰箱中。

5. 阿莫西林（羟氨苄青霉素）

【性状】类白色结晶性粉末，微溶于水。

【适应证】本品的作用、用途、抗菌谱与氨苄西林基本相同，但杀菌作用快而强，内服吸收比较好，对呼吸道、泌尿道及肝、胆系统感染疗效显著。与氨苄西林有完全的交叉耐药性。

【用法与用量】片剂或胶囊，内服，15～20 毫克/千克体重，每天 2 次；注射用阿莫西林钠，肌内注射，4～7 毫克/千克体重，每天 2 次。

【药物相互作用（不良反应）】同青霉素 G。

【注意事项】遇湿易分解失效，其铝盖胶塞瓶装制剂不宜放置冰箱中；尽量不要口服。

二、头孢菌素类

1. 头孢噻吩（先锋霉素 Ⅰ）

【性状】白色结晶性粉末，易溶于水。粉末久置后颜色变黄，但不影响效力，而溶液变黄后即不可使用。应于遮光、密封置阴凉干燥处保存。

【适应证】其对革兰氏阳性菌和革兰氏阴性菌及钩端螺旋体均有较强作用，但对铜绿假单胞菌、真菌、支原体、结核分枝杆菌无效。主要用于葡萄球菌、链球菌、肺炎球菌和巴氏杆菌、大肠杆菌、沙门菌等引起的呼吸道、尿路感染等。

【用法与用量】注射用头孢噻吩钠，肌内注射，10～20 毫克/千克体重，每天 1～2 次。

【药物相互作用（不良反应）】不宜与庆大霉素合用。

【注意事项】内服吸收不良，只供注射。对肝、肾功能有影响。

2. 头孢噻呋

【性状】本品为类白色至淡黄色粉末，难溶于水，在丙酮中微溶，在乙醇中几乎不溶。

【适应证】主要用于治疗敏感菌所引起的羊胸膜肺炎放线菌病、多杀性巴氏杆菌病；大肠杆菌引起的消化道疾病；巴氏杆菌、昏睡嗜血杆菌、化脓棒状杆菌、链球菌、变形杆菌、莫拉菌等引起的呼吸道感染以及运输热、肺炎等；坏死梭杆菌、产黑拟杆菌引起的腐蹄病；大肠杆菌与变形杆菌等引起的泌尿道感染。

【用法与用量】注射用头孢噻呋钠，肌内注射，一次量，20～40毫克/千克体重，每日1次，连用2～3天。

【药物相互作用（不良反应）】其与氨基糖苷类药物有协同作用；与丙磺舒合用可提高血液中药物浓度和延长半衰期。可能引起胃肠道菌群紊乱或二重感染，有一定的肾毒性。

【注意事项】本品主要通过肾排泄，对肾功能不全者要注意调整剂量。

3. 头孢噻啶（头孢菌素Ⅱ、先锋霉素Ⅱ）

【性状】本品为白色或无色粉末，在水中溶解。

【适应证】具有广谱抗菌作用。用于敏感菌所致的呼吸道、泌尿道、皮肤和软组织感染。对革兰氏阳性菌抗菌活性较强。

【用法与用量】粉针剂。一次量，每千克体重10～20毫克，肌内或皮下注射，每日3～4次，疗程不超过7天。

【药物相互作用（不良反应）】与氨基糖苷类药物有协同作用。

【注意事项】本品罕见肾毒性，但病畜肾功能严重损害或合用其他对肾有害的药物时则易于发生。

4. 头孢喹肟

【性状】本品为类白色至浅褐色混悬液体；久置分层。

【适应证】抗生素类药。主要用于治疗大肠杆菌引起的乳腺炎，多杀性巴氏杆菌或胸膜肺炎放线菌引起的呼吸道疾病。

【用法与用量】粉针剂，肌内注射，一次量，羊2～3毫克/千克体重，一日1次，连用3～5天。

【注意事项】遮光，25℃以下保存。

三、大环内酯类

1. 红霉素

【性状】大环内酯类抗生素为白色或类白色结晶或粉末，难溶于水，与酸结合成盐则易溶于水，在酸性溶液中易被破坏，pH 低于 4 时，则全部失效。

【适应证】抗菌谱同青霉素，对各种革兰氏阳性菌，如金黄色葡萄球菌、链球菌、肺炎球菌、炭疽杆菌、猪丹毒杆菌、淋球菌、梭状芽孢菌，革兰氏阴性菌如布鲁氏菌、脑膜炎球菌、流感嗜血杆菌、多杀性巴氏杆菌有高度抑菌作用，对其它多数革兰氏阴性杆菌不敏感。此外，对肺炎支原体、立克次体、钩端螺旋体也有效。主要用于治疗耐药金黄色葡萄球菌感染和青霉素过敏的病例，也可用于敏感菌引起的各种感染，如肺炎、子宫炎、乳腺炎、败血症等。

【用法与用量】红霉素片或硫氰酸红霉素可溶性粉，内服，羔羊每天 6.6～8.8 毫克/千克体重，均分为 3～4 次内服；肌内注射或静脉注射，羊 2～4 毫克/千克体重，每天 2 次。

【药物相互作用（不良反应）】红霉素液体剂型遇到酸性物质以及丁胺卡那霉素、氯霉素琥珀酸钠、硫酸链霉素、盐酸四环素、复合维生素 B、维生素 C 等会出现混浊、沉淀易失效。本品对新生仔畜毒性大，内服可引起胃肠功能紊乱。

【注意事项】细菌对红霉素易产生耐药性，但不持久，停药数月后可恢复敏感性。

2. 泰乐菌素

【性状】白色结晶性粉末，微溶于水，呈弱碱性，其盐类易溶于水且稳定。

【适应证】本品是一种畜禽专用抗生素，对革兰氏阳性菌和部分革兰氏阴性菌、螺旋体、立克次体和衣原体等有抑制作用，对支原体有特效。对革兰氏阳性菌的作用较红霉素稍弱，与本类抗生素之间有交叉耐药性。临床上主要用于山羊胸膜肺炎、母羊流产、肠炎、乳腺炎、子宫炎和螺旋体病等，有较好的治疗作用。

【用法与用量】酒石酸泰乐菌素可溶性粉，或注射用酒石酸泰乐菌素，或酒石酸泰乐菌素注射液（特爱农），肌内注射，2～10毫克/千克体重，每天1～2次。

【药物相互作用（不良反应）】注意本品不能与聚醚类抗生素合用，否则会导致后者的毒性增强。

【注意事项】本品有较强的局部刺激性。

3. 北里霉素（柱晶白霉素）

【性状】白色粉末。其酒石酸盐为白色或淡黄色粉末。能溶于水，且无异味，在饲料和饮水中均稳定。

【适应证】与红霉素相似。对革兰氏阳性菌和支原体有较强抗菌作用，对部分革兰氏阴性菌、钩端螺旋体、立克次体及衣原体也有效。

【用法与用量】酒石酸北里霉素或片剂，肌内注射或皮下注射，5～25毫克/千克体重，每天1～2次；内服，20～30毫克/千克体重，每天2次，连用3～5天。

【药物相互作用（不良反应）】同红霉素。

四、林可胺类

1. 林可霉素（洁霉素）

【性状】其盐酸盐为白色结晶粉末。有微臭或特殊臭，味苦，易溶于水和乙醇。

【适应证】主要对革兰氏阳性菌，如金黄色葡萄球菌、链球菌、肺炎球菌、破伤风杆菌、炭疽杆菌、大多数产气荚膜杆菌等有较强抗菌作用，特别适用于耐青霉素、红霉素菌株感染及对青霉素过敏的病畜。对革兰氏阴性菌、肠球菌作用较差。也可用作促生长饲料添加剂。

【用法与用量】内服日量，30～60毫克/千克体重，分3～4次服，连用3～5天；注射液，肌内注射或静脉注射，1日量，10～30毫克/千克体重，分2次注射，连用3天。

【药物相互作用（不良反应）】与大观霉素和庆大霉素合用有协同作用；与氨基糖苷类和多肽类抗生素合用，可能加剧对神经肌肉接头的阻滞作用；与红霉素合用，有拮抗作用；与卡那霉素、新霉素混合静注，发生配伍禁忌。

【注意事项】长期大量使用可出现胃肠功能紊乱。

2. 克林霉素（氯林可霉素）

【性状】克林霉素盐酸盐（或磷酸盐）为白色结晶性粉末，味苦，易溶于水。

【适应证】同林可霉素，但抗菌活性是林可霉素的4～8倍。

【用法与用量】盐酸克林霉素片剂或胶囊内服或磷酸克林霉素注射液肌内注射，用量同林可霉素。

【药物相互作用（不良反应）】与林可霉素、红霉素有交叉耐药性。与大环内酯类药物和氯霉素相拮抗，故不能与氯霉素、红霉素等合用。

五、氨基糖苷类

1. 硫酸链霉素

【性状】白色或类白色粉末，无臭或几乎无臭，味微苦。有引湿性，易溶于水，不溶于乙醇或三氯甲烷。

【适应证】抗菌谱较青霉素广，主要是对结核杆菌和多种革兰氏阴性菌有强大的杀菌作用。对沙门菌、大肠杆菌、布鲁氏菌、巴氏杆菌、痢疾杆菌、嗜血杆菌均敏感。对革兰氏阳性球菌的作用不如青霉素；对钩端螺旋体、放线菌等也有效。主要用于对本品敏感的细菌所引起的急性感染，如大肠杆菌引起的肠炎、乳腺炎、子宫炎、败血症等；巴氏杆菌引起的出血性败血症、肺炎等以及钩端螺旋体病、放线菌病、伤寒等。

【用法与用量】注射用粉针，肌内注射，10毫克/千克体重，每天2次；片剂，内服，羔羊0.25～0.5克/次，每天2次。

【药物相互作用（不良反应）】在弱碱性环境中抗菌作用增强，治疗泌尿道感染时，宜同时内服碳酸氢钠；与两性霉素、红霉素、新生霉素钠、磺胺嘧啶钠在水中相遇会产生混浊沉淀，故在注射或饮水给药时不能合用；遇酸、碱或氧化剂、还原剂均易被破坏而失活。

【注意事项】硫酸链霉素对其他氨基糖苷类药物有交叉过敏现象。

对氨基糖苷类过敏的患畜应禁用本品；患畜出现失水或肾功能损害时慎用。资料显示，反刍动物内服对消化道菌群的影响较小。

2. 硫酸庆大霉素

【性状】白色或类白色粉末，无臭，有引湿性。易溶于水，在乙醇中不溶，性质稳定。

【适应证】抗菌谱广，对大多数革兰氏阴性菌及阳性菌都具有较强的抑菌或杀菌作用，特别是对耐药性金黄色葡萄球菌引起的感染有显著疗效。对结核杆菌和支原体等也有效。主要用于耐药金黄色葡萄球菌、铜绿假单胞菌、变形杆菌、大肠杆菌等所引起的各种严重感染，如呼吸道感染、泌尿道感染、败血症、乳腺炎等。对治疗败血症型、毒血症型和肠炎型大肠杆菌病有高效，对大肠杆菌、金黄色葡萄球菌或链球菌引起的急性、亚急性和慢性乳腺炎也有效。

【用法与用量】内服量，羔羊 10～15 毫克/千克体重，分 2～3 次服。注射液，肌内注射，羊 1～1.5 毫克/千克体重，每天 2 次。

【药物相互作用（不良反应）】与 β-内酰胺类抗生素合用通常对多种革兰氏阳性菌和阴性菌均有协同作用；与甲氧苄啶合用，对大肠杆菌及肺炎克雷伯菌也有协同作用；与四环素、红霉素合用可能出现拮抗作用；与头孢菌素类合用可能使肾毒性增强。

【注意事项】本品有呼吸抑制作用，不可静脉推注。

3. 卡那霉素

【性状】白色或类白色粉末。有吸湿性，易溶于水。应密封保存于阴凉干燥处。

【适应证】抗菌谱广，对多种革兰氏阳性菌及阴性菌（包括结核杆菌在内）都具有较好的抗菌作用。革兰氏阳性菌中，以金黄色葡萄球菌（包括耐药性金黄色葡萄球菌）、炭疽杆菌较敏感，对链球菌、肺炎球菌敏感性较差；革兰氏阴性菌中，以大肠杆菌最敏感。主要用于敏感菌引起的呼吸道、泌尿道感染和败血症、皮肤和软组织感染的治疗。

【用法与用量】硫酸卡那霉素注射液，肌内注射，10～15 毫克/千克体重。片剂，内服，1 日量，6～12 毫克/千克体重，分 2 次内服。

【药物相互作用（不良反应）】不宜与钙剂合用。其它参见硫酸链霉素。

【注意事项】对肾脏和听神经有毒害作用。其它参见硫酸链霉素。

4. 阿米卡星（丁胺卡那霉素）

【性状】其硫酸盐为白色或类白色结晶性粉末。几乎无臭，无味。在水中极易溶解，在甲醇中几乎不溶。

【适应证】半合成的氨基糖苷类抗生素。抗菌谱与庆大霉素相似，对大肠杆菌、变形杆菌、克雷伯菌、枸橼酸杆菌、肠杆菌的部分菌株有良好的抗菌作用，对于结核杆菌、金黄色葡萄球菌（包括耐药金黄色葡萄球菌）也有良好抗菌作用。本品的耐酶性能较强，当微生物对其他氨基糖苷类耐药后，对本品还敏感。主要用于对卡那霉素或庆大霉素耐药的革兰氏阴性杆菌所致的消化道、泌尿道、呼吸道、腹腔、软组织、骨和关节、生殖系统等部位的感染以及败血症等。

【用法与用量】注射液，肌内注射，5～7.5毫克/千克体重，每天2次。

【药物相互作用（不良反应）】同硫酸链霉素。

【注意事项】其主要以原形经肾排泄。患畜应足量饮水，以减少肾小管损害；不可静脉注射，以免发生神经肌肉阻滞和呼吸抑制。

5. 新霉素

【性状】白色或类白色粉末。有吸湿性，极易溶于水。

【适应证】抗菌谱广，抗菌作用与卡那霉素相似，对大多数革兰氏阴性菌及部分阳性菌、放线菌、钩端螺旋体、阿米巴原虫等都有抑制作用。内服后难以吸收，在肠道发挥抗菌作用；肌内注射后吸收良好，但因本品毒性大，一般不作注射给药。可内服用于治疗各种幼畜的大肠杆菌病和沙门菌病（幼畜白痢）；子宫内注入，治疗子宫炎；外用0.5％水溶液或软膏，治疗皮肤、创伤、眼、耳等各种感染。此外，也可气雾吸入，用于防治呼吸道感染。

【用法与用量】硫酸新霉素片，或硫酸新霉素可溶性粉，内服日量，25～35毫克/千克体重；硫酸新霉素注射液，肌内注射日量，4～8毫克/千克体重，分2次注射。

【药物相互作用（不良反应）】肾毒性、耳毒性较强。

【注意事项】供人食用的家畜，不能用此药。

6. 大观霉素

【性状】其盐酸盐或硫酸盐为白色或类白色结晶性粉末，易溶于水。

【适应证】抗菌谱广，对革兰氏阴性菌、阳性菌都有效，主要用于对青霉素、四环素耐药的病例，对支原体也有效。内服后不吸收，在肠道发挥抗菌作用；肌内注射或皮下注射后吸收良好，全部从尿排泄。

【用法与用量】盐酸大观霉素可溶性粉，肌内注射，15毫克/千克体重，每天1次，连用4天。

【药物相互作用（不良反应）】大观霉素与四环素同用呈拮抗作用。

【注意事项】本品的耳毒性和肾毒性低于其他氨基糖苷类抗生素，但能引起神经肌肉阻滞作用，注射钙制剂可解救。

六、四环素类

1. 土霉素

【性状】土霉素为淡黄色的结晶性或无定形粉末；在日光下颜色变暗，在碱性溶液中易破坏失效。在水中极微溶解，易溶于稀酸、稀碱。

【适应证】土霉素主要是抑制细菌的生长繁殖。抗菌谱广，不仅对革兰氏阳性菌如肺炎球菌、溶血性链球菌、部分葡萄球菌、破伤风杆菌和炭疽杆菌等有效，而且还对革兰氏阴性菌如沙门菌、大肠杆菌、巴氏杆菌、布鲁氏菌等也有抗菌作用；此外对立克次体、衣原体、支原体、螺旋体、放线菌和某些原虫等有效。但对铜绿假单胞菌、病毒和真菌无效；对革兰氏阳性菌的作用不如青霉素和头孢菌素；对革兰氏阴性菌的作用不如硫酸链霉素。

【用法与用量】片剂，内服，羔羊10～25毫克/千克体重，每天2次；注射用盐酸土霉素，或长效土霉素注射液，肌内注射或静脉注射日量，羊5～10毫克/千克体重，分1～2次注射。

【药物相互作用（不良反应）】忌与碱溶液和含氯量高的水溶液混合；锌、铁、铝、镁、锰、钙等多价金属离子与其形成难溶的络合物而影响吸收，避免与乳类制品和含上述金属离子的药物和饲料共服。

【注意事项】应用土霉素可引起肠道菌群失调、二重感染等不良反应，故成年反刍动物不宜内服此药。

2. 金霉素

【性状】盐酸金霉素为金黄色或黄色结晶，微溶于水。应密封保存于干燥冷暗处。

【适应证】适应证与土霉素相似。对革兰氏阳性菌、金黄色葡萄球菌感染的疗效较土霉素好。用于治疗出血性败血症、乳腺炎和急性细菌性肠炎等。低剂量可用作饲料添加剂，促进生长，改善饲料转化率。

【用法与用量】内服，羔羊 10～25 毫克/千克体重，每天 2 次。

【药物相互作用（不良反应）】同土霉素。

【注意事项】同土霉素。

3. 四环素

【性状】盐酸四环素为黄色结晶性粉末。有吸湿性，可溶于水。应遮光、密封于阴凉干燥处。

【适应证】同土霉素，但对革兰氏阴性菌的作用较强。内服吸收良好。

【制剂与规格】片剂（以四环素计），0.05 克/片、0.125 克/片、0.25 克/片；注射液（以四环素计），0.25 克/支、0.5 克/支、1 克/支。

【用法与用量】内服、注射剂量同土霉素。

【药物相互作用（不良反应）】、**【注意事项】**同土霉素。

4. 多西环素

【性状】其盐酸盐为淡黄色或黄色结晶性粉末。易溶于水，微溶于乙醇。1%水溶液的 pH 为 2～3。

【适应证】抗菌谱与其他四环素类相似，体内外抗菌活性较土霉素、四环素强。主要用于治疗畜禽的支原体病、大肠杆菌病、沙门菌病、巴氏杆菌病。

【用法与用量】片剂或胶囊，内服，羔羊 3～5 毫克/千克体重，一天 1 次，连用 3～5 天。

【药物相互作用（不良反应）】本品与利福平或链霉素合用，对治疗布鲁氏菌病有协同作用。

【注意事项】同土霉素。

七、酰胺醇类

酰胺醇类包括氯霉素、甲砜霉素和氟苯尼考，后两者为氯霉素的衍生物。氯霉素因骨髓抑制毒性及药物残留问题已被禁用于所有食品动物。

1. 甲砜霉素

【性状】白色结晶性粉末，无臭，微溶于水，溶于甲醇，几乎不溶于乙醚或氯仿。

【适应证】广谱抗生素，对多数革兰氏阴性菌和革兰氏阳性菌均有抑菌（低浓度）和杀菌（高浓度）作用，对部分衣原体、钩端螺旋体、立克次体和某些原虫也有一定的抑制作用，对氯霉素耐药的菌株仍然对甲砜霉素敏感。主要用于畜禽的细菌性疾病，尤其是大肠杆菌、沙门菌及巴氏杆菌感染。

【用法与用量】片剂或散剂，内服，10～20 毫克/千克体重，每天 2 次。

【药物相互作用（不良反应）】β-内酰胺类、大环内酯类药物和林可霉素与本品有拮抗作用。其不产生再生障碍性贫血，但可抑制红细胞、白细胞和血小板生成，程度比氯霉素轻。

【注意事项】禁用于免疫接种期的动物和免疫功能严重缺损的动物；肾功能不全的患畜要减量或延长给药间隔。

2. 氟苯尼考（氟甲砜霉素）

【性状】白色或类白色结晶性粉末。无臭。在二甲基甲酰胺中极易溶解，在甲醇中溶解，在冰醋酸中略溶，在水或氯仿中极微溶解。

【适应证】畜禽专用抗生素。其抗菌活性是氯霉素的 5～10 倍；对氯霉素、甲砜霉素、阿莫西林、金霉素、土霉素等耐药的菌株使用本药仍有效。主要用于预防和治疗畜禽的各类细菌性疾病，尤其对呼吸道和肠道感染疗效显著。

【用法与用量】粉剂，内服，20～30毫克/千克体重，每天2次。

【药物相互作用（不良反应）】有胚胎毒性，故妊娠动物禁用。

【注意事项】本品不良反应少，不引起骨髓造血功能抑制或再生障碍性贫血。

八、多肽类

硫酸多黏菌素 B

【性状】白色结晶粉末。易溶于水，有引湿性。在酸性溶液中稳定，其中性溶液在室温放置一周不影响效价，在碱性溶液中不稳定。

【适应证】本品为窄谱杀菌剂，对革兰氏阴性杆菌的抗菌活性强。用于治疗铜绿假单胞菌和其它革兰氏阴性杆菌所致的败血症及肺、尿路、肠道、烧伤创面等感染和乳腺炎。本类药物与其他抗菌药物间没有交叉耐药性。

【用法与用量】注射用硫酸多黏菌素 B，肌内注射，0.5毫克/千克体重，每天2次。

【药物相互作用（不良反应）】本品易引起对肾脏和神经系统的毒性反应，现多作局部应用。本品与增效磺胺药、四环素类药物合用时，亦可产生协同作用。

【注意事项】一般不采用静脉注射，因可能引起呼吸抑制。

第三节　合成抗菌药的安全使用

一、磺胺类

1. 磺胺脒（SG）

【性状】白色针状结晶性粉末。无臭或几乎无臭，无味，遇光易变色。微溶于水。

【适应证】内服吸收少，在肠内可保持较高浓度。适用于防治肠炎、腹泻等细菌性感染。

【用法与用量】片剂，内服，羔羊 0.12 克/千克体重，每天 2 次。

【药物相互作用（不良反应）】用量过大或肠阻塞、严重脱水等患畜应用易损害肾脏。

【注意事项】成年反刍动物少用。

2. 琥珀酰磺胺噻唑（SST）

【性状】白色或微黄色晶粉。不溶于水。

【适应证】内服不易吸收，在肠内经细菌作用后，释放出磺胺噻唑而发挥抗菌作用。抗菌作用比磺胺脒强，副作用也较小。用途同磺胺脒。

【用法与用量】同磺胺脒。

【药物相互作用（不良反应）】用量过大或肠阻塞、严重脱水等患畜应用易损害肾脏。

【注意事项】成年反刍动物少用。

3. 酞磺胺噻唑（酞磺噻唑 PST）

【性状】本品为白色或类白色的结晶性粉末，无臭。在乙醇中微溶，在水或三氯甲烷中几乎不溶，在氢氧化钠试液中易溶。

【适应证】内服不易吸收，并在肠道内逐级释放出磺胺噻唑而呈现出抑菌作用。抗菌作用比磺胺脒强，副作用也较小。主要用于幼畜和中小动物肠道细菌感染。

【用法与用量】片剂，内服，羔羊 0.1～0.15 克/千克体重，每天 2 次，连用 3～5 天。

【药物相互作用（不良反应）】、【注意事项】同磺胺脒。

4. 磺胺嘧啶（SD）

【性状】白色或类白色结晶粉。几乎不溶于水，其钠盐溶于水。

【适应证】抗菌力较强，对各种感染均有较好疗效，主要用于巴氏杆菌病、子宫内膜炎、乳腺炎、败血症、弓形虫病等，亦是治疗各种脑部细菌感染的良好药物。

【用法与用量】片剂，内服，一次量，每千克体重，首次量 0.14～0.2 克，维持量减半，每日 2 次，连用 5 天；注射液（钠盐），每千克体重，0.07～0.1 克，每日 2 次，连用 3 天。

【药物相互作用（不良反应）】磺胺类药物与抗菌增效剂合用，可产生协同作用；磺胺嘧啶与许多药物之间有配伍禁忌。液体遇到氯霉素、庆大霉素、卡那霉素、林可霉素、土霉素、链霉素、四环素、万古霉素、复方维生素等，会出现沉淀；同服噻嗪类或速尿等利尿剂，可增加肾毒性和导致血小板减少；本类药物的注射液也不宜与酸性药物配伍使用。

【注意事项】应用磺胺类药物时，必须要有足够的剂量和疗程，通常首次用量加倍，使血液中药物浓度迅速达到有效抑菌浓度；用药期间应充分饮水，增加尿量，以促进排出；肉食动物和杂食动物应同服碳酸氢钠，并增加饮水，以减少或避免其对泌尿道的损害。

5. 磺胺二甲嘧啶 （SM$_2$）

【性状】白色或微黄色结晶或粉末。几乎不溶于水，其钠盐溶于水。

【适应证】抗菌力较强，但比磺胺嘧啶稍弱，有抗球虫作用。用于防治巴氏杆菌病、乳腺炎、子宫炎、呼吸道和消化道感染等。

【用法与用量】片剂，内服，羊 0.05 克/千克体重，每天 1～2 次，首次用量加倍。注射液，注射用法、用量同内服。

【药物相互作用（不良反应）】、【注意事项】同磺胺嘧啶。

6. 磺胺噻唑（ST）

【性状】白色或淡黄色结晶、颗粒或粉末。极微溶于水。

【适应证】抗菌作用比磺胺嘧啶强，用于敏感菌所致的肺炎、出血性败血症、子宫内膜炎等。对感染创口可外用其软膏剂。

【用法与用量】片剂，内服，70～100 克/千克体重，每 8 小时 1 次，首次量加倍；注射液，肌内注射，羊 70 克/千克体重，每 8～12 小时 1 次。

【药物相互作用（不良反应）】、【注意事项】同磺胺嘧啶。

7. 磺胺甲噁唑（新诺明，SMZ）

【性状】白色结晶性粉末。几乎不溶于水。

【适应证】抗菌作用较其他磺胺药强。与抗菌增效剂甲氧苄啶（TMP）合用，抗菌作用可增强数倍至数十倍。主要用于治疗呼吸道、泌尿道感染。

【用法与用量】片剂内服或注射液肌内注射，羊，首次量 0.1 克/千克体重，维持量 0.07 克/千克体重，每天 2 次；复方磺胺甲噁唑片，内服羊 20～25 毫克/千克体重，每天 2 次，连用 3 天。

【药物相互作用（不良反应）】同磺胺嘧啶。

【注意事项】同磺胺嘧啶。

8. 磺胺对甲氧嘧啶（磺胺-5-甲氧嘧啶、消炎磺，SMD）

【性状】白色或微黄色结晶粉。几乎不溶于水，其钠盐溶于水。

【适应证】对革兰氏阳性菌和革兰氏阴性菌（如化脓性链球菌、沙门菌和肺炎杆菌）均有良好的抗菌作用，但较磺胺间甲氧嘧啶弱。对尿路感染疗效显著。对生殖、呼吸系统及皮肤感染也有效。其与 TMP 合用可增强疗效。

【用法与用量】片剂，内服，0.025 克/千克体重，每天 1 次，首次量均加倍。

【药物相互作用（不良反应）】、【注意事项】本品不能用葡萄糖溶液稀释。其它同磺胺嘧啶。

9. 磺胺间甲氧嘧啶（磺胺-6-甲氧嘧啶、制菌磺，SMM）

【性状】白色或微黄色结晶粉。几乎不溶于水，其钠盐溶于水。

【适应证】其是体内外抗菌作用最强的磺胺药，对球虫和弓形虫也有显著作用。用于防治各种敏感菌所致的畜禽呼吸道、消化道、泌尿道感染等。局部灌注可用于治疗乳腺炎、子宫炎等。其与 TMP 合用可增强疗效。

【用法与用量】片剂内服，0.025 克/千克体重，每天 1 次，首次量加倍。针剂肌内注射，羊 0.05 克/千克体重，每天 2 次。

【药物相互作用（不良反应）】、【注意事项】同磺胺嘧啶。

10. 磺胺甲氧嗪

【性状】白色或微黄色结晶粉，几乎不溶于水。

【适应证】对链球菌、葡萄球菌、肺炎球菌、大肠杆菌、李氏杆菌等有较强的抗菌作用。

【用法与用量】片剂，内服，首次量，50～100 毫克/千克体重，维持量减半，每天 2 次，连用 3～5 天；注射液，静脉或肌内注射，一次量，50 毫克/千克体重，一天 1 次；复方注射液肌内注射（以磺胺甲氧嗪钠计），一次量，15～25 毫克/千克体重。

【药物相互作用（不良反应）】、**【注意事项】** 同磺胺嘧啶。

11. 磺胺多辛（磺胺-5，6-二甲氧嘧啶、周效磺胺，SDM）

【性状】 白色或近白色结晶粉，几乎不溶于水。

【适应证】 抗菌作用同磺胺嘧啶，但稍弱。内服吸收迅速。主要用于轻度或中度呼吸道、消化道和泌尿道感染。

【用法与用量】 片剂或磺胺多辛注射液，内服，0.1 克/千克体重，每天 1 次。

【药物相互作用（不良反应）】、**【注意事项】** 同磺胺嘧啶。

二、抗菌增效剂

1. 甲氧苄啶（甲氧苄氨嘧啶、三甲氧苄氨嘧啶，TMP）

【性状】 白色或淡黄色结晶粉末，味微苦。在乙醇中微溶，水中几乎不溶，在冰醋酸中易溶。

【适应证】 抗菌谱广，TMP 的抗菌作用与磺胺类药物相似而效力较强。对多种革兰氏阳性菌和革兰氏阴性菌均有抗菌作用。本品与磺胺药配伍，对畜禽呼吸道、消化道、泌尿道等多种感染和皮肤、创伤感染、急性乳腺炎等，均有良好的防治效果。

【用法与用量】 片剂内服或肌内注射，羊 10 毫克/千克体重，每天 2 次。本品与各种磺胺药的复方制剂配比为 1∶5。

【药物相互作用（不良反应）】 与磺胺药及抗生素合用，抗菌作用可增加数倍及至数十倍，可出现强大的杀菌作用，并可减少药物用量及不良反应。

【注意事项】 单用易产生耐药性，一般不单独作抗菌药使用。

2. 二甲氧苄啶（二甲氧苄氨嘧啶，DVD）

【性状】 白色粉末或微金黄结晶，味微苦，在水、乙醇中不溶，在盐酸中溶解，在稀盐酸中微溶。

【适应证】 其与 TMP 相同但作用较弱。内服吸收不良，在消化道内可保持较高浓度，因此，用于防治肠道感染的抗菌增效作用比TMP强。常与磺胺类药联合，用于防治球虫病及肠道感染等。

【用法与用量】二甲氧苄啶粉，内服，10毫克/千克体重，每天2次。本品与各种磺胺药的复方制剂配比为1：5。

【药物相互作用（不良反应）】、【注意事项】同甲氧苄啶。

三、喹诺酮类

1. 恩诺沙星

【性状】本品为白色结晶性粉末。无臭，味苦。在水中或乙醇中极微溶解，在醋酸、盐酸或氢氧化钠溶液中易溶。其盐酸盐及乳酸盐均易溶于水。

【适应证】其为广谱杀菌药，对支原体有特效。对大肠杆菌、克雷伯菌、沙门菌、变形杆菌、铜绿假单胞菌、嗜血杆菌、多杀性巴氏杆菌、副溶血性弧菌、金黄色葡萄球菌、链球菌、化脓棒状杆菌、猪丹毒杆菌等均有强大的作用。其抗支原体的效力比泰乐菌素和泰妙菌素强。对耐泰乐菌素、泰妙菌素的支原体，本品亦有效。

【用法与用量】恩诺沙星可溶性粉或恩诺沙星溶液，肌内注射，一次量，2.5毫克/千克体重，1～2次/天，连用2～3天。

【药物相互作用（不良反应）】其与氨基糖苷类、广谱青霉素合用有协同作用；钙离子、镁离子、三价铁离子等金属离子与本品可发生螯合，影响吸收；本品可抑制茶碱类、咖啡因和口服抗凝血药在肝中代谢，使上述药物浓度升高引起不良反应。

【注意事项】慎用于供繁殖用幼畜；孕畜及泌乳母畜禁用；肉食动物及肾功能不全动物慎用。

2. 环丙沙星

【性状】其盐酸盐和乳酸盐，为淡黄色结晶性粉末。易溶于水。

【适应证】广谱杀菌药。对革兰氏阴性菌的抗菌活性是目前兽医临床应用的氟喹诺酮类最强的一种；对革兰氏阳性菌的作用也较强。此外，对支原体、厌氧菌、铜绿假单胞菌亦有较强的抗菌作用。用于全身各系统的感染，对消化道、呼吸道、泌尿生殖道、皮肤软组织感染及支原体感染等均有良效。

【用法与用量】乳酸环丙沙星注射液，肌内注射，一次量，2.5毫克/千克体重，2次/天。

【药物相互作用（不良反应）】本品与氯霉素合用，药效降低，故使用过氯霉素的畜禽，48小时内不宜用本药。忌与含铝、镁等金属离子的药物同用。

其可使幼龄动物软骨发生变性，引起跛行及疼痛；消化系统反应有呕吐、腹痛、腹胀；皮肤反应有红斑、瘙痒、荨麻疹及光敏反应等。

【注意事项】应避光保存，其它同恩诺沙星。

3. 沙拉沙星

【性状】类白色或微黄色结晶性粉末。无臭，味苦。在水中易溶，在甲醇中微溶。

【适应证】本品属于广谱杀菌药。对肠道感染疗效显著。常用于畜禽的大肠杆菌、沙门菌等敏感菌引起的消化道感染，如肠炎、腹泻等。

【用法与用量】粉剂或溶液，肌内注射，一次量，2.5～5毫克/千克体重，2次/天，连用3～5天。

【药物相互作用（不良反应）】、【注意事项】与青霉素联用，对金黄色葡萄球菌有协同作用。其他同恩诺沙星。

第四节　抗真菌药物的安全使用

1. 制霉菌素

【性状】淡黄色粉末，有吸湿性，不溶于水。

【适应证】广谱抗真菌药。对念珠菌、曲霉菌、毛癣菌、表皮癣菌、小孢子菌、组织胞浆菌、皮炎芽生菌、球孢子菌等均有抑菌或杀菌作用。主要用于防治胃肠道和皮肤黏膜真菌感染及长期服用广谱抗生素所致的真菌性二重感染。气雾吸入对肺部霉菌感染效果好。

【用法与用量】片剂，内服，50万～100万单位/次，每天3～4次。软膏剂、混悬剂（现用现配）供外用。

【药物相互作用（不良反应）】口服及局部用药不良反应较少，但剂量过大时可引起动物呕吐，食欲下降。

【注意事项】本品口服不易吸收，多数随粪便排出，因其毒性大，不宜用于全身治疗。

2. 两性霉素 B

【性状】黄色至橙色结晶性粉末。不溶于水。

【适应证】抗深部真菌感染药。组织胞浆菌、念珠菌、皮炎芽生菌、球孢子菌等对本品敏感。主要用于治疗上述敏感菌所致的深部真菌感染，对曲霉病和毛霉病亦有一定疗效。对胃肠道、肺部真菌感染宜用内服或气雾吸入，以提高疗效。

【用法与用量】注射用两性霉素 B 脱氧胆酸盐粉针，静脉注射量，0.125～0.5 毫克/千克体重。隔日 1 次或 1 周 2 次，总剂量不超过 11 毫克/千克体重。临用时先用注射用水溶解，再用 5% 葡萄糖注射液（切勿用生理盐水）稀释成 0.1% 注射液，缓慢静脉注入。

【药物相互作用（不良反应）】本品与氨基糖苷类抗生素、氯化钠等合用药效降低，与利福平合用疗效增强。

【注意事项】本品对光热不稳定，应于 15℃ 以下保存；肾功能不全者慎用；粉针不宜用生理盐水稀释。

3. 克霉唑

【性状】白色结晶性粉末。难溶于水。

【适应证】广谱抗真菌药。对皮肤癣菌类的作用与灰黄霉素相似，对深部真菌的作用类似两性霉素 B。内服适用于治疗各种深部真菌感染，外用对治疗各种浅表真菌病也有良效。

【用法与用量】片剂，内服 1 日量，1.5～3 克，分 2 次服。软膏剂和水剂供外用，前者每天 1 次，后者每天 2～3 次。

【药物相互作用（不良反应）】长时间使用可见有肝功能不良反应，停药后即可恢复。

【注意事项】本品为抑菌剂，毒性小，各种真菌不易产生耐药性。

第三章

抗寄生虫药物的安全使用

第一节　抗寄生虫药物安全使用概述

一、抗寄生虫药物的概念和种类

抗寄生虫药物概念和种类见图 3-1。

抗寄生虫药物是指用来驱除或杀灭动物体内外寄生虫的物质									
抗蠕虫药			抗原虫药				杀虫药		
驱线虫药	驱绦虫药	驱吸虫药	抗球虫药	抗锥虫药	抗梨形虫药	抗滴虫药	有机磷类杀虫剂	拟除虫菊酯类杀虫药	甲脒类杀虫药	其它杀虫药

图 3-1　抗寄生虫药物概念和种类

二、抗寄生虫药物的使用要求

1. 准确选择药物

理想的抗寄生虫药应具备安全、高效、价廉、适口性好、使用方便等特点。目前，虽然尚无完全符合以上条件的抗寄生虫药，但仍可根据药品的供应情况、经济条件及发病情况等，选用比较理想的药物来防治寄生虫病。首选对成虫、幼虫、虫卵有抑杀作用且对动物机体毒性小及不良反应轻微的药物。由于动物寄生虫感染多为混合感染，可考虑选择广谱抗寄生虫药物。而且在用药过程中，不仅要了解寄生虫的寄生方式、流行病学、季节动态、感染强度和范围等信息，还要充分考虑宿主的功能状态、对药物的反应等。只有正确认识药物、寄生虫和宿主三者之间的关系，熟悉药物的理化性状，采用合理的剂型、剂量和治疗方法，才能达到最好的防治效果。

2. 剂型和给药途径适宜

由于抗寄生虫药的毒性较大，为提高驱虫效果、减轻毒性和便于使用，应根据动物的年龄、身体状况确定适宜的给药剂量，兼顾既能有效驱杀虫体，又不引起宿主动物中毒这两方面。如消化道内寄生虫可选用内服剂型，消化道外寄生虫可选择注射剂型，体表寄生虫可选外用剂型。

3. 做好准备工作

驱虫前做好药物、投药器械（注射器、喷雾器等）及栏舍的清理等准备工作。在对大批畜禽进行驱虫治疗或使用数种药物混合治疗之前，应先用少数畜禽预试，注意观察反应和药效，确保安全有效后再全面使用。此外，无论是大批投药，还是预试驱虫，均应了解驱虫药物特性，备好相应解毒药品。在使用驱虫药的前后，应加强对畜禽的护理观察，一旦发现体弱、患病的畜禽，应立即隔离、暂停驱虫。投药后发现有异常或中毒反应的畜禽应及时抢救。要加强对畜禽粪便的无害化处理，以防病原扩散；搞好畜禽圈舍清洁、消毒工作，对用具、饲槽、饮水器等设施定期进行清洁和消毒。

4. 适时投药

目前多采用春秋两次或每年三次驱虫（多数地区效果不佳），也可依据化验结果确定。对外地引进的羊必须驱虫后再合群。放牧羊群在秋季或入冬、开春和春季放牧后 4～5 周各驱虫一次，炎热多雨季节，可适当增加驱虫次数，一般 2 个月一次。如果牧地过度放牧、超载严重，捻转血矛线虫发生持续感染，建议 1 个月驱虫一次，或投服抗寄生虫缓释药弹（丸）进行控制。羔羊在 2 月龄进行首次驱虫，母羊在接近分娩时进行产前驱虫，寄生虫污染严重地区在母羊产后 3～4 周再驱虫一次。

5. 避免寄生虫产生耐药性

反复或长期使用某些抗寄生虫药物，容易使寄生虫产生不同程度的耐药性。目前，世界各地均有耐药寄生虫株出现，这种耐药株不但使原有的抗寄生虫药的合理使用治疗无效，而且还可产生交叉耐药性，降低驱（杀）虫效果。因此，应经常更换使用不同类型的抗寄生虫药物，以减少或避免耐药株的产生。

6. 保证人体健康

有些抗寄生虫药物在动物体内的分布和在组织内的残留量及维持时间之长短，对人体健康关系十分重要。有些抗寄生虫药物残留在供人食用的肉产品中能危害人体健康，造成严重的公害现象。因此，许多国家为了保证人体健康，制定了允许残留量的标准（高于此标准即不能上市出售）和休药期（即上市前停药时间），以免对人体健康造成不利影响，因此应注意在规定的休药期禁止用药。

第二节 抗蠕虫药物的安全使用

一、驱线虫药

1. 依维菌素

【性状】白色结晶性粉末。无臭，无味。几乎不溶于水，溶于甲醇、乙醇、丙酮等溶剂。

【适应证】具有广谱、高效、低毒、用量小等优点。对家畜蛔虫、蛲虫、旋毛虫、钩虫、肾虫、心丝虫、肺线虫等均有良好驱虫效果；对马胃蝇、牛皮蝇、疥螨、痒螨、蝇蛆等外寄生虫也有良好效果。

【用法与用量】制剂有注射液、预混剂、浇泼剂、口服液和片剂，可皮下注射、内服、灌服、混饲或沿背部浇注。羊按 0.2 毫克/千克体重。必要时间隔 7～10 天，再用药 1 次。

【药物相互作用（不良反应）】依维菌素注射液，仅供皮下注射，不宜作肌内或静脉注射，皮下注射时偶有局部反应，以马为重，用时慎重。

【注意事项】依维菌素的安全范围大，应用过程很少见不良反应，但超剂量可以引起中毒，无特效解毒药。泌乳动物及1个月内临产母羊禁用。羊宰前28天停用本药。

2. 阿维菌素

【性状】白色或淡黄色结晶性粉末，无味。在醋酸乙酯、丙酮、氯仿中易溶，在甲醇、乙醇中略溶，在正己烷、石油醚中微溶，在水中几乎不溶。熔点157～162℃。

【适应证】具有广谱、高效、低毒、用量小等优点。对家畜蛔虫、蛲虫、旋毛虫、钩虫、肾虫、心丝虫、肺线虫等均有良好驱虫效果；对牛皮蝇、疥螨、痒螨、蝇蛆等外寄生虫也有良好效果。

【用法与用量】制剂有阿维菌素注射液、口服剂和浇泼剂。可皮下注射、内服、灌服、混饲或沿背部浇注。羊按0.2毫克/千克体重。必要时间隔7～10天，再用药1次。

【药物相互作用（不良反应）】、【注意事项】阿维菌素的毒性较依维菌素稍强，敏感动物慎用。其他同依维菌素。

3. 左旋咪唑

【性状】白色结晶性粉末。易溶于水。在酸性水溶液中稳定，在碱性水溶液中易水解失效，应密封保存。

【适应证】广谱、高效、低毒驱线虫药，临床广泛用于驱除各种畜禽消化道和呼吸道的多种线虫成虫和幼虫及肾虫、心丝虫、脑脊髓丝虫、眼虫等，具有良好效果，并具有明显的免疫增强作用。

【用法与用量】片剂或注射液，内服、混饲、饮水、皮下或肌内注射、皮肤涂擦、点眼给药均可，依药物剂型和治疗目的不同选择用法。不同剂型、不同给药途径的驱虫效果相同。内服，7.5～8.0毫克/千克体重；皮下注射或肌内注射，7.5～8.0毫克/千克体重。

【药物相互作用（不良反应）】不良反应少，主要有恶心、呕吐及腹痛等，但症状轻微而短暂，多不需处理。偶有轻度肝功能异常，停药后可恢复。

【注意事项】中毒时可用阿托品解毒。

4. 甲苯咪唑（甲苯达唑）

【性状】白色或微黄色粉末，无臭。不溶于水，易溶于甲酸和乙酸中。

【适应证】广谱抗蠕虫药，对各种消化道线虫、旋毛虫和绦虫均有良好的驱除效果，较大剂量对肝片吸虫亦有效。

【用法与用量】片剂或复方片剂，10～20毫克/千克体重；驱羊肝片吸虫按50～100毫克/千克体重，1次内服。

【药物相互作用（不良反应）】常用量不良反应较轻，少数有头昏、恶心、腹痛、腹泻；大剂量偶尔致变态反应、中性粒细胞减少、脱发等。具有胚胎毒性，孕畜禁用。个别病例服药后因蛔虫游走而造成吐虫，同时服用噻嘧啶或改用复方甲苯咪唑可避免。

5. 丙硫咪唑（阿苯达唑、抗蠕敏）

【性状】白色或浅黄色粉末。无臭，无味。不溶于水，易溶于冰醋酸。

【适应证】广谱、高效、低毒抗蠕虫药，对多种动物的各种线虫和绦虫均有良好效果，对绦虫卵和吸虫有较好效果，对棘头虫亦有效。

【用法与用量】粉剂、片剂可内服或混饲，粉剂亦可配成灭菌油悬液肌内注射。内服，羊8～10毫克/千克体重（驱线虫、绦虫）或10～20毫克/千克体重（驱吸虫）。治疗羊脑脊髓丝虫病，5毫克/千克体重，内服，每天1次，连用2～3次；或10～20毫克/千克体重，内服，隔3天再用1次。

【药物相互作用（不良反应）】副作用轻微而短暂，少数有口干、乏力、腹泻等，可自行缓解。长期用药可使血浆中转氨酶浓度升高，偶致黄疸。有胚胎毒性和致畸作用，孕畜禁用。肝、肾功能不全及溃疡病畜慎用。

【注意事项】该药对马裸头绦虫、姜片吸虫和细颈囊尾蚴无效，对猪棘头虫效果不稳定。羊宰前14天应停药。

6. 芬苯达唑（苯硫苯咪唑）

【性状】白色或类白色粉末；无臭，无味。在二甲基亚砜中溶解，在甲醇中微溶，在水中不溶，在冰醋酸中溶解，在稀酸中微溶。

【适应证】广谱、高效、低毒抗蠕虫药，对各种动物的各种胃肠道线虫、网尾线虫、冠尾线虫的成虫和幼虫均具有很好的驱除效果，并具有杀灭虫卵作用。对驱除莫尼茨绦虫、片形吸虫、矛形双腔吸虫和前后盘吸虫等亦有较好效果。

【用法与用量】片剂，内服，5毫克/千克体重，羔羊5～10毫克/千克体重，连用3天。

【药物相互作用（不良反应）】毒性小，临床使用安全。

【注意事项】羊宰前14天应停药。

7. 氟苯咪唑

【性状】白色结晶性粉末。略溶于水，能溶于酒精。

【适应证】广谱驱虫药。对各种动物的消化道、呼吸道线虫均具有良好的驱除效果，对呼吸道线虫效果尤佳，并具有较强的杀灭虫卵作用。对驱除莫尼茨绦虫、无卵黄腺绦虫和矛形双腔吸虫亦有良效。

【用法与用量】片剂，内服，20～40毫克/千克体重。

【注意事项】妊娠母畜禁用。羊宰前21天应停药。

8. 噻嘧啶

【性状】淡黄色或白色结晶性粉末。无臭、无味。易溶于水。该药有酒石酸噻嘧啶和双羟萘酸噻嘧啶，前者易溶于水，后者不溶于水。

【适应证】高效、低毒驱线虫药，对各种动物的多种消化道线虫均有良好的驱除效果，但对尖尾线虫和异刺线虫效果较差，对毛首线虫、类圆线虫和呼吸道线虫无效。

【用法与用量】酒石酸噻嘧啶片可供多种动物内服、混饲或饮水给药。内服剂量，25～30毫克/千克。

【药物相互作用（不良反应）】本品安全范围较大，不宜用于极度虚弱的动物。

【注意事项】避免日光久晒。忌与安定药、肌松药及抗胆碱酯酶药、杀虫药并用。

9. 敌百虫

【性状】纯品为白色结晶性粉末，有潮解性、挥发性与腐蚀性，易溶于醚、酒精等有机溶剂，水溶液呈酸性。性质不稳定，久置可分解，宜新鲜配制。碱性水溶液不稳定，可经分子重排而转变为敌敌畏。在碱性作用下，再继续分解而失效。粗制品呈糊状，供外用。

【适应证】具有接触毒、胃毒和吸入毒作用。广谱驱虫杀虫药，不仅广泛用于驱除家畜消化道线虫，对姜片吸虫、血吸虫等亦有一定效果。外用为杀虫药，可用于杀灭蝇蛆、螨、蜱、虱、蚤等。

【用法与用量】片剂，驱虫常配成2%～3%水溶液灌服，剂量为0.04～0.08克/千克体重；治疗羊鼻蝇蛆病，按绵羊0.1克/千克体重，颈部皮下注射；外用，1%～2%水溶液，局部涂擦或喷洒，可防治蜱、螨、虱等；杀灭蚊、蝇、蠓等外寄生虫，可用0.1%～0.5%溶液喷洒环境。

【药物相互作用（不良反应）】忌与碱性药物、胆碱酯酶抑制药配伍应用，否则毒性大为增强。家禽对敌百虫敏感，易中毒，应慎用。若发生中毒，可用阿托品解毒。

【注意事项】大规模驱虫前应先做药物安全试验。其在水溶液中易水解失效，应现用现配。

10. 哈罗松

【性状】白色结晶性粉末。无臭，无味。不溶于水，易溶于丙酮和氯仿。

【适应证】本品为毒性很小的有机磷驱虫药。用于驱除牛胃内、小肠内和肝内线虫均有良好效果，对大肠内线虫作用较弱，对钩虫和毛首线虫效果不稳定。

【用法与用量】哈罗松片内服，羊35～50毫克/千克体重。

【注意事项】候宰前7天应停药。其他参考敌百虫。

二、驱绦虫药

1. 吡喹酮

【性状】本品为白色或类白色结晶性粉末，味苦，微溶于水。溶于乙醇、氯仿等有机溶剂。应密封保存。

【适应证】广谱、高效、低毒抗蠕虫药。对各种动物的大多数绦虫成虫和未成熟虫体均具有良好的驱杀效果；对各种血吸虫病、矛形双腔吸虫病等也有较好的疗效。

【用法与用量】片剂，内服，驱绦虫，10～20 毫克/千克体重，治疗细颈囊尾蚴病按 75 毫克/千克体重，连用 3 天。治疗血吸虫病，60 毫克/千克体重，内服。

【药物相互作用（不良反应）】本品毒性虽极低，但高剂量偶可使动物血清谷丙转氨酶含量轻度升高；治疗血吸虫病时，个别会出现体温升高、肌肉震颤和瘤胃膨胀等现象；大剂量皮下注射时，有时会出现局部刺激反应。

【注意事项】毒性很小。治疗羊血吸虫病时，可采用瓣胃注射。在治疗囊虫病时，应注意因囊体破裂所引起的中毒反应。

2. 氯硝柳胺（灭绦灵）

【性状】淡黄色结晶粉末。无臭，无味。不溶于水。

【适应证】广谱高效驱虫药，对多种动物的多种绦虫均有良好的驱除效果。对吸虫亦有效，但对犬细粒棘球绦虫和多头绦虫作用较差。

【用法与用量】片剂，内服或混饲，或配成混悬剂。内服，75～100 毫克/千克体重。

【注意事项】动物在给药前要禁食一夜。

3. 硫双二氯酚（别丁）

【性状】白色或灰白色结晶粉末。略有酚味。难溶于水，可溶于乙醇等有机溶剂。

【适应证】对畜禽的多种绦虫和吸虫（包括胆管吸虫）均有很好的驱除效果，是一种广泛应用的驱虫药。

【用法与用量】片剂，内服，80～100 毫克/千克体重。

【注意事项】本药有拟胆碱样作用，治疗量可致部分动物暂时性腹泻等，但多在 2 日内自愈。马属动物较敏感，应慎用。

4. 丁萘脒

【性状】盐酸丁萘脒为白色结晶粉末，无臭，可溶于水，易溶于乙醚和氯仿；羟萘酸丁萘脒为淡黄色结晶粉末，不溶于水，可溶于乙醇。

【适应证】羟萘酸丁萘脒可以用于驱除羊莫尼茨绦虫。

【用法与用量】羟萘酸丁萘脒片剂，内服，25～50毫克/千克体重。

【药物相互作用（不良反应）】本药对人眼、畜眼有强烈的刺激性，应注意防护。

三、驱吸虫药

1. 硝氯酚（拜耳9015）

【性状】黄色结晶粉末。不溶于水，易溶于氢氧化钠溶液、丙酮和冰醋酸。

【适应证】高效、低毒驱肝片吸虫药，对肝片吸虫成虫有良好的驱除效果，但对未成熟虫体效果较差。对前后盘吸虫移行期幼虫有较好效果。

【用法与用量】片剂内服，4～5毫克/千克体重。肌内注射，0.75～1.0毫克/千克体重。

【药物相互作用（不良反应）】忌用钙制剂。

【注意事项】超量用药引起中毒，可用安钠咖、毒毛旋花苷、维生素C等治疗。

2. 三氯苯达唑（肝蛭净）

【性状】白色或类白色粉末。不溶于水，可溶于甲醇。

【适应证】新型高效抗片形吸虫药物，对各种日龄的肝片吸虫均有明显杀灭效果，对大片吸虫、前后盘吸虫亦有良效。

【用法与用量】片剂，内服，10毫克/千克体重。

【注意事项】宰前28天应停药。

3. 硝碘酚腈

【性状】淡黄色粉末。无臭或几乎无臭。不溶于水。

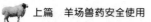

【适应证】主要用于羊的肝片吸虫病、胃肠道线虫病。对阿维菌素类和苯并咪唑类药物有抗性的羊捻转血矛线虫株仍然有效。

【用法与用量】注射液，皮下注射，一次量，10毫克/千克体重。

【药物相互作用（不良反应）】不能与其它药物混合。

【注意事项】药物能使羊毛染成黄色。泌乳动物禁用；重复用药应间隔4周以上。

第三节　抗原虫药物的安全使用

1. 三氮脒（贝尼尔）

【性状】黄色或橙色结晶性粉末。无臭，微苦。易溶于水，遇光、热变成橙红色。

【适应证】对家畜的梨形虫病和锥虫病均有治疗作用，还有一定的预防作用。对羊梨形虫病效果好。但如果剂量不足，梨形虫和锥虫都可产生耐药性。

【用法与用量】注射用三氮脒，按3～5毫克/千克体重，配成5%水溶液分点深部肌内注射，根据病情，间隔1天，连用2～3次。

【药物相互作用（不良反应）】肌内注射局部有刺激性，引起肿胀或疙瘩。

2. 硫酸喹啉脲（阿卡普林）

【性状】本品为淡黄绿色或黄色粉末。易溶于水，水溶液呈酸性，应遮光密闭保存。

【适应证】对羊梨形虫病有效。

【用法与用量】注射液，皮下注射，2毫克/千克体重，必要时，间隔1～2天再用药1次。

【药物相互作用（不良反应）】此药有抑制胆碱酯酶的作用，因此在给动物试验后，可出现站立不安、流涎、肌肉震颤、腹痛等不良反应，严重者频频起卧、呼吸困难、结膜发绀、频排粪尿，最后窒息死亡。

【注意事项】本品的治疗量与中毒量间的范围很小。为减轻或防止副作用，可用药同时或在用药前注射阿托品。

第四节 杀虫药物的安全使用

一、有机磷类

1. 皮蝇磷

【性状】白色结晶。微溶于水，易溶于多数有机溶剂。在中性、酸性环境中稳定，在碱性环境中迅速分解失效。

【适应证】对双翅目昆虫有特效，主要用于防治牛皮蝇、蚊皮蝇等，能有效地杀灭各期幼虫。对虱、螨、蜱、臭虫、蟑螂、蝇等外寄生虫有良好的杀灭效果，对胃肠道某些线虫亦有驱除作用。

【用法与用量】50％皮蝇磷溶液，内服，100毫克/千克体重；外用以0.25％～0.5％浓度喷淋，或以1％～2％浓度撒粉。

【药物相互作用（不良反应）】用药过程中可能出现肠音增强、排稀便、腹痛、流涎、肌肉震颤、呼吸加快等不良反应，经4～6小时逐渐恢复正常。

【注意事项】屠宰前10天应停药。

2. 二嗪农

【性状】无色油状液体。难溶于水，易溶于乙醇、丙酮、二甲苯。性质不稳定，在酸、碱溶液中均迅速分解。

【适应证】新型、广谱有机磷类杀虫剂，对螨有特效。外用对螨、虱、蜱、蝇、蚊等有极佳的杀灭效果，对蚊、蝇的药效可保持6～8周。

【用法与用量】25％二嗪农乳油溶液，喷淋或涂擦，用水稀释400倍；药浴，绵羊初次浸泡以1000倍稀释，补充药液时以330倍稀释；场地用药，将本品10倍稀释后，每平方米地面喷洒50毫升。

【药物相互作用（不良反应）】不能与其他胆碱酯类驱虫剂同时使用。

【注意事项】本品对家畜毒性较小，但猫和禽类对其较敏感，对蜜蜂有剧毒。动物屠宰前2周停止使用，奶牛挤奶前3天停药。

二、拟除虫菊酯类

1. 氰戊菊酯

【性状】浅黄色结晶。难溶于水，易溶于二甲苯等多数有机溶剂。对光稳定。在酸性溶液中稳定，在碱性溶液中易分解。

【适应证】接触毒杀虫剂，兼有胃毒和杀卵作用。对蜱、螨、虱、蚤、蚊、蝇等畜禽体外寄生虫均有良好杀灭作用，属于高效、广谱拟除虫菊酯类杀虫剂。

【用法与用量】20％杀灭菊酯乳油剂，灭疥螨、痒螨、皮蝇蛆、蝇用 500～1000 倍稀释液；灭硬蜱、软蜱、蚊、蚤用 2500～5000 倍稀释液；灭刺皮螨、虱用 4000～5000 倍稀释液。以药浴法、喷洒法、患部涂擦法施药均可。一般用药 1～2 次，间隔 7～10 天。

【药物相互作用（不良反应）】忌与碱性药物配合使用或同用。对黏膜有轻微刺激作用，接触时表现鼻塞、流涕、流泪、口干等不适症状，但短时间内可自行恢复。

【注意事项】对人畜禽安全，但对鱼和蜜蜂有剧毒。用水稀释本药时，水温超过 25℃会降低药效，超过 50℃则失效。配制好的药液可保持 2 个月效力不降。

2. 溴氰菊酯

【性状】白色结晶粉末。无味。难溶于水，易溶于有机溶剂。在酸性和中性溶液中稳定，但遇碱则分解。

【适应证】与氰戊菊酯相似。对杀灭畜禽体外各种寄生虫均有良好效果，而且对蟑螂、蚂蚁等害虫有很强的杀灭作用。

【用法与用量】2.5％溴氰菊酯乳油剂，防治硬蜱、疥螨、痒螨，可用 250～500 倍稀释液；灭软蜱、虱、蚤用 500 倍稀释液，用水稀释后喷洒、药浴、直接涂擦均可，隔 8～10 天再用药 1 次，效果更好。2.5％可湿性粉剂多用于滞留喷撒灭蚊、蝇等多翅目昆虫，按 10～15 毫克/米^2 喷撒畜禽笼舍及用具、墙壁等，灭蝇效力可维持数月，灭蚊等效果可维持 1 个月左右。

【药物相互作用（不良反应）】忌与碱性药物配合使用或同用。对黏膜有轻微刺激作用，接触时表现鼻塞、流涕、流泪、口干等不适症状，但短时间内可自行恢复。

【注意事项】同氰戊菊酯。

3. 氯菊酯

【性状】无色结晶，稍具芳香味。难溶于水，易溶于有机溶剂，在碱性溶液中易分解失效。

【适应证】与氰戊菊酯相同。对畜禽各种体外寄生虫均有杀灭作用，具有广谱、高效、击倒快、残效长等特点。

【用法与用量】10％乳油剂，杀灭畜禽体表虱、蚤，用水稀释1000～2000倍喷洒，或用2万～4万倍稀释液洗浴；防治疥螨、痒螨用500～1000倍稀释液喷洒、药浴或局部涂擦，一般用药后10～15天再用1次。环境喷洒灭蚊、蝇等用2000～3000倍稀释液。

【药物相互作用（不良反应）】忌与碱性药物合用。

三、甲脒类

双甲脒

【性状】乳白色针状结晶。几乎不溶于水，易溶于有机溶剂。在酸性介质中不稳定。

【适应证】广谱、高效、低毒新型甲脒类杀虫剂，对寄生于牛、羊、猪、兔等家畜体表的各种螨、蜱、虱、蝇等，均有良好杀灭效果。

【用法与用量】12.5％双甲脒乳剂，0.04％～0.05％水溶液，喷淋或药浴均可。

【药物相互作用（不良反应）】本品对人、畜、蜜蜂毒性极小，但对鱼有剧毒。马较敏感。

第四章
中毒解救药的安全使用

第一节　中毒解救药的安全使用概述

一、概念和种类

中毒解救药是指临床上用于解救中毒的药物。主要种类见表 4-1。

表 4-1　中毒解救药的种类

分类方法	种类及特点
根据作用特点及疗效	非特异性解毒药:指用以阻止毒物继续被吸收和促进其排出的药物,如吸附药、泻药和利尿药。非特异性解毒药在多种毒物或药物中毒时均可应用,但由于不具特异性,且效能较低,仅用作解毒的辅助治疗
	特异性解毒药:本类药物可特异性地对抗或阻断毒物或药物的效应,而本身并不具有与毒物相反的效应。特异性强,如能及时应用,则解毒效果好,在中毒的治疗中占有重要地位
根据毒物或药物的性质	金属络合剂、胆碱酯酶复活剂、高铁血红蛋白还原剂、氧化物解毒剂和其他解毒剂

二、中毒解救药安全使用的基本要求

中毒家畜的治疗,特别是大群中毒时,必须及早发现、尽快处理。

1. 排出毒物

根据毒物吸收的途径进行排出。从胃肠道排出毒物的方式有洗胃

催吐、泻下、灌肠。如阻止毒物进一步吸收可使用吸附药（如炭末）、黏浆药（如淀粉）及蛋白等物质；也可使用化学解毒剂如氧化剂、中和剂配合洗胃、灌肠或灌服（在煤油、腐蚀性物质、巴比妥类药物中毒或动物在抽搐时禁止催吐）。环境污染（如含氨化肥）或施用体表的杀虫剂，毒物往往从皮肤、黏膜被吸收，此时应以清水充分冲洗、抹净。对上述或其他途径进入家畜体内并已被吸收的毒物可使用利尿药或放血加速毒物排泄。

2. 合理用药治疗

发生中毒后，可以使用药物对症治疗来维持中毒家畜生命功能的正常运转，直至通过上述排毒措施或机体本身的解毒机制使毒物消除。常用于对症治疗的药物包括调节中枢神经系统的兴奋药、镇静药，强心药，利尿药，抗休克药，解痉药，制酵药和补液等。

根据发病原因、症状和毒物的检出等确实的诊断，进行对因治疗。这种对因治疗往往借助药理性的拮抗作用解毒，也就是使用特效解毒剂（对相应类别毒物具有解毒性能的药物）。如有机磷酸酯类中毒可以选用阿托品（轻度中毒时）和解磷定、氯磷定、双复磷等（中度和重度中毒时合用胆碱酯酶复活剂）；重金属及类金属中毒可选用金属络合剂；亚硝酸盐中毒可选用亚甲蓝和维生素 C 等；氰化物中毒可选用高铁血红蛋白形成剂（亚硝酸钠、大剂量亚甲蓝）和供硫剂（硫代硫酸钠）；有机氟中毒可用乙酰胺等。

第二节　常用中毒解救药的安全使用

一、有机磷酸酯类中毒的解救药

1. 阿托品

【性状】无色结晶或白色结晶性粉末，无臭，极易溶于水，易溶于乙醇。

【适应证】具有解除平滑肌痉挛、抑制腺体分泌等作用，可用于胃肠平滑肌痉挛和有机磷中毒的解救等。

【用法与用量】注射液或片剂，肌内或皮下注射，一次量，10～30

毫克。

【药物相互作用（不良反应）】急性有机磷农药中毒时用量达阿托品化即可，防止过量引起阿托品中毒。在与胆碱酯酶复活剂联合使用时，阿托品剂量酌减；较大剂量可导致胃肠道平滑肌强力收缩，有引起马和牛肠梗阻、急性胃扩张、肠臌胀及瘤胃臌气的危险。轻度中毒，动物表现为体温升高、心动过速、呼吸时有喘鸣音、瞳孔放大而且对光反应不灵敏等；严重中毒，动物表现为烦躁不安、躁动、肌肉抽搐、运动亢进、兴奋，随之转为抑制，常死于呼吸麻痹。阿托品中毒解救时，可注射拟胆碱药对抗其周围作用，注射水合氯醛、安定、短效巴比妥类药物，以对抗中枢神经症状。

【注意事项】愈早用药效果愈好。

2. 碘磷定（碘解磷定）

【性状】黄色颗粒状结晶或晶粉。无臭，味苦，遇光易变质。在水或热乙醇中溶解，水溶液稳定性不如氯解磷定。

【适应证】本品为胆碱酯酶复活剂。当有机磷中毒时，有机磷与胆碱酯酶结合形成稳定的磷酰化胆碱酯酶，失去水解胆碱酯酶的能力。碘磷定具有强大的亲磷酸酯作用，能将结合在胆碱酯酶上的磷酰基夺过来，恢复酶的活性。碘磷定亦能直接与体内游离的有机磷结合，使之成为无毒物质由尿排出，从而阻止游离的有机磷继续抑制胆碱酯酶。

【用法与用量】注射液，静脉注射，一次量，15～30毫克/千克体重。

【药物相互作用（不良反应）】在碱性溶液中易水解成氰化物，具剧毒，忌与碱性药物配合注射。大剂量静脉注射时，可直接抑制呼吸中枢，注射速度过快能引起呕吐、运动失调等反应，严重时可发生阵挛性抽搐，甚至引起呼吸衰竭。

【注意事项】①本品用于解救有机磷中毒时，中毒早期疗效较好，若延误用药时间，磷酰化胆碱酯酶老化后则难以复活。治疗慢性中毒无效。②本品在体内迅速分解，作用维持时间短，必要时2小时后重复给药。③抢救中毒或重度中毒时，必须同时使用阿托品。

二、重金属及类金属中毒的解救药

1. 二巯基丙醇

【性状】无色易流动的澄明液体，极易溶于乙醇，在水中溶解，不溶于脂肪。

【适应证】能与金属或类金属离子结合，形成无毒、难以解离的络合物由尿排出。主要用于解救砷、汞、锑的中毒，也用于解救铋、锌、铜等中毒。

【用法与用量】注射液，肌内注射，一次量，3.0毫克/千克体重。用于砷中毒，第1~2日每4小时1次，第3日每8小时1次，以后10天内，每日2次直至痊愈。

【药物相互作用（不良反应）】其与硒、铁金属形成的络合物，对肾脏的毒性比这些金属本身的毒性更大，故禁用于上述金属中毒的解救。

【注意事项】本品虽能使抑制的巯基酶恢复活性，但也能抑制机体的其他酶系（如过氧化氢酶、碳酸酐酶等）的活性和细胞色素 c 的氧化率，而且其氧化产物又能抑制巯基酶，对肝脏也有一定的毒害。局部用药具有刺激性，可引起疼痛、肿胀。这些缺点都限制了二巯基丙醇的应用。

2. 依地酸钙钠

【性状】白色或乳白色结晶或颗粒粉末，无臭无味，空气中易潮解。易溶于水，不溶于醇、醚等溶剂。

【适应证】依地酸钙钠在体内能与多种重金属离子络合，形成稳定而可溶的金属络合物，由尿排出而产生解毒作用。依地酸与金属离子的结合强度，随络合物的稳定常数的不同而改变。与无机铅、锌等金属离子结合的稳定常数大而结合力强，与钙、镁、钾、钠等金属离子的结合稳定常数小而结合力弱。主要用于治疗铅中毒，对无机铅中毒有特效；也用于治疗镉、锰、钴、铬和铜中毒。

【用法与用量】注射液，静脉注射，一次量，1~2克，2次/天，连用4天。

【药物相互作用（不良反应）】过大剂量可引起肾小管上皮细胞损害，导致急性肾功能衰竭。肾脏病变主要在近曲小管，亦可累及远曲小管和肾小球。本品可增加小鼠胚胎畸变率，但可通过增加饮食中的锌含量而预防。可能部分病畜于注入 4～8 小时后可出现全身反应，症状为疲软、过度口渴、突然发热及寒战，继以严重肌肉疼痛、食欲不振等。大剂量时可有肾小管水肿等损害，用药期间应注意查尿，若尿中出现管型、蛋白质、红细胞、白细胞甚至出现少尿或肾功能衰竭等症状时，应立即停药，停药后可逐渐恢复正常。如果静注过快、血药浓度超过 0.5％时，可引起血栓性静脉炎。

【注意事项】对铅脑病的疗效不高，与二巯基丙醇合用可提高疗效和减轻神经症状。

3. 青霉胺

【性状】白色或类白色结晶性粉末。有臭味，性质稳定、溶解度高，极易溶于水，在乙醇中微溶，在氯仿或乙醚中不溶。

【适应证】青霉胺为青霉素的代谢产物，又名二甲基半胱氨酸，系含有巯基的氨基酸，对铜、汞、铅等重金属离子有较强的络合作用。其因络合铜离子使单胺氧化酶失活，阻断胶原的交叉联结，可促进金属毒物排泄，可用于结缔组织增生疾病。此外，其还能减少类风湿因子、稳定细胞溶酶体膜、抑制免疫反应，故具抗炎作用。临床上应用 D-盐酸青霉胺，毒性比二巯基丙醇低，且可内服，常用于慢性铜、铅、汞中毒的治疗。

【用法与用量】片剂，内服，一次量，5～10 毫克/千克体重，1 日 4 次，5～7 日为 1 个疗程；停药后 2 日可继续用下一个疗程，一般用 3 个疗程。

【药物相互作用（不良反应）】右旋青霉胺相对无毒，而左旋、混旋青霉胺有某些毒性。青霉胺有对抗吡哆醛的作用，L-青霉胺和 D，L-青霉胺的作用较强，能抑制依赖吡哆醛的一些酶，如转氨酶、去巯基酶等。D-青霉胺的作用不详，正乙酰消旋青霉胺则无此作用。

【注意事项】本品可影响胚胎发育。

三、亚硝酸盐中毒的解救药

亚甲蓝（美蓝）

【性状】深绿色、有铜样光泽的柱状结晶或结晶性粉末，无臭。

在水或乙醇中易溶，在氯仿中溶解，水溶液呈深绿色透明的液体。

【适应证】本品既有氧化作用，又有还原作用，其作用与剂量关系密切。当亚硝酸盐中毒时，静脉注射小剂量亚甲蓝，在体内脱氢辅酶作用下，还原为无色的亚甲蓝，后者能使高铁血红蛋白还原为亚铁血红蛋白，恢复其携氧功能。用于解除亚硝酸盐中毒引起的高铁血红蛋白症。大剂量亚甲蓝则能直接升高血液中药物浓度，产生氧化作用，将血红蛋白中二价铁氧化，形成高铁血红蛋白，可用于解救氰化物中毒。

【用法与用量】注射液，静脉注射，一次量，解救高铁血红蛋白血症 1～2 毫克/千克体重，解救氰化物中毒 10 毫克（最大剂量 20 毫克）/千克体重。应与硫代硫酸钠交替使用。

【药物相互作用（不良反应）】本品与苛性碱、重铬酸盐碘化物、升汞、还原剂等起化学变化，故不宜与之配伍；该药不可作皮下、肌内、鞘内注射，会引起坏死和瘫痪。

【注意事项】不同浓度的亚甲蓝，解毒作用不同，使用要注意剂量。

四、氰化物中毒的解救药

1. 亚硝酸钠

【性状】无色或白色、微黄色晶粉，无臭、味微咸。易溶于水，水溶液不稳定，呈碱性。

【适应证】亚硝酸钠具有氧化性，能将亚铁血红蛋白氧化为高铁血红蛋白，后者与氰化物具有高度的亲和力，故可用于解救氰化物中毒。其作用较慢，但维持时间较长，是氰化物中毒的有效解毒物。

【用法与用量】注射液，静脉注射，一次量，15～25 毫克/千克体重。

【药物相互作用（不良反应）】治疗氰化物中毒时，本品与硫代硫酸钠均可引起血压下降，应注意血压变化。

【注意事项】家畜体内有 30% 以下的血红蛋白变为变性（高铁）血红蛋白时，不至于引起明显的中毒症状，但如果用量过大，可因高铁血红蛋白生成过多而导致亚硝酸盐中毒，因此，必须严格控制用量。若家畜严重缺氧而致黏膜发绀时，可用亚甲蓝解救。

2. 硫代硫酸钠（大苏打）

【性状】无色透明的结晶或晶粉，无臭、味咸。极易溶于水且显弱碱性，不溶于乙醇。

【适应证】本品在体内可分解出硫离子，与体内氰离子结合形成无毒且较稳定的硫氰化物由尿排出。但作用较慢，常与亚硝酸钠或亚甲蓝配合，解救氰化物中毒。

【用法与用量】注射液或注射用粉剂，静脉或肌内注射，一次量，1～3克。

【注意事项】本品解毒作用产生缓慢，应先静脉注射作用产生迅速的亚硝酸钠（或亚甲蓝），然后立即缓慢注射本品，不能将两种药物混合后同时静脉注射。对内服中毒动物，还应使用本品的5%溶液洗胃，并于洗胃后保留适量溶液于胃中。

五、有机氟中毒的解救药

解氟灵（乙酰胺）

【性状】白色结晶性粉末，无臭，可溶于水。化学结构与氟乙酰胺、氟乙酸钠相似，在体内可能是以竞争酰胺酶的方式，对抗有机氟阻止三羧酸循环的作用。

【适应证】本品为氟乙酰胺（一种有机氟杀虫农药）、氟乙酸钠中毒的解毒剂，具有延长中毒潜伏期、减轻发病症状或制止发病的作用。其解毒机制可能是由于本品的化学结构和氟乙酰胺相似，故能争夺某些酶（如酰胺酶），使不产生氟乙酸，从而消除氟乙酸对机体三羧酸循环的毒性作用。

【用法与用量】注射液，静脉或肌内注射，一次量，50～100毫克/千克体重。

【药物相互作用（不良反应）】本品酸性强，肌注时有局部疼痛。剂量过大可引起血尿。

【注意事项】该药用药宜早、用量要足；与解痉药、半胱氨酸合用效果较好；可配合应用普鲁卡因或利多卡因，以减轻疼痛。

第五章
中草药制剂的安全使用

第一节　中草药制剂的安全使用要求

使用中药防治畜禽疾病具有双向调节作用、扶正祛邪作用，低毒无害，不易产生耐药性、药源性疾病和毒副作用，并且中药在畜禽产品中很少有残留，具有广阔的前景。中药有单味中药和成方制剂。单味中药即单方，成方制剂是根据临床常见的病症定下的治疗法则，将两味以上的中药配伍起来，经过加工制成不同的剂型以提高疗效，方便使用。单味中药在养羊生产中使用较少，有些成方制剂可以在疾病防治中发挥一定作用。

中兽医讲"有成方，没成病"，意思是说配方是固定的，而疾病是在不断发展变化的。因此应用中成药制剂在集约化饲养场进行传染病的群体治疗时要认真进行辨证，因为在一个患病群体中具体到每头（只）来讲，发病总是有先有后，出现的证候不尽相同，应通过辨证分清哪种证候是主要的，做好对证选药（在不同配方的同类产品中进行选择），这样才能取得满意的疗效。

第二节　常用中兽药方剂的安全使用

常用的中兽药方剂见表5-1。

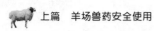

表 5-1　常用的中兽药方剂的安全使用

名称	成分	性状	适应证	用法用量
1. 解表剂				
荆防败毒散	荆芥 45 克,防风 30 克,羌活 25 克,独活 25 克,柴胡 30 克,前胡 25 克,枳壳 30 克,茯苓 45 克,桔梗 30 克,川芎 25 克,甘草 15 克,薄荷 15 克	淡灰黄色至淡灰棕色的粗粉。气微辛,味甘苦	具有辛温解表、疏风祛湿功能。用于畜禽风寒感冒、流感	内服,羊 40～80 克
银翘散（片）	金银花 60 克,连翘 45 克,薄荷 30 克,荆芥 30 克,淡豆豉 30 克,牛蒡子 45 克,桔梗 25 克,淡竹叶 20 克,甘草 20 克,芦根 30 克	棕褐色的粗粉。气芳香,味微甘、苦、辛	具有辛凉解表、清热解毒功能。用于动物风热感冒、咽喉肿痛、疮痈初起	内服,羊 50～80 克
桑菊散	桑叶 45 克,菊花 45 克,薄荷 30 克,连翘 45 克,苦杏仁 20 克,桔梗 30 克,甘草 15 克,芦根 30 克	棕褐色的粉末,气微香、味微苦	具有疏风清热,宣肺止咳功能。用于外感风热,咳嗽	内服,羊 30～60 克
柴葛解肌散	柴胡 30 克,葛根 30 克,甘草 15 克,黄芩 25 克,羌活 30 克,白芷 15 克,白芍 30 克,桔梗 20 克,石膏 60 克	灰黄色的粗粉。气微香,味辛、甘	具有解肌清热功能。用于感冒发热	内服,羊 30～60 克
2. 清热剂				
清瘟败毒散	石膏 120 克,地黄 30 克,水牛角 60 克,黄连 20 克,栀子 30 克,牡丹皮 20 克,黄芩 25 克,赤芍 25 克,玄参 25 克,知母 30 克,连翘 30 克,桔梗 25 克,甘草 15 克,淡竹叶 25 克	灰黄色的粗粉。气微香,味苦、微甜	具有泻火解毒,凉血养阴功能。用于羊出血性败血症、乳腺炎	内服,羊 50～100 克
苍术香连散	黄连 30 克,木香 20 克,苍术 60 克	棕黄色的粗粉。气香,味苦	具有清热燥湿功能。用于猪、羊、牛、马的肠黄、下痢、湿热泄泻	内服,羊 15～30 克

续表

名称	成分	性状	适应证	用法用量
2. 清热剂				
白头翁散(片)	白头翁60克,黄连30克,黄柏45克,秦皮60克	浅灰黄色的粗粉。气香,味苦	具有清热解毒,凉血止痢功能。用于家畜湿热泄泻、下痢脓血、里急后重	羊30～45克(散剂250克/袋)
胆膏(胆汁浸膏)	新鲜胆汁1000毫升,乙醇500毫升	黑色的稠膏状物,气腥,味极苦	具有清热解毒、镇痉止咳,利胆消炎功能。用于风热目赤、久咳不止,幼畜惊风及各种热性病	内服,羊1.5～3克
解暑星散	香薷60克,藿香40克,薄荷30克,冰片2克,金银花45克,木通40克,麦冬30克,白扁豆15克等	浅灰黄色粗粉。气香窜,味辛、甘、微苦	具有清热祛暑功能。用于畜禽中暑	内服,羊80～120克
清胃散	石膏60克,大黄45克,知母30克,黄芩30克,陈皮25克,枳壳25克,天花粉30克,甘草30克,玄明粉45克,麦冬30克	浅灰黄色的粗粉。气微香,味苦、涩	具有清热泻火、理气开胃功能。用于胃热食少,粪便干	内服,羊50～80克
3. 泻下剂				
大承气散	大黄60克,厚朴30克,枳实30克,玄明粉180克	棕褐色的粗粉。气微辛香,味咸、微苦、涩	具有攻下热结,通肠功能。用于结症、便秘	内服,羊60～120克
4. 和解剂				
小柴胡散	柴胡45克,黄芩45克,姜半夏30克,党参45克,甘草15克	黄色的粗粉。气微香,味甘、微苦	具有和解少阳,解热功能。用于少阳证,寒热往来,不欲饮食,口津少,反胃呕吐	内服,羊30～60克

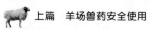

名称	成分	性状	适应证	用法用量
5. 消导剂				
木香槟榔散	木香 15 克,槟榔 15 克,枳壳(炒)15 克,陈皮 15 克,醋青皮 50 克,醋香附 30 克,三棱 15 克,醋莪术 5 克,黄连 15 克,黄柏(酒炒)30 克,大黄 30 克,炒牵牛子 30 克,玄明粉 60 克	灰棕色的粗粉。气香,味苦、微咸	具有行气导滞,泻热通便功能。用于痢疾腹痛,胃肠积滞	内服,羊 60～90 克
前胃活散	槟榔 20 克,牵牛子 15 克,木香 45 克,六神曲 45 克,麦芽 60 克,黄芩 30 克,甘草 20 克等	黄棕色粗粉,气清香,味辛、微苦	具有消食导滞,行气宽肠,健脾、益胃,升清降浊功能。用于羊前胃弛缓	口服,羊 80～100 克
健胃散	山楂 15 克,麦芽 15 克,六神曲 15 克,槟榔 3 克	淡棕色的粗粉。气微香,味微苦	能消食下气,开胃宽肠。用于伤食积滞,消化不良	口服,羊 30～60 克
大黄末	大黄	黄棕色的粉末,气清香,味苦、微涩	具有健胃消食,泻热通肠,凉血解毒,破积行瘀功能。用于食欲不振,实热便秘,结症,疮黄疔毒,目赤肿痛,烧伤烫伤,跌打损伤。孕畜慎用	内服,羊 10～20 克。外用适量,调敷患处
龙胆末	龙胆	淡黄棕色的粉末,气微,味甚苦	具有健胃功能。用于食欲不振	内服,羊 5～10 克
复方大黄酊	大黄 100 克,陈皮 20 克,草豆蔻 20 克	黄棕色的液体,气香,味苦、微涩	具有健脾消食,理气开胃功能。用于慢草不食,消化不良,食滞不化	内服,羊 10～20 毫升

续表

名称	成分	性状	适应证	用法用量
5. 消导剂				
复方龙胆酊	龙胆 100 克,陈皮 40 克,草豆蔻 10 克	黄棕色的液体,气香,味苦(也叫苦味酊)	能健脾开胃。用于脾不健运,食欲不振,消化不良	内服,羊 5～20 毫升
6. 理气剂				
丁香散	丁香 25 克,木香 45 克,藿香 45 克,青皮 30 克,陈皮 45 克,槟榔 15 克,炒牵牛子 45 克	黄褐色粗粉。气芳香走窜,味辛、微苦	具有破气消胀,宽肠通便功能。用于胃肠臌气	内服,羊 30～60 克
厚朴散	厚朴 30 克,陈皮 30 克,麦芽 30 克,五味子 30 克,肉桂 30 克,砂仁 30 克,牵牛子 15 克,青皮 30 克	深灰黄色粗粉。气辛香,味微苦	能行气消食,温中散寒。用于脾虚气滞,胃寒少食	内服,羊 30～60 克
7. 理血剂				
十黑散	知母 30 克,黄柏 25 克,栀子 25 克,地榆 25 克,槐花 20 克,蒲黄 25 克,侧柏叶 20 克,棕榈 25 克,杜仲 25 克,血余炭 15 克	深褐色的粗粉,味焦苦	具有凉血止血功能。用于膀胱积热,尿血,便血	内服,羊 60～90 克
槐花散	炒槐花 60 克,侧柏叶(炒)60 克,荆芥炭 60 克,枳壳(炒)60 克	黑棕色粗粉。气清香,味苦、涩	具有清肠止血,疏风行气功能。用于肠风下血	内服,羊 30～50 克
8. 治风剂				
五虎追风散	僵蚕 15 克,天麻 30 克,全蝎 15 克,蝉蜕 150 克,制天南星 30 克	浅灰褐色粗粉,味辛、咸、微苦	具有熄风解痉功能。用于破伤风	内服,羊 30～60 克
9. 祛寒剂				
健脾散	当归 20 克,白术 30 克,青皮 20 克,陈皮 25 克,厚朴 30 克,肉桂 30 克,干姜 30 克,茯苓 30 克,五味子 25 克,石菖蒲 25 克,砂仁 20 克,泽泻 30 克,甘草 20 克	浅红棕色粗粉,气香,味辛	具有温中健脾,利水止泻功能。用于胃寒草少,冷肠泄泻	内服,羊 45～60 克

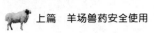

续表

名称	成分	性状	适应证	用法用量
9. 祛寒剂				
理中散	党参60克,干姜30克,甘草30克,白术60克	灰黄色粗粉,气香,味辛、微甜	具有温中散寒,补气健脾功能。用于脾胃虚寒,食少,泄泻,腹痛	内服,羊30～60克
复方豆蔻酊	草豆蔻20克,小茴香(粗粉)10克,桂皮25克	黄棕色或红棕色的液体,气香,味微香	具有温中健脾,行气止呕功能。用于寒湿困脾,翻胃少食,脾胃虚寒,食积腹胀,伤水冷痛	内服,羊10～20毫升
10. 祛湿剂				
五苓散	茯苓100克,泽泻200克,猪苓100克,肉桂50克,白术(炒)100克	淡黄色粗粉,气微香,味甘、淡	具有温阳化气,利湿行水功能。用于水湿内停,排尿不利,泄泻,水肿,宿水停脐	内服,羊30～60克
独活寄生散	独活25克,桑寄生45克,秦艽25克,防风25克,细辛10克,当归25克,白芍15克,川芎15克,熟地黄45克,杜仲30克,牛膝30克,党参30克,茯苓30克,肉桂20克,甘草15克	土黄色的粗粉,气辛,味甘、微苦	具有益肝肾,补气血,祛风湿功能。用于痹症日久,肝肾两亏,气血不足	内服,羊60～90克
滑石散	滑石60克,泽泻45克,灯心草15克,茵陈30克,知母(酒制)25克,黄柏(酒制)30克,猪苓25克,瞿麦25克	淡黄色粗粉,气辛香,味淡、微苦	具有清热利湿,通淋功能。用于膀胱热结,排尿不利	内服,羊40～60克
五皮散	桑白皮30克,陈皮30克,大腹皮30克,姜皮15克,茯苓皮30克	褐黄色粗粉,气微香,味辛	具有行气,化湿,利水功能。用于浮肿	内服,羊45～60克

续表

名称	成分	性状	适应证	用法用量
10. 祛湿剂				
平胃散	苍术 80 克，厚朴 50 克，陈皮 50 克，甘草 30 克	棕黄色粗粉，气香，味苦，微甜	具有燥湿健脾，理气开胃功能。用于脾胃不和，食少，粪便稀软	内服，羊 30～60 克
11. 祛痰止咳平喘剂				
二母冬花散	知母 30 克，浙贝母 30 克，款冬花 30 克，桔梗 25 克，苦杏仁 20 克，马兜铃 20 克，黄芩 25 克，桑白皮 25 克，白药子 25 克，金银花 30 克，郁金 20 克	淡棕黄色粗粉，气香，味微苦	具有清热润肺，止咳化痰功能。用于肺热咳嗽	内服，羊 45～75 克
止咳散	知母 25 克，枳壳 20 克，麻黄 15 克，桔梗 30 克，苦杏仁 25 克，葶苈子 25 克，桑白皮 25 克，陈皮 25 克，石膏 30 克，前胡 25 克，射干 25 克，枇杷叶 20 克，甘草 15 克	棕褐色粗粉，气清香，味甘、微苦	具有清肺化痰，止咳平喘功能。用于肺热咳嗽	内服，羊 45～60 克
清肺散	板蓝根 90 克，葶苈子 50 克，浙贝母 50 克，桔梗 30 克，甘草 25 克	浅灰黄色粗粉，气清香，味微甘	能清肺平喘，化痰止咳。用于肺热咳喘，咽喉肿痛	内服，羊 30～50 克
定喘散	桑白皮 25 克，炒苦杏仁 20 克，莱菔子 30 克，葶苈子 30 克，紫苏子 20 克，党参 30 克，白术（炒）20 克，关木通 20 克，大黄 30 克，郁金 25 克，黄芩 25 克，栀子 25 克	黄褐色粗粉，气微香，味甘、苦	具有清肺，止咳，定喘功能。用于肺热咳嗽，气喘	内服，羊 30～50 克

续表

名称	成分	性状	适应证	用法用量
12. 补益剂				
六味地黄散	熟地黄 80 克,酒黄肉 40 克,山药 40 克,牡丹皮 30 克,茯苓 30 克,泽泻 30 克	灰棕色粗粉,味甜而酸	具有滋阴补肾,清肝利胆,涩精养血功能。用于肝肾阴虚,腰胯无力,盗汗,滑精,阴虚发热	内服,羊 15～50 克
四君子散	党参 60 克,白术 60 克,茯苓 60 克,炙甘草 30 克	灰黄色粗粉,气微香,味甘	具有益气健脾功能。用于脾胃气虚,食少,体虚	内服,羊 30～45 克
补中益气散	炙黄芪 75 克,党参 60 克,白术(炒)60 克,炙甘草 30 克,当归 30 克,陈皮 20 克,升麻 20 克,柴胡 20 克	淡黄棕色粗粉,味辛、甘、微苦	具有补中益气,升阳举陷功能。用于脾胃气虚,久泻,脱肛,子宫脱垂	内服,羊 45～60 克
参苓白术散	党参 60 克,茯苓 30 克,白术(炒)60 克,山药 60 克,甘草 30 克,炒白扁豆 60 克,莲子 30 克,薏苡仁(炒)30 克,砂仁 15 克,桔梗 30 克,陈皮 30 克	浅棕黄色粗粉,气微香,味甘、淡	具有补脾肾,益肺气功能。用于脾胃虚弱,食少粪便稀,肺气不足	内服,羊 45～60 克
百合固金散	百合 45 克,白芍 25 克,当归 25 克,甘草 20 克,玄参 30 克,川贝母 30 克,生地黄 30 克,熟地黄 30 克,桔梗 25 克,麦冬 30 克	黑褐色粉末,味微甘	具有养阴清热,润肺化痰功能。用于肺虚咳嗽,阴虚火旺,咽喉肿痛	内服,羊 45～60 克
壮阳散	熟地黄 45 克,补骨脂 40 克,阳起石 20 克,淫羊藿 45 克,锁阳 45 克,菟丝子 40 克,五味子 30 克,肉苁蓉 40 克,山药 40 克,肉桂 25 克,车前子 25 克,续断 40 克,覆盆子 40 克	淡灰黄色粉末,味辛、甘、咸、微苦	具有温补肾阳功能。用于性欲减退,阳痿,滑精	内服,羊 50～80 克

续表

名称	成分	性状	适应证	用法用量
13. 固涩剂				
速效止泻散	地榆炭 30 克,罂粟壳 6 克,厚朴 6 克,诃子 6 克,车前子 6 克,乌梅 6 克,黄连 2 克	淡褐棕色粉末,具有特有清香气,味苦	具有清热利湿,敛肠止泻功能。用于羊腹泻	内服,羊 10～40 克/次
乌梅散	乌梅(去核)15 克,柿饼 24 克,黄连 6 克,姜黄 6 克,诃子 9 克	棕黄色粗粉,气微香,味苦	具有清热解毒,涩肠止泻功能。用于幼畜奶泻	内服,羔羊 9～15 克
14. 胎产剂				
催情散	淫羊藿 6 克,阳起石(酒淬)6 克,益母草 6 克,菟丝子 5 克,当归 4 克,香附 5 克等	淡灰色粉末,气香,微苦	具有催情排卵,兴奋繁殖机能,促进生殖器官创伤愈合功能。用于羊不发情,受胎率低,屡配不孕,性成熟迟缓等	口服,羊 30～60 克/次。预防量酌减量
白术散	白术 30 克,当归 25 克,川芎 15 克,党参 30 克,甘草 15 克,砂仁 20 克,熟地黄 30 克,陈皮 25 克,紫苏梗 25 克,黄芩 25 克,白芍 20 克,阿胶(炒)30 克	棕褐色粗粉,气微香,味甘、微苦	具有益气养血,安胎功能。用于胎动不安	内服,羊 60～90 克
生乳散	黄芪 30 克,党参 30 克,当归 45 克,通草 15 克,川芎 15 克,白术 30 克,续断 15 克,木通 15 克,甘草 15 克,王不留行 30 克,路路通 25 克	淡棕褐色粉末,气香,味甘、苦	具有补气养血,通经下乳功能。用于气血不足的缺乳和乳少症	内服,羊 60～90 克
15. 驱虫剂				
复方球虫散(片)	地榆 20 克,木香 20 克,甘草 5 克,山楂 15 克,大黄 5 克,黄芩 15 克,青蒿 10 克,黄连 10 克(散剂 250 克/袋,片剂 0.3 克/片)	黄棕色粉末,气清香,味苦	具有清热凉血,燥湿杀虫功能。用于球虫病	内服,羊每日 9 克,羔羊减半。分早晚两次用药

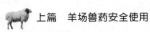

名称	成分	性状	适应证	用法用量
15. 驱虫剂				
驱虫散	鹤虱 30 克,使君子 30 克,槟榔 30 克,芜荑 30 克,雷丸 30 克,绵马贯众 60 克,干姜(炒)15 克,淡附片 15 克,乌梅 30 克,诃子 30 克,大黄 30 克,百部 30 克,木香 15 克,榧子 30 克	褐色粗粉,气香,味涩苦	具有杀虫功能。用于胃肠道寄生虫	内服,羊 30~60 克
16. 疮黄剂				
公英散	蒲公英 60 克,金银花 60 克,连翘 60 克,丝瓜络 30 克,通草 25 克,木芙蓉叶 25 克,浙贝母 30 克	黄棕色粗粉,味微甘、苦	具有清热解毒,消肿散痈功能。用于乳痈初起,红肿热痛	内服,羊 30~60 克
生肌散	血竭 30 克,赤石脂 30 克,醋乳香 30 克,龙骨(煅)30 克,冰片 10 克,醋没药 30 克,儿茶 30 克	淡灰红色粉末,气香,味苦、涩	具有生肌敛疮功能。用于痈疽疮疡,溃后不敛	外用适量,撒布患处
辛夷散	辛夷 60 克,知母(酒制)30 克,黄柏(酒制)30 克,北沙参 30 克,木香 15 克,郁金 30 克,明矾 20 克	黄色至淡棕黄色粗粉,味微辛、苦、涩	具有滋阴降火,疏风通窍功能。用于脑颡鼻脓	内服,羊 40~60 克
17. 外用剂				
青黛散	青黛、黄连、黄柏、薄荷、桔梗、儿茶各等份	灰绿色粗粉,气微香,味苦、微涩	能清热解毒,消肿止痛。用于口舌生疮,咽喉肿痛	将药适量装入纱布袋内,用水浸湿,噙于口中
桃花散	陈石灰 480 克,大黄 90 克	本品为粉红色粉末,味淡	具有收敛,止血功能。用于外伤出血	外用适量,撒布创面
擦疥散	狼毒 120 克,猪牙皂(制)120 克,巴豆 30 克,雄黄 9 克,轻粉 5 克	棕黄色粉末,气香窜,味苦、辛	具有杀疥螨功能。用于疥癣。不可内服,防止患病动物舔食	外用适量,将植物油烧热,调成流膏状涂擦患处。如疥面积过大应分区分期涂药

第六章
其它药物的安全使用

第一节　肾上腺皮质激素类药物安全使用

肾上腺皮质激素为肾上腺皮质分泌的一类激素的总称，它们结构与胆固醇相似，故又称类固醇皮质激素。肾上腺皮质激素按其生理作用，主要分两类：一类是调节体内水和盐代谢的激素，即调节体内水和电解质平衡，称为盐皮质激素；另一类是与糖、脂肪及蛋白质代谢有关的激素，常称为糖皮质激素。糖皮质激素在超生理剂量时有抗炎、抗过敏、抗中毒及抗休克等药理作用，因而在临床中广泛应用。常用的肾上腺皮质激素类药物及安全使用见表 6-1。

表 6-1　常用的肾上腺皮质激素类药物及安全使用

名称	性状	适应证	用法与用量	药物相互作用（不良反应）	注意事项
氢化可的松	白色或无色的结晶性粉末。无臭，初无味，随后有持续的苦味。遇光渐变质	用于治疗严重的中毒性感染或其他危险性病症。局部应用有较好疗效，故常用于乳腺炎、眼科炎症、皮肤过敏性炎症、关节炎。作用时间不足 12 小时	氢化可的松注射液，或醋酸氢化可的松片，静脉注射，一次量，0.02 ～ 0.08 克		

名称	性状	适应证	用法与用量	药物相互作用（不良反应）	注意事项
地塞米松	磷酸钠盐为白色或微黄色粉末。无臭，味微苦。有引湿性。在水或甲醇中溶解，在丙酮或乙醚中几乎不溶	其比氢化可的松强 25 倍，抗炎作用甚至强 30 倍，而水、钠潴留的副作用较弱。给药后，作用在数分钟出现，维持 48～72 小时。可促进钙从粪便中排出，故可引起负钙平衡。应用同其他糖皮质激素	地塞米松磷酸钠注射液，或地塞米松片，肌内或静脉注射，一次量，4～12 毫克	大剂量或长期（约 1 个月）用药后引起代谢紊乱，导致严重低血钾、糖尿、骨质疏松、肌纤维萎缩、幼龄动物生长停滞。马较其他动物敏感。大剂量长时间用药后，一旦突然停止肾上腺皮质激素的使用，可产生停药综合征，动物软弱无力、精神沉郁、食欲减退、血糖下降、血压降低；严重时可见有休克；还可见有疾病复发或加剧。使用时应配合足量的有效抗菌药物，在激素停用后仍需继续用抗菌药物治疗。糖皮质激素能抑制变态反应，能抑制白细胞对刺激原的反应，因而在用药期间可影响鼻疽菌素点眼和其他诊断试验或活菌苗免疫试验。糖皮质激素对少数马、牛有时可见有过敏反应，用药后可见有麻疹、呼吸困难、阴门及眼睑水肿、心动过速，甚至死亡，这些常发生于多次反复应用的病例	急性危重病例应选用注射剂作静脉注射，一般慢性病例可以口服或用混悬液肌内注射或局部关节腔内注射等。对于后者应注意防止引起感染和机械的损伤。泌乳动物、幼年生长期的动物应用皮质激素，应适当补给钙制剂、维生素 D 以及高蛋白质饲料，以减轻或消除因骨质疏松、蛋白质异化等副作用引起的疾病。缺乏有效抗菌药物治疗的感染、骨软化症和骨质疏松症、骨折治疗期、妊娠期（因可引起早产或畸胎）、结核菌素或鼻疽菌素诊断和疫苗接种期不可以使用
泼尼松（强的松）	白色或几乎白色的结晶性粉末。无臭，味苦。不溶于水，微溶于乙醇，易溶于氯仿	其进入体内后代谢转化为氢化泼尼松而起作用。其抗炎作用和糖原异生作用比天然的氢化可的松强 4～5 倍。由于用量小，其水、钠潴留的副作用显著减轻。常被用于某些皮肤炎症和眼科炎症，但实践证明，此种局部应用并不比天然激素优越。用药后作用时间为 12～36 小时	醋酸泼尼松片，内服，一日量，首次量 20～40 毫克；维持量 5～10 毫克		
泼尼松龙	人工合成品。几乎不溶于水，微溶于乙醇或氯仿	作用与泼尼松基本相似，特点是可静注、肌注、乳管内注入和关节腔内注入等。给药后作用时间为 12～36 小时。内服的功效不如泼尼松确切	醋酸氢化泼尼松注射液，静脉注射或静脉滴注、肌内注射，一次量，10～20 毫克。严重病例可酌情增加剂量		

第二节 解热镇痛抗炎药的安全使用

解热镇痛抗炎药是一类具有镇痛、解热和抗炎作用的药物。这类药物能抑制体内环加氧酶，从而抑制花生四烯酸转变成前列腺素（PG），减少 PG 的生物合成，因而有广泛的药理作用。本类药物能选择性地降低发热动物的体温，而对体温正常动物无明显影响；对轻、中度钝痛，如头痛、关节痛、肌肉痛、神经痛及局部炎症所致的疼痛有效，常用于慢性疼痛，对创伤性剧痛与平滑肌绞痛无效，通常不产生依赖性和耐受性。本类药物可以控制炎症的继续发展，减轻局部炎症的症状。常用的解热镇痛药物及安全使用见表 6-2。

表 6-2 常用的解热镇痛药物及安全使用

名称	性状	适应证	用法与用量	药物相互作用（不良反应）	注意事项
阿司匹林（乙酰水杨酸）	白色结晶或结晶性粉末，难溶于水，易溶于醇。无臭或微带醋酸臭，微酸，遇湿气缓缓水解。水溶液呈酸性	具有较强的解热、镇痛、抗炎、抗风湿作用。可用作中小动物的解热镇痛药。此外，本品还有促进尿酸排泄作用，可用于痛风症。还可用于治疗感冒、神经痛和风湿病	复方阿司匹林片或阿司匹林片，内服，一次量，1～3 克	本品可抑制抗体产生及抗原抗体反应，使用疫苗、畜禽检疫时禁止使用；对消化道有刺激性，较大量可致食欲不振、恶心、呕吐乃至消化道出血；长期使用易引发胃肠道溃疡、出血、肾炎等	不宜用于猫。可与碳酸氢钠同用，以减轻对胃肠道的刺激。有出血倾向时忌用
氨基比林	白色晶状粉末，无臭，味微苦，易溶于水，水溶液显碱性。遇氧化剂易被氧化，见光易变质，应避光保存	本品有明显的解热镇痛与抗炎作用。广泛用于发热性疾病、关节痛、肌肉痛、神经痛和风湿症等。其消炎抗风湿作用不亚于水杨酸钠，可用于治疗急性风湿性关节炎	片剂，内服，一次量，2～5 克。复方氨基比林注射液或复方氨林巴比妥注射液，肌内或皮下注射，一次量，50～200 毫克	与巴比妥配成复方制剂能增强其镇痛效果，有利于缓和疼痛症状	长期连续用药，可引起白细胞减少症

名称	性状	适应证	用法与用量	药物相互作用（不良反应）	注意事项
布洛芬	白色晶粉，几乎无臭，无味。不溶于水，溶于乙醇、氯仿，溶于碱液，但随即分解	有显著的抗炎和镇痛作用，其消炎作用强于氢化可的松；其解热作用与阿司匹林相近或略高。临床上主要用于各种动物急性风湿性关节炎、痛风等	片剂，内服，一次量，2毫克/千克体重	长期使用有消化道症状，如恶心、呕吐、腹痛、下痢甚至消化道溃疡；有时可造成肝功损害	胃病及胃溃疡病畜禁用
对乙酰氨基酚（扑热息痛）	白色有闪光的鳞片状结晶或白色晶粉。无臭，味微苦。不溶于水，难溶于热水	对乙酰氨基酚具有良好的解热作用，镇痛作用次之，无消炎抗风湿作用，作用出现快，且缓和、持久，副作用小。常用作中、小动物的解热镇痛药	对乙酰氨基酚片，内服，一次量，1～4克。对乙酰氨基酚注射液肌注，一次量，0.5～2克	剂量过大或长期使用，可致高铁血红蛋白症，引起组织缺氧、发绀	肝肾功能不全的幼畜慎用
安乃近	白色（注射用）或略带微微黄色（口服用）结晶或结晶性粉末，无臭、味微苦，易溶于水	具有显著的解热作用、较强镇痛作用和一定的消炎、抗风湿作用，作用迅速。用于肌肉痛、风湿痛、发热性疾患及疝痛	片剂，内服，2～5克/次；注射液，肌肉注射，1～2克/次	长期应用可引起粒细胞减少；本品可抑制凝血酶原的合成，加重出血倾向	不宜穴位注射和关节部位注射，否则易引起肌肉萎缩和关节功能障碍
氯灭酸	白色结晶粉末，无臭，难溶于水	具有消肿、解热、镇痛作用，对关节肿胀有明显的消炎、消肿作用，有助于恢复关节活动。用于治疗风湿症	片剂，内服，一次量，0.4～0.8克	—	—
吲哚美辛（消炎痛）	白色结晶粉末，无臭，难溶于水，溶于乙醇	治疗风湿性关节炎、神经痛、腱鞘炎、肌肉损伤以及外伤、术后等炎性疼痛	片剂，内服，一次量，2毫克/千克体重	与皮质激素合用呈现相加作用，疗效增强	对炎性疼痛有明显作用

续表

名称	性状	适应证	用法与用量	药物相互作用（不良反应）	注意事项
保泰松	白色或微黄色结晶粉末，味微苦	具有较强的抗炎作用。主要用于风湿、关节炎、腱鞘炎、黏液囊炎和睾丸炎。可促进尿酸排泄，也可用于治疗痛风	片剂，内服，一次量，33毫克/千克体重	毒性较大	治疗风湿时要连续应用到病情好转

第三节　作用于机体各系统的药物的安全使用

一、作用于消化系统的药物

消化系统的疾病较为常见。由于动物的种类不同，发病率和疾病种类也各有差异。一般草食动物的发病率高于杂食动物。如果不及时治疗，将会导致严重的后果。因此，应进行综合分析治疗，选择作用于消化系统的药物来解除胃肠功能障碍，恢复胃肠功能。作用于消化系统药物及安全使用见表6-3。

表6-3　作用于消化系统药物及安全使用

类型	名称	性状	适应证	用法与用量	药物相互作用（不良反应）及注意事项
健胃药	马钱子	马钱子为马钱科植物马钱的成熟种子，味苦，有毒。本品含有多种类似的生物碱，主要有番木鳖碱，亦称士的宁、马钱子碱等	因味苦，故口服后主要发挥苦味健胃作用。本品具有吸收作用，主要对脊髓具有选择性兴奋作用。作为健胃药，用于治疗消化不良、食欲不振、前胃弛缓、瘤胃积食等疾病	马钱子酊或马钱子流浸膏，内服，一次量，0.1～0.25毫升	属于苦味健胃药。安全范围小，应严格控制剂量，连续用药不能超过1周，避免蓄积性中毒。中毒时，可用巴比妥类药物或水合氯醛解救，并保持环境安静，避免各种刺激

续表

类型	名称	性状	适应证	用法与用量	药物相互作用(不良反应)及注意事项
健胃药	龙胆	龙胆为龙胆科植物龙胆或三花龙胆的干燥根茎和根。味苦性寒,属苦味健胃药。有效成分为龙胆苦苷约2%、龙胆糖约4%、龙胆碱约0.15%	因其味苦,口服可促进唾液与胃液分泌,促进消化,提高食欲。其常与其他健胃药配伍制成散剂、酊剂、舔剂等,用于食欲不振及某些热性病引起的消化不良等	内服,一次量,龙胆末5~10克,龙胆酊5~15毫升,复方龙胆酊2~20毫升	密闭保存
	陈皮	又名橙皮,芸香科植物橘及其栽培变种的干燥成熟果实。含挥发油、川皮酮、橙皮苷、维生素B_1和肌醇等	内服发挥芳香性健胃药作用。刺激消化道黏膜,增强消化液分泌及胃肠蠕动,显现健胃驱风的功效。用于消化不良、积食气胀等	陈皮酊,内服,一次量,10~20毫升	避光保存,密闭封存
	豆蔻	又名白豆蔻。芳香性健胃药。为姜科植物白豆蔻的干燥成熟果实。含挥发油,油中含有右旋樟脑成分	具有健胃、驱风、制酵等作用。用于消化不良、前胃弛缓、胃肠气胀等	内服,一次量,豆蔻粉3~6克,复方豆蔻酊10~20毫升	置避光容器内,密封
	肉桂	又名桂皮。芳香性健胃药。樟科植物肉桂的干燥树皮。含挥发油不得少于1.2%,油中主要成分为桂皮醛	对胃肠黏膜有温和刺激作用,可增强消化功能,排出积气,缓解胃肠痉挛性阵痛,因此有扩张末梢血管作用,能改善血液循环。主要用于消化不良、风寒感冒、产后虚弱等	内服,一次量,肉桂粉3~6克,肉桂酊10~20毫升	孕畜慎用

续表

类型	名称	性状	适应证	用法与用量	药物相互作用(不良反应)及注意事项
健胃药	大蒜	百合科植物大蒜的鲜茎。含挥发油、大蒜素,气特异,味辛辣	内服发挥芳香性健胃药作用。由于内含大蒜素,具有明显抑菌作用。对多种革兰氏阳性菌与阴性菌均有一定抑制作用,对白色念珠菌、隐球菌等真菌、滴虫等原虫也有作用。主要用于食欲不振,积食气胀;幼畜肠炎、下痢等	大蒜酊,内服,一次量,15～30克	—
	人工盐	白色粉末,易溶于水,水溶液呈弱碱性(pH8～8.5)。盐类健胃药,由干燥硫酸钠44%、氯化钠18%、碳酸氢钠36%及硫酸钠2%混合制成	内服少量,可增加胃肠液分泌,促进蠕动,促进物质消化吸收。有微弱中和胃酸作用;内服大量,并大量饮水,有缓泻作用。常配合制酵药用于便秘初期	人工盐,健胃:内服,一次量,10～30克;缓泻:内服,一次量,50～100克	禁与酸性物质或酸类健胃药、胃蛋白酶等药物配合应用
助消化药	稀盐酸	无色澄明液体。为10%的盐酸溶液,无臭,呈强酸性	服后可使胃内酸度增加、胃蛋白酶活性增强。可消除胃部不适、腹胀、嗳气等症状。主要用于因胃酸减少造成的消化不良	稀盐酸液,内服,一次量,2～5毫升,用前须加水稀释成0.2%溶液	忌与碱类、盐类健胃药、有机酸、洋地黄及其制剂合用;用量不宜过大。应置玻璃塞瓶内,密封保存
	胃蛋白酶	又名胃蛋白酵素、胃液素。白色或淡黄色粉末(来自牛、猪、羊等胃黏膜而制成的一种含有蛋白分解酶的物质)	内服可使蛋白质初步水解成蛋白胨。在0.2%～0.4%(pH1.6～1.8)的盐酸环境中作用最强。用胃蛋白酶时,必须与稀盐酸同用,以确保充分发挥作用	胃蛋白酶,内服,一次量,800～1600单位	禁与碱性药物、鞣酸、金属盐等配伍;常与稀盐酸同服用于胃蛋白酶缺乏症;宜饲前服用

续表

类型	名称	性状	适应证	用法与用量	药物相互作用(不良反应)及注意事项
助消化药	乳酶生(表飞鸣)	白色粉末,无味无臭,难溶于水(为乳酸杆菌的干燥制剂)	本品为活性乳杆菌制剂,能分解糖类生成的乳酸,使肠内酸度提高,抑制肠内病原菌繁殖。主要用于胃肠异常发酵和腹泻、肠臌气等	乳酶生片,内服,一次量,2~4克	应用时不宜与抗菌药物、吸附药、收敛药、酊剂配伍,以免失效;应闭光密封在凉暗处保存,有效期为2年,受热效力降低
	干酵母	麦酒酵母菌或葡萄汁酵母菌的干燥菌体。淡黄白色或淡黄棕色的颗粒或粉末。有酵母的特臭,味微苦	干酵母中的多种生物活性物质是机体内某些酶系统的重要组成部分,能参与糖、蛋白质、脂肪的生物转化和转运。用于食欲不振、消化不良和维生素B缺乏症的辅助治疗	干酵母粉或干酵母片内服,一次量,5~10克	用量过大,可导致腹泻
	碳酸氢钠	白色结晶粉末,无臭,味微咸,易溶于水。水溶液呈弱碱性,在空气中易分解	其是一种弱碱性盐,可与其他健胃药配伍治疗慢性胃肠炎,与祛痰药配伍治疗呼吸道炎症。对败血症、化脓创伤、酸血症等,应用碳酸氢钠可缓解中毒症状	片剂,内服,一次量,5~10克;注射液,静脉注射,一次量,2~6克	与磺胺类药物配伍使尿液呈弱碱性,可减轻磺胺类药物的副作用;不宜与酸性药物配合使用。密闭保存
瘤胃兴奋药	氯化氨甲酰甲胆碱(又名乌拉胆碱)	白色结晶或结晶性粉末。稍有氨味。极易溶于水,易溶于乙醇,不溶于氯仿和乙醚	属季铵化合物。不易被胆碱酯酶水解。主要兴奋M胆碱受体,呈现M样作用。其特点为对胃肠道平滑肌呈明显的收缩作用,而对心血管系统的抑制作用较弱。用于胃肠弛缓等	氯化氨甲酰甲胆碱注射液,皮下注射,一次量,0.02~0.1毫克/千克体重	阿托品可快速阻止或消除M样作用。发生中毒时可用阿托品解救。内服极少吸收。禁用于老龄、瘦弱、妊娠、心肺疾患的动物,以及顽固性便秘、肠梗阻患畜和孕畜。不可肌注或静注

续表

类型	名称	性状	适应证	用法与用量	药物相互作用(不良反应)及注意事项
瘤胃兴奋药	浓氯化钠注射液	无色的澄明液体	用于反刍动物前胃弛缓、瘤胃积食和马属动物便秘等	10%氯化钠注射液静脉注射,一次量,1毫升/千克体重	心力衰竭和肾功能不全患畜慎用;静脉注射时不能稀释,速度宜慢,不可漏至血管外
制酵药	鱼石脂	棕黑色浓厚的黏稠性液体。有特臭。易溶于乙醇,在热水中溶解,呈弱酸性	具有轻度防腐、制酵、驱风作用,促进胃肠蠕动。常用于治疗瘤胃臌胀、前胃弛缓、急性胃扩张。外用具有温和刺激作用,可消肿促使肉芽新生,故10%～30%软膏用于慢性皮炎、蜂窝织炎等	鱼石脂溶液,内服,一次量,1～5克	禁与酸性药物混合使用。临用时先加2倍量乙醇稀释,再用水稀释成3%～5%的溶液灌服
制酵药	芳香氨醑	几乎无色的澄明液体,芳香味带氨臭,久置后变黄,并有刺激性	内服制酵、促进胃肠蠕动,有利于气体排出,刺激消化道黏膜,增加消化液分泌,改善消化功能。用于瘤胃臌胀、急性肠臌气、积食性消化不良	醑剂,内服,一次量,4～12毫升	配合氯化铵可以辅助治疗慢性支气管炎;忌与酸性药物及生物碱合用。置密封、闭光容器中,在阴凉处保存
消沫药	二甲硅油	无色透明油状液体。无臭或几乎无臭,无味。在水和乙醇中不溶。能与氯代烃类、乙醚、苯、甲苯等混溶	能消除胃肠道内的泡沫,使被泡沫潴留的气体得以排出,缓解气胀。用于瘤胃泡沫性臌气。作用迅速,用药后5分钟起作用,15～30分钟时作用最强	二甲硅油片,内服,一次量,1～2克	临用时配成2%～3%酒精溶液或2%～3%煤油溶液,最好采用胃管投药。灌服前后应灌少量温水,以减轻局部刺激

续表

类型	名称	性状	适应证	用法与用量	药物相互作用(不良反应)及注意事项
泻药	硫酸钠（芒硝）	无色透明的柱形结晶，味咸苦，易溶于水。经风化失去结晶水时成为无水硫酸钠，为白色粉末，有吸湿性，应密闭保存	导泻作用剧烈，临床主要用于排出肠内毒物及某些驱虫药后连虫带药一起排出。口服高浓度硫酸镁或用导管直接注入十二指肠，因反射性引起总胆管括约肌松弛、胆囊收缩，发生利胆作用。可用于阻塞性黄疸、慢性胆囊炎	硫酸钠粉，健胃：内服，一次量，3～10克。导泻：内服，一次量，40～100克	硫酸钠禁同钙剂同用；浓度一般 4%～6%，不可过高；超过8%刺激肠黏膜过度，注意补液；硫酸钠不适用于小肠便秘，会继发胃扩张
	硫酸镁	无色结晶，味咸苦，易溶于水，水溶液呈中性，不溶于乙醇。常温下不易风化潮解		硫酸镁粉，导泻：内服，一次量，50～100克	
	液体石蜡	无色透明油状液体，无臭、无味，不溶于水或醇，在氯仿、乙醚或挥发油中溶解	作用温和，无刺激性。用于小肠阻塞、便秘、瘤胃积食等。患胃肠炎病畜、孕畜亦可应用。由于成本高，一般只用于小肠便秘、孕畜和肠炎患畜的便秘	液体石蜡油，内服，一次量，100～300毫升	中毒时排出毒物，要用盐类泻药，不用油类泻药；不宜长期反复应用，有碍维生素A、维生素D、维生素E、维生素K和钙、磷吸收，降低物质消化及减弱胃肠蠕动
	大黄	味苦、性寒。大黄末为黄色，不溶于水。大黄有效成分：苦味质、鞣质及蒽醌苷类的衍生物（大黄素、大黄酚、大黄酸）	内服小剂量，有健胃作用。中等剂量，发挥鞣质效能，产生收敛作用，致使肠蠕动减弱，分泌减少，出现止泻效果。大剂量时蒽醌苷类衍生物大黄素等起主要作用，产生致泻作用，其下泻作用点在大肠	一次内服，健胃：20～40克（粉）或40～100毫升（酊）；止泻：50～100克；下泻：一次内服 100～150克	大黄与硫酸钠配合应用，可产生较好的下泻效果；孕畜慎用。密闭，防潮

续表

类型	名称	性状	适应证	用法与用量	药物相互作用(不良反应)及注意事项
泻药	蓖麻油	淡黄色黏稠液体，微臭味，不溶于水。为大戟科植物蓖麻的种子，经压榨而得的脂肪油	内服后在肠内受胰脂肪酶作用，分解生成甘油和蓖麻油酸，后者又转成蓖麻油酸钠，刺激小肠黏膜感受器，引起小肠蠕动，导致下泻。蓖麻油下泻作用点是小肠，临床主要用于幼畜小肠便秘	蓖麻油，内服，一次量，20～60毫升	长期反复应用可妨碍消化功能；不宜作排出毒物及驱虫药；本品不得为泻剂用于孕畜、肠炎病畜
止泻药	鞣酸	淡黄色结晶粉末，味涩，溶于水	内服后鞣酸与胃黏膜蛋白结合生成鞣酸蛋白薄膜，覆盖于黏膜表面起保护作用，使胃黏膜免受各种因素刺激，使局部达到消炎、止血、镇痛及制止分泌作用。形成的鞣酸蛋白到小肠后再被分解，释放出鞣酸，呈现止泻作用，故内服作收敛止泻药	鞣酸片，内服，一次量，羊2～5克	鞣酸对肝有损害作用，不宜久用；鞣酸能与士的宁、奎宁、洋地黄等生物碱和重金属铅、银、铜、锌等发生沉淀，当因上述物质中毒时，可用鞣酸溶液洗胃或灌服解毒，但需及时用盐类泻药排出
	鞣酸蛋白	淡黄色粉末，无味无臭，不溶于水及酸	内服无刺激性，其蛋白成分在肠内消化后释放出的鞣酸起收敛止泻作用。用于急性肠炎与非细菌性腹泻	鞣酸蛋白片，内服，一次量，羊2～5克	遮光、密闭保存

续表

类型	名称	性状	适应证	用法与用量	药物相互作用（不良反应）及注意事项
止泻药	碱式硝酸铋（次硝酸铋）	白色结晶性粉末，无臭无味，不溶于水及醇，但溶于酸或碱，遇光易变质，应密封保存	在胃肠内小部分缓慢地解离出铋离子，与蛋白质结合，呈现收敛保护黏膜作用。大部分碱式硝酸铋覆于肠黏膜表面，而且在肠内能与硫化氢结合，形成不溶性硫化铋，覆盖在黏膜上，为此表现出机械性保护作用，并减少了硫化氢对肠黏膜刺激。发挥止泻作用，用于肠炎和腹泻	碱式硝酸铋片，内服，一次量，羊2～4克	碱式硝酸铋在肠内溶解后，可产生亚硝酸盐，量大时能引起吸收中毒；碱式硝酸铋在炎性组织中，能缓慢地解离出铋离子，其离子能同组织的蛋白质和细菌蛋白质结合，产生收敛与抑菌作用；细菌引起的腹泻，应先用抗微生物药控制其感染后再用本品
	药用炭	黑褐色粉末，无臭无味，不溶于水	颗粒小，表面积大，可作吸附药。用于腹泻、肠炎和阿片及马钱子等生物碱类药物中毒的解救	药用炭粉，内服，一次量，羊10～25克	不宜与抗生素、磺胺类药物、激素、维生素、生物碱等同时服用；遮光、干燥、密闭保存；大量使用易引起便秘
	白陶土	白色细粉或易碎的块状，加水湿润，难溶于水。为吸附剂或赋形剂	内服后能吸附肠内气体和细菌毒素，减少毒物在肠道内吸收量，并对发炎的肠黏膜有保护作用。主要用于腹泻	白陶土粉，内服，一次量，10～30克	密闭保存，应保持干燥，吸湿后效力减弱

二、作用于呼吸系统的药物

咳、痰、喘为呼吸系统疾病或其他疾病在呼吸系统上的常见症状。镇咳药、祛痰药和平喘药是呼吸系统对症治疗的常用药物。呼吸系统等疾病的病因包括物理化学因素刺激、过敏反应、病毒、细菌、支原体、真菌和蠕虫感染等，对动物来说，更多的是微生物引起的炎症性疾病，所以一般首先应该进行对因治疗。在对因治疗的同时，也应及时使用镇咳药、祛痰药和平喘药，以缓解症状，防止病情发展，促进病畜的康复。常用的作用于呼吸系统药物及安全使用见表6-4。

表6-4 常用的作用于呼吸系统药物及安全使用

类型	名称	性状	适应证	用法与用量	药物相互作用及注意事项
祛痰药	氯化铵	酸性盐,无色或白色结晶性粉末,味咸而凉,易溶于水,难溶于乙醇,露置空气中微有吸湿性,应置于密封干燥处保存	能局部刺激胃黏膜,反射性地使气管、支气管腺体分泌增加,使痰液变稀,易于排出。适用于急、慢性支气管炎及痰多不易咳出的患畜	氯化铵片,内服,一次量,祛痰,2～5克。酸化剂,1～2克	忌与碱性药物(如碳酸氢钠)、重金属、磺胺类药物并用。氯化铵能增加尿的酸性,使磺胺类药物析出结晶,引起泌尿道损害,如尿闭、血尿等。氯化铵服后有酸化体液和尿液作用,可用于纠正碱中毒。对肝肾功能异常的患畜,内服容易引起血氯过高性酸中毒和血氨增高,肝功能不好而至肝昏迷,应慎用或禁用

续表

类型	名称	性状	适应证	用法与用量	药物相互作用及注意事项
祛痰药	乙酰半胱氨酸（痰易净、易咳净）	白色晶粉，性质不稳定，易溶于水及醇	乙酰半胱氨酸能使黏痰中连接黏蛋白肽链的二硫键断裂，变成小分子的肽链，降低痰的黏滞性，易于咳出。本品还能使脓性痰中的DNA纤维断裂，对脓性或非脓性痰都有效。雾化吸入用于治疗黏稠痰阻塞气道、咳嗽困难的患畜。紧急时气管内滴入，可迅速使痰变稀，便于吸引排痰。作为呼吸系统和眼的黏液溶解药	乙酰半胱氨酸片，喷雾：10%～20%溶液一次量，2～5毫升，每天2～3次，连用2～3天	雾化吸入不宜与铁、铜、橡胶和氧化剂接触，应以玻璃或塑料制品作喷雾器。不宜与青霉素、头孢菌素、四环素混合，以免降低抗生素活性。有特殊臭味，可引起恶心、呕吐。对呼吸道有刺激性，可致支气管痉挛，加用异丙肾上腺素可以避免。滴入气管可产生大量分泌液，故应及时吸引排痰
镇咳药	喷托维林	白色结晶性粉末，无臭、味苦、有吸湿性，易溶于水，水溶液呈弱酸性	中枢性镇咳药，能抑制咳嗽中枢。具有局部麻醉作用和阿托品样作用，能抑制呼吸道感受器和扩张支气管，所以兼有外周性镇咳作用。适用于上呼吸道感染所致的无痰干咳或痰少咳嗽	枸橼酸喷托维林片，内服，一次量，0.05～0.1克	常与祛痰药配伍；心功能不全并伴有肺淤血的患畜忌用，用大剂量易产生腹胀和便秘；遮光、密封、在干燥处保存
	可待因	无色细微针状结晶性粉末，无臭、味苦、有风化性，易溶于水，微溶于醇	直接抑制咳嗽中枢而产生较强的镇咳作用。除有镇咳作用外，还有镇痛作用，多用于无痰、剧痛性咳嗽和胸膜炎等疾病引起的干咳	片剂内服或注射液皮下注射，0.1～0.5克	久用也能成瘾，应控制使用；不宜用于多痰的咳嗽；大剂量可致中枢兴奋、烦躁不安

续表

类型	名称	性状	适应证	用法与用量	药物相互作用及注意事项
镇咳药	复方樟脑酊	黄棕色液体,有樟脑和茴香油气味,味甜而辛	主要用于剧烈的干咳及痉挛性腹痛和腹泻	内服,一次量,5～10毫升	遮光、密封,在冷暗处保存
祛痰药	甘草	豆科植物甘草的干燥根和根茎,主要成分是甘草酸	甘草酸分解为次甘草酸。具有镇咳作用,并有祛痰作用,甘草还有解毒、抗炎作用	内服,一次量,浸膏5～15毫升;合剂10～30毫升;片剂,2～4片,每天3次	遮光密闭保存
平喘药	麻黄碱	白色微细结晶性粉末,无臭、味苦,遇光易变质,易溶于水,可溶于乙醇	麻黄碱的作用类似肾上腺素,具有 α、β 效应,松弛支气管平滑肌作用比肾上腺素弱,但持久。可用于减轻支气管哮喘,应配合祛痰药,治疗急、慢性支气管炎,以减弱支气管的痉挛及咳嗽	片剂或注射液,皮下注射,羊0.02～0.05克	麻黄碱短期内连续应用,易产生快速耐药性;本品可通过腺乳汁排泄,哺乳期禁用;应置遮光容器内保存
	氨茶碱	白色或淡黄色粉末,味苦,有氨臭,在空气中能吸收二氧化碳,析出茶碱。易溶于水、水溶液呈碱性	在咖啡因类药物中氨茶碱对支气管平滑肌的松弛作用最强。当支气管平滑肌处于痉挛状态时,氨茶碱的作用更为明显。临床上主要用于治疗痉挛性支气管炎、支气管哮喘等	片剂或注射液,肌内、静脉注射,一次量,0.25～0.5克	注射液为碱性溶液,禁与维生素 C 及盐酸肾上腺素、盐酸四环素等酸性药物配伍,以免发生沉淀;氨茶碱局部刺激性较强,应作深部肌内注射,静注时应用葡萄糖注射液稀释成2.5%以下的浓度,缓慢注入。应避光密闭保存

三、作用于泌尿系统的药物

作用于泌尿系统的药物主要是利尿药和脱水药。利尿药是主要作用于肾脏，能促进电解质及水的排泄，增加尿量，从而减轻或消除水肿的药物；脱水药是一类在体内不易代谢而以原形经肾排泄的低分子药物，药物经静脉注射后通过渗透压作用引起组织脱水（主要用于降低颅内压、眼内压、脑内压等局部组织水肿）。常见作用于泌尿系统的药物及安全使用见表 6-5。

表 6-5　常见作用于泌尿系统的药物及安全使用

类型	名称	性状	适应证	用法与用量	药物相互作用(不良反应)及注意事项
利尿药	呋塞米(呋喃苯胺酸、速尿)	白色或微黄色结晶性粉末，无臭，无味。不溶于水，可溶于乙醇、甲醇、丙酮及碱性溶液，略溶于乙醚、氯仿。本品具有酸性，其 pH 为3.9	强效利尿剂，利尿作用强大，迅速而短暂。主要用于治疗各种原因引起的水肿，如肺水肿、全身水肿、乳房水肿、喉水肿等，尤其对肺水肿疗效好。肾功能衰竭早期，尿量少时，可用以增加尿量	呋塞米片，内服，一次量，2毫克/千克体重；呋塞米注射液，肌内、静脉注射，一次量，0.5～1毫克/千克体重	与氨茶碱可提高氨茶碱的药效；本品可增大氨基糖苷类抗生素的耳毒性、肾毒性；本品与肾上腺皮质激素类、促肾上腺皮质激素或两性霉素B合用，低钾血症发生率提高；长期重复使用可导致低血钾、低氯性碱血症及低血钠、低血容量等水和电解质紊乱；长期应用，应注意补钾；无尿患畜禁用；电解质紊乱和肝损害的患畜慎用
	氢氯噻嗪	白色结晶性粉末。无臭，味微苦。本品微溶于水，在氢氧化钠溶液中溶解，可溶于乙醇，而在氯仿或乙醚中不溶	属于中效利尿药。可用于心性、肺性及肾小管性各种水肿，对心性水肿效果较好，对肾性水肿的效果与肾功能有关，轻者效果好，严重肾功能不全者效果差	氢氯噻嗪片，内服，一次量，2～3毫克/千克体重	忌与洋地黄配合使用；若长期应用，应配合使用氯化钾，以防低钾血症和低氯血症出现。宜在室温密闭保存

续表

类型	名称	性状	适应证	用法与用量	药物相互作用（不良反应）及注意事项
利尿药	螺内酯（安体舒通）	白色或类白色或奶油色至棕褐色细微结晶性粉末；有轻微硫醇臭。极易溶解于氯仿，在苯或乙酸乙酯中易溶，在乙醇中溶解，水中不溶	其利尿作用较弱，显效缓慢，所以在治疗时螺内酯一般不单独使用。常与噻嗪类或强效利尿药合用，治疗肝性或其他各种水肿	螺内酯片，内服一次量，0.5～1.5毫克/千克体重	使用螺内酯治疗时很容易出现电解质（高钾血症，低钠血症）以及水平衡异常（脱水）。肾损害动物常发生短暂的血尿素氮升高和轻度酸中毒。可能引起胃肠窘迫（例如呕吐、腹泻等）、中枢神经系统反应（嗜睡、共济失调、头痛等）和内分泌改变；不良影响轻微，停药后可恢复。久用引起高血钾，尤其当肾功能不良时，肾功能不良者禁用。宜在密闭容器内避光室温保存
	氨苯蝶啶	黄色结晶性粉末；无臭或几乎无臭，无味。本品在水、乙醇、氯仿或乙醚中不溶，在冰醋酸中极微溶解，在稀无机酸中几乎不溶	利尿作用较弱，很少单独应用，常与失钾利尿药合用或交替使用，既可加强利尿作用，又可纠正失钾的不良反应。主要配合其它利尿药治疗肝性水肿或其他水肿	氨苯蝶啶片，内服一次量，0.5～3克/千克体重	
	丁苯氧酸	白色结晶性粉末，无臭，略酸	高效、速效、短和低浓度的新型利尿药	片剂，内服，一次量，0.05毫克/千克体重	避光、密闭保存
	苄氟噻嗪	白色结晶性粉末，无臭，无味。几乎不溶于水	治疗充血性心力衰竭、肝性水肿等。利尿作用强	片剂，内服，一次量，10～20毫克/千克体重，每天2次	—
	氯噻酮	白色结晶性粉末，无臭，无味	长效利尿药，毒性较小。适用于各种水肿	片剂，内服，一次量，0.2～0.4克/千克体重，每天1次或隔天1次	长期服用能产生低血钾，孕畜长期服用对胎儿有不利影响；孕畜不宜连续使用
	环戊氯噻嗪	白色结晶性粉末，无臭。几乎不溶于水	用于妊娠水肿、脑水肿等各种水肿。作用强，有显著的排钠作用，排钾作用不明显	片剂，内服，一次量，0.5～0.1毫克/千克体重，每天2次	—

续表

类型	名称	性状	适应证	用法与用量	药物相互作用（不良反应）及注意事项
脱水药	甘露醇	白色结晶性粉末，无臭，味甜。能溶于水，微溶于乙醇。5.07%水溶液为等渗溶液	用于预防急性肾功能衰竭，降低眼内压和颅内压，加速某些毒素排泄，治疗脑炎、脑外伤、脑组织缺氧、食盐中毒等所致的脑水肿以及肺水肿	注射液，静脉注射，一次量，150～250毫升，6～12小时用药1次	大剂量长期使用可以引起水和电解质平衡紊乱；药液外漏可能引起注射部位水肿、皮肤坏死；不能与高渗盐水混合使用；注射速度不宜过快；心功能不全者禁用
	山梨醇	白色结晶性粉末，无臭，味甜。能溶于水。5.07%水溶液为等渗溶液	适应证与甘露醇基本相同。用于脑炎、脑水肿的辅助治疗	注射液，静脉注射，一次量，150～250毫升，每天3～4次	—

四、作用于生殖系统的药物

哺乳动物的生殖受神经和体液双重调节。机体内外的刺激，通过感受器产生的神经冲动传到下丘脑，引起促性腺激素释放激素分泌；促性腺激素释放激素经下丘脑的门静脉系统运至垂体前叶，导致促性腺激素分泌；促性腺激素经血液循环到达性腺，调节性腺的功能。性腺分泌的激素称为性激素。体液调节存在着相互制约的反馈调节机制。生殖激素分泌不足或者过多，会使机体的激素系统发生紊乱，引发产科疾病或者繁殖障碍。这时就需要使用药物进行治疗或者调节。生殖系统用药，主要目的是提高或者抑制繁殖力，调节繁殖进程，增强抗病能力。常用的作用于生殖系统的药物及安全使用见表6-6。

表6-6 常用的作用于生殖系统的药物及安全使用

名称	性状	适应证	用与用量	药物相互作用及注意事项
雌二醇	白色结晶性粉末，难溶于水，易溶于油	促进子宫、输卵管、阴道和乳腺的生长和发育。小剂量可促进垂体分泌促黄体素；大剂量则能抑制垂体分泌促卵泡素，亦能抑制泌乳，促进蛋白质合成。临床上主要用于母畜催情、子宫内膜炎、胎衣不下、子宫蓄脓、死胎滞留等。促进母畜分娩时，预先注射雌激素，能提高催产素的效果	苯甲酸雌二醇注射液，肌内注射，一次量，1～3毫克	大剂量使用、长期或不适当使用，可导致母畜发生卵巢囊肿或慕雄狂、流产、卵巢萎缩、性周期停止等不良反应；雌二醇禁用于催肥。遮光、密闭保存
孕酮（黄体酮）	白色或微黄色结晶性粉末。不溶于水，在酒精及植物油中溶解	在雌激素作用的基础上，可使子宫内膜充血、增厚，腺体生长，由增生期转化为分泌期，为受精卵着床做好准备。抑制子宫收缩，降低子宫对催产素的敏感性而保胎。促进乳腺腺泡发育。临床上主要用于习惯性流产、先兆性流产、母畜同期发情、卵巢囊肿引起的慕雄狂等	黄体酮注射液，肌内注射，一次量，15～25毫克。间隔48小时注射1次	与雌激素共同作用，可促进乳腺发育，为产后泌乳作准备。泌乳期家畜禁用。应置遮光容器封保存。一般用其油注射液
卵泡刺激素（促卵泡素）	猪、羊脑下垂体前叶提取的一种促性腺激素，属于一种糖蛋白，白色粉末，易溶于水	促进母畜卵巢卵泡迅速生长和发育，大剂量时可引起多数卵泡生长和排卵。能促进雄性动物精子的形成和提高精子密度。用于促进母畜发情、提高同期发情的效果，或治疗卵泡停止发育或持久黄体等卵巢功能失调症。与黄体生成素合用，大剂量黄体生成素可协同促进卵泡成熟和排卵，小剂量黄体生成素可协同促进母畜体内雌激素的分泌和发情	卵泡刺激素注射液，静脉、肌内和皮下注射，一次量，5～25毫克。临用时以灭菌生理盐水溶解	用药前，必须检查卵巢变化，并依此修正剂量和用药次数。密封在冷暗处保存

名称	性状	适应证	用与用量	药物相互作用及注意事项
黄体生成素（促黄体素）	猪、羊的垂体前叶提取的一种促性腺类固醇激素。为糖蛋白，白色或类白色的冻干块状物或粉末。易溶于水	与促卵泡素作用不同，其可在后者的作用基础上，促进卵泡进一步成熟，诱发排卵和黄体的形成，延缓黄体的存在以利于早期安胎。本品还能促进睾丸间质细胞发育（故又称促间质细胞素），增加睾酮的分泌，增进精子形成，提高雄性动物性欲。临床用于促进排卵，治疗卵巢囊肿和黄体发育不全引起早期流产和死胎，也可用于改善雄性动物性欲和提高精子密度	黄体生成素注射液，静脉或者皮下注射，一次量，2.5毫克。可在1～4周内重复使用	治疗卵巢囊肿时，剂量应加倍。应密封在冷暗处保存
缩宫素（催产素）	白色粉末或者结晶。能溶于水，水溶液呈酸性，为无色澄明或几乎澄明的液体	小剂量时，能增加妊娠末期子宫的节律性收缩，适用于催产、胎衣不下、排出死胎。大剂量时可引起子宫平滑肌的强直性收缩，压迫肌纤维间血管而止血，可用于产后出血。此外，还能促进排乳和有利于乳汁分泌。临床用于产前子宫收缩无力母畜的引产。治疗产后出血、胎盘滞留和子宫复旧不全，在分娩后24小时内使用	注射液，子宫收缩：静脉、肌内或皮下注射，一次量，10～50单位。如果需要，可间隔15分钟重复使用	催产时，如果胎位不正、产道狭窄、宫颈口未开放应禁用；无分娩预兆时，使用无效；使用时严格掌握剂量，以免引起子宫强直性收缩，造成胎儿窒息或子宫破裂
垂体后叶激素	白色粉末，能溶于水。性质不稳定，内含催产素和升压素	催产素对子宫平滑肌有选择性作用，对子宫体的收缩作用强，而对子宫颈的收缩作用较小，还能增强乳腺平滑肌收缩，促进排乳。升压素可使动物尿量减少，还有收缩毛细血管、引起血压升高的作用。临床上主要用于催产、产后子宫出血及促进子宫复旧	注射液，静脉、肌内和皮下注射，一次量，10～50单位。静脉注射时用5%葡萄糖稀释	同缩宫素。避光放阴凉处保存

续表

名称	性状	适应证	用与用量	药物相互作用及注意事项
血促性素（孕马血清）	白色或类白色无定型粉末	促进卵泡发育和成熟，引起母畜发情。也有较弱的促黄体素作用，促使成熟卵泡排卵。还可提高公畜性欲	注射用血促性素，催情，皮下、肌内注射，一次量150～500单位；超排，一次量母羊600～1000单位（以灭菌生理盐水2～5毫升稀释）	不宜长久使用；现用现配，一次用完

五、作用于血液循环的药物

作用于血液循环的药物主要有止血药（能促进血液凝固，或影响血小管功能，降低毛细血管通透性而使出血停止的药物）、抗贫血药（能增强造血功能，补充营养物质，以治疗贫血的药物）和抗凝血药等。

1. 止血药

常用的止血药及安全使用见表6-7。

表6-7　常用的止血药及安全使用

名称	性状	适应证	用法与用量	药物相互作用及注意事项
维生素K	维生素K有维生素K_1、维生素K_2、维生素K_3及维生素K_4等，它们生理功能相似。维生素K_4、维生素K_2是天然品，为脂溶性化合物。维生素K_1存在于苜蓿等植物中，维生素K_2为动物肠道微生物合成物。维生素K_3、维生素K_4为人工合成品，结构较简单，易溶于水	维生素K参与肝脏合成凝血因子Ⅱ、Ⅶ、Ⅸ和Ⅹ和凝血酶原，促进凝血。临床上主要用于维生素K缺乏症引起的各种动物实质性器官及毛细血管性出血，如长期内服抗菌性药物、肠炎、肝炎、长期腹泻；也可用于动物采食腐败草木樨以及其它化学物质如水杨酸类药物引起的低凝血酶原血症	维生素K_1注射液、维生素K_3注射液，肌内、静脉注射，一次量，0.5～2.5毫克/千克体重；维生素K_4片，口服，一次量，0.5～5毫克/千克体重	较大剂量可使幼畜发生溶血性贫血、高胆红素血症及黄疸；不宜长期大量使用。静注时宜缓慢，用生理盐水稀释，成年家畜每分钟不超过10毫克，幼畜不超过5毫克

名称	性状	适应证	用法与用量	药物相互作用及注意事项
安特诺新（安络血）	肾上腺素缩氨脲（肾上腺素作用氧化后生成）与水杨酸钠生成的水溶性复合物，橙红色粉末，易溶于水	主要作用于毛细血管，促进毛细血管收缩，降低毛细血管的通透性，增强断裂毛细血管断端的回缩作用。临床上主要用于因毛细血管损伤或通透性增加引起的出血，如鼻出血、紫癜、产后出血、术后出血、血尿等	安特诺新注射液，肌注，一次量，2～4 毫升，2～3 次/天	禁与垂体后叶激素、青霉素 G、盐酸氯丙嗪混合注射；本品含水杨酸，长期反复应用可产生水杨酸反应；抗组胺药物能与本品作用，联合使用时应间隔 48 小时；不影响凝血过程；对大出血、动脉出血疗效差
酚磺乙胺（止血敏）	白色结晶性粉末，易溶于水，遇光易分解	能促进血小板的生成，增加血小板的聚集和黏附力，并促进凝血活性物质的释放，从而产生止血作用、缩短凝血时间。具有增强毛细血管抵抗力，降低其渗透性，防止血液外渗的作用。用于各种出血，如手术前后预防出血及止血，鼻出血，肾、肺、胃肠等出血，子宫出血，紫癜等，可与其他止血药合用	酚磺乙胺注射液，肌内或静脉注射，一次量，0.25～0.5 克	本品可与维生素 K 注射液混合使用。本品毒性低，可有恶心、呕吐、皮疹和暂时性低血压等症状，有的静脉注射后发生过敏性休克。预防外科手术出血，应在术前 15～30 分钟用药
6-氨基己酸	白色或黄色结晶性粉末，无臭、味苦。能溶于水，其 3.25% 水溶液为等渗溶液	能抑制纤维蛋白溶酶原的激活因子，从而减少纤维蛋白的溶解，达到止血的目的；高浓度时对纤维蛋白溶酶原有直接抑制作用。临床主要用于纤维蛋白溶解症所致的出血，如外科大型手术出血、子宫出血、肺出血及消化道出血、肝出血等。对一般出血不要滥用	6-氨基己酸注射液，静脉滴注，首次量，4～6 克，加于 100～200 毫升生理盐水或葡萄糖溶液中维持量，1～1.5 克/次，每小时 1 次	用后可能发生腹泻、结膜溢血、皮疹及多尿等不良反应；对泌尿系统手术后的血尿，因易发生血凝块阻塞尿道，故禁止使用。本品作用弱而短，需给予维持量。密闭保存

续表

名称	性状	适应证	用法与用量	药物相互作用及注意事项
氨甲苯酸	白色或黄色结晶性粉末，无臭，味微苦。可溶于水	适应证同 6-氨基己酸。对一般渗血疗效好，对严重出血则无止血作用	注射液，静脉注射，一次量，0.1～0.2 克	肾功能不全者慎用；用 5％葡萄糖溶液或生理盐水稀释 1～2 倍后缓缓注入
氨甲环酸	白色或黄色结晶性粉末。可溶于水	适应证同氨甲苯酸，对创伤性止血效果显著。手术前预防用药可减少手术渗血	注射液，静脉注射，一次量，0.25～0.75 克	用 5％葡萄糖溶液或生理盐水稀释 1～2 倍后缓缓注入

2. 抗贫血药

常用的抗贫血药及安全使用见表 6-8。

表 6-8　常用的抗贫血药及安全使用

名称	性状	适应证	用法与用量	药物相互作用	注意事项
硫酸亚铁	透明淡绿色柱状结晶或颗粒，无臭，味咸，易溶于水	临床主要用于缺铁性贫血的治疗和预防	硫酸亚铁粉剂，内服一次量，0.5～2 克。用时常制成 0.5％～1％水溶液，于饲后饮用	铁盐可与许多化学物质或药物发生反应，故不应与其他药物同时或混合内服给药，如硫酸亚铁与四环素同服可发生螯合作用，使两者吸收均减少	使用过量铁剂，尤其注射给药，可引起动物中毒。应用铁制剂时，必须避免体内铁过多，因为动物没有铁排泄或降解的有效机制。密封保存
维生素 B_{12}	深红色结晶或结晶性粉末，无臭，无味。略溶于水	主要用于治疗维生素 B_{12} 缺乏所致病症。如神经炎、再生障碍性贫血、巨幼红细胞贫血等	注射液，肌内注射，一次量，0.3～0.4 毫克，每天或隔天 1 次	—	应避光密闭保存

3. 抗凝血药

常用的抗凝血药及安全使用见表 6-9。

表6-9　常用的抗凝血药及安全使用

名称	性状	适应证	用法与用量	药物相互作用	注意事项
肝素钠	白色或淡黄色粉末，易溶于水。肝素钠生物效价，每1毫克相当于125单位	临床上主要用于输血、体外循环、动物交叉循环等的抗凝剂；化验室血样的抗凝剂；防治血栓栓塞性疾病	肝素钠注射液，高剂量方案（治疗血栓栓塞症）：静脉或者皮下注射，一次量，100～130单位/千克体重；低剂量方案（治疗弥散性血管内凝血）：25～100单位/千克体重	与碳酸氢钠、乳酸钠并用，可促进肝素钠抗凝血作用。肝素钠过量，可引起出血。禁用于出血性素质和伴有血液凝固延缓的各种疾病，慎用于肾功能不全动物，孕畜，产后、流产、外伤及手术后动物	过量严重出血时，需注射鱼精蛋白止血，通常1毫升鱼精蛋白在体内中和100单位肝素钠；刺激性强，肌内注射可致局部血肿，应酌量加2%盐酸普鲁卡因溶液。作为制剂标准，应置遮光容器内密封在阴凉处保存

六、作用于神经系统的药物

1. 外周神经系统药物

（1）毛果芸香碱

【性状】毛果芸香碱的游离碱是稠厚无色的油质。其同无机酸一起很快形成盐类。硝酸毛果芸香碱是有光泽的无色晶体，极易溶于水，味微苦，遇光易变质。

【适应证】能加强所有受胆碱能神经支配的腺体的功能，使唾液腺、胃肠道消化腺的分泌作用强而快，对子宫、肠管、支气管、胆囊和膀胱等平滑肌有明显的兴奋作用。无论点眼或注射，均能使虹膜括约肌收缩而使瞳孔缩小。降低眼内压。临床主要用于大动物的不全阻塞性肠便秘、前胃弛缓、瘤胃不全麻痹等。用1%～3%溶液滴眼，与扩瞳药交替应用治疗虹膜炎。

【用法与用量】注射液，皮下注射，一次量，10～50毫克。

【药物相互作用（不良反应）】主要为流涎、呕吐、出汗等。

【注意事项】禁用于老年、瘦弱、妊娠、心肺疾病患畜；当便秘后期机体脱水时，在用药前应大量给水，以补充体液；忌用于完全阻塞的便秘，以防因肠管剧烈收缩，导致肠破裂；用于肠便秘后期，为安全起见，最好酌情补液及在用药前先注射强心药，以缓解循环障碍；应用本品后，如出现呼吸困难或肺水肿时，应积极采取对症治疗，可注射氨茶碱扩张支气管，注射氯化钙以制止渗出。

（2）新斯的明

【性状】人工合成的抗胆碱酯酶药。常用其溴化物和甲基硫酸盐，白色结晶性粉末，无臭，味苦，在水中易溶，不溶于酒精，应密封避光保存。

【适应证】可产生完全拟胆碱效应。兴奋腺体、虹膜和支气管平滑肌以及抑制心血管作用较弱，兴奋胃肠道、膀胱和子宫平滑肌作用较强。兴奋骨骼肌作用最强，因除抑制胆碱酯酶外，尚能直接激动骨骼肌 N_2-胆碱受体和促进运动神经末梢释放乙酰胆碱。无明显中枢作用。临床用于子宫复旧不全、胎盘滞留、尿潴留，竞争型骨骼肌松弛药或阿托品过量而导致的中毒等。

【用法与用量】注射液，肌内、皮下注射，一次量，2～5毫克。

【药物相互作用（不良反应）】治疗剂量副作用较小，过量可引起出汗、心动过速、肌肉震颤或肌麻痹等。

【注意事项】禁用于机械性肠梗阻或泌尿道梗阻病畜。中毒后可用阿托品解救。

（3）阿托品

【性状】临床用其硫酸盐，系无色结晶或白色结晶性粉末。无臭，在乙醇中易溶，极易溶于水，水溶液久置会变质，应遮光密闭保存。

【适应证】本品有松弛平滑肌、抑制腺体分泌和扩大瞳孔等作用，主要用于解除胃肠平滑肌痉挛、抑制唾液腺和汗腺等的分泌、抢救感染性休克或中毒性休克。配合胆碱酯酶复活剂、碘解磷定等使用可解除有机磷中毒、毛果芸香碱中毒等。

【用法与用量】注射液，肌内、皮下或静脉注射。一次量，每千克体重，麻醉前给药，0.02～0.05毫克；片剂，解有机磷中毒，0.5～1毫克。

【药物相互作用（不良反应）】用于治疗消化道疾病时，胃肠蠕动一般都显著减弱，消化液分泌也剧减或停止，而括约肌却全收缩，故易发生肠臌胀、便秘等，尤其是当胃肠过度充盈或饲料强烈发酵时，可能造成全胃肠过度扩张甚至胃肠破裂。典型的中毒症状：口腔干燥、脉搏数及呼吸数增加、瞳孔散大、兴奋不安、肌肉震颤，进而体温下降、昏迷、感觉与运动麻痹、呼吸浅表、排尿困难，最后因窒息而死。

【注意事项】各种家畜对阿托品的感受性不同，一般是草食兽比肉食兽敏感性低。中毒的解救主要是对症处置，如随时导尿、防止肠臌胀、维护心脏功能等。中枢神经系统兴奋时可用小剂量苯巴比妥钠、水合氯醛等。新斯的明、毒扁豆碱或毛果芸香碱可解救阿托品中毒。

（4）肾上腺素

【性状】药用盐酸盐是白色或类白色结晶性粉末，无臭，味苦，遇空气及光易氧化变质。盐酸盐溶于水，在中性或碱性水溶液中不稳定。

【适应证】拟肾上腺素药。本品有兴奋心脏，收缩血管，松弛支气管、胃、膀胱平滑肌等作用。主要用于心搏骤停、过敏性休克抢救；缓解严重过敏性疾患症状；与麻醉药配伍，延长麻醉时间及局部止血等。

【用法与用量】注射液，皮下注射，一次量，0.2～1毫升。静脉注射，一次量，0.2～0.6毫升。

【药物相互作用（不良反应）】本品禁与洋地黄、氯化钙配伍。因为肾上腺素能增加心肌兴奋性，两药配伍可使心肌极度兴奋而转为抑制，甚至发生心跳停止。

【注意事项】注射液变色后不能使用。

（5）普鲁卡因

【性状】其盐酸盐为白色晶体或结晶性粉末。无臭，味微苦，继而有麻痹感。易溶于水，溶液呈中性。略微溶于乙醇。水溶液不稳定，遇光、热及久贮后，颜色逐渐变黄，深黄色的药液局麻作用下降。

【适应证】具有局部麻醉作用。临床上主要用于动物的浸润麻醉、传导麻醉、椎管内麻醉。在损伤、炎症及溃疡组织周围注入低浓度溶液，作封闭疗法。

【用法与用量】注射液，浸润麻醉，0.25％～0.5％溶液 50～100 毫升，注射于皮下、黏膜下或深部组织。封闭疗法，用 0.2％～0.5％ 溶液 50～100 毫升，注射在患部（炎症、创伤、溃疡）组织的周围。传导麻醉，2％～5％溶液，每个注射点注射 2～5 毫升。

【药物相互作用（不良反应）】本品不可与磺胺类药物配伍，因普鲁卡因在体内分解出对氨基苯甲酸，对抗磺胺类药物的抑菌作用。碱类、氧化剂易使本品分解，故不宜配合使用。

【注意事项】为了延长局麻时间，可在药液中加入少量肾上腺素，可延长局麻时间；本品对皮肤黏膜穿透力弱，不适用于表面麻醉。应避光密封保存。

2. 中枢神经系统药物

（1）赛拉嗪（隆朋）

【性状】药用盐酸盐。白色晶体。易溶于水，溶于有机溶剂。

【适应证】本品具有镇静、镇痛和中枢性肌肉松弛作用，主要作为家畜及鹿等野生动物的镇痛药与镇静药，也用于复合麻醉及化学保定。以便于长途运输、去角、锯茸、去势、剖腹术、穿鼻术、子宫复旧等。

【用法与用量】盐酸赛拉嗪注射液，肌内注射，一次量，0.1～0.2 毫克/千克体重。

【药物相互作用（不良反应）】反刍动物对本品敏感，以羊最为敏感。

【注意事项】在家畜中用本品前应停食数小时，注射赛拉嗪，手术时应采伏卧姿势，并将头放低，以防发生异物性肺炎及减轻瘤胃气胀，避免压迫心肺。

（2）赛拉唑（静松灵）

【性状】白色结晶性粉末。味略苦。不溶于水，可溶于氯仿、乙醚和丙酮，可与稀盐酸制成溶于水的赛拉唑盐酸盐注射液。

【适应证】作用基本同赛拉嗪，具有镇静、镇痛与中枢性肌肉松弛作用。用于家畜及野生动物的镇痛、镇静、化学保定和复合麻醉等。

【用法与用量】注射液，肌内注射，一次量，1～3 毫克/千克体重。

【药物相互作用（不良反应）】、【注意事项】同赛拉嗪。

（3）氯丙嗪（冬眠灵）

【性状】 药用盐酸盐。白色或乳白色结晶性粉末。微臭，味极苦，有麻感。粉末或水溶液遇空气、阳光和氧化剂渐变成黄色、粉红色、最后呈棕紫色，毒性随之增强。有引湿性。易溶于水、乙醇、氯仿，不溶于乙醚。

【适应证】 可抑制中枢神经系统，产生镇静安定、止吐、降温、增强其他中枢抑制药作用等。临床上主要用于狂躁动物和野生动物的保定；破伤风、脑炎、中枢兴奋药中毒；麻醉前给药；高温季节运输动物；止吐；人工冬眠等。

【用法与用量】 片剂或注射液，肌内注射，一次量，1～2毫克/千克体重。

【药物相互作用（不良反应）】 忌与碳酸氢钠、巴比妥类钠盐等碱性药物配伍。

【注意事项】 用量过大引起血压下降时，禁用肾上腺素解救，而应用去甲肾上腺素；静脉注射应稀释，缓慢注入；有黄疸、肝炎及肾炎的患畜应慎用；马对本品敏感，不宜使用。应遮光、密封保存。

（4）咖啡因

【性状】 本品为白色、有丝光的针状结晶或结晶性粉末，易集结成团。无臭，味苦。微溶于水，易溶于沸水和氯仿，略溶于乙醇和丙酮。水溶液呈中性至弱碱性。

【适应证】 对中枢神经系统有广泛兴奋作用，并有强心利尿作用。临床上主要用于治疗中枢神经抑制，心脏衰弱和呼吸困难的疾病，急性心内膜炎、肺炎，以及重度劳役所引起的体力衰弱和虚脱等。并可作为全身麻醉中毒的解毒剂。与溴化物合用可用于治疗马属动物的各种疝痛症。

【用法与用量】 苯甲酸钠咖啡因粉，内服，一次量，0.5～2克；苯甲酸钠咖啡因注射液，皮下、肌内或静脉注射，一次量，0.5～2克。

【药物相互作用（不良反应）】 本品与等量苯甲酸钠、水杨酸钠或枸橼酸混合能增加在水中溶解度；与鞣酸、苛性碱、碘、银盐接触可产生沉淀，禁配伍。

【注意事项】 剂量过大时，会出现呼吸加快、心跳急速、体温升高、惊厥等中毒症状，此时可用溴化物、水合氯醛、巴比妥类药物等进行抢救，但不宜使用麻黄碱或肾上腺素等强心药物，以免增加毒性。

（5）尼可刹米

【性状】本品为无色澄明或淡黄色油状液，置冷处，即成结晶性团状块。略带特臭，味苦。能与水、乙醚、氯仿、丙酮和乙醇混合。25％水溶液的 pH 为 6.0～7.8。

【适应证】它能直接兴奋延髓呼吸中枢，使呼吸加深加快，尤其是呼吸中枢处于抑制时状态更为明显，大剂量可兴奋大脑和脊髓，也可引起阵发性痉挛。临床主要用于各种原因引起的呼吸抑制，如中枢抑制药中毒、因疾病引起的中枢性呼吸抑制、一氧化碳中毒、溺水、新生仔畜窒息等。

【用法与用量】注射液，静脉、肌内或皮下注射，一次量，0.25～1 克。

【药物相互作用（不良反应）】兴奋作用之后，常出现中枢神经抑制现象。

【注意事项】尼可刹米注射液静脉注射速度不宜过快。因剂量过大，会出现血压升高、出汗、心律失常、震颤及肌肉僵直等症状，也可引起呼吸加快、心跳急速、体温升高、惊厥等中毒症状，此时可用溴化物、水合氯醛、巴比妥类药物等进行抢救，但不宜使用麻黄碱或肾上腺素等强心药物，以免增加毒性。

（6）士的宁

【性状】用其硝酸盐。无色棱状结晶或白色结晶性粉末。无臭，味极苦。溶于水，微溶于乙醇，不溶于乙醚。

【适应证】能选择性地提高脊髓兴奋性。可增强脊髓反射应激性，缩短脊髓反射时间，使神经冲动易传导、骨骼肌张力增加。临床主要用于治疗脊髓性不全麻痹，如后躯麻痹、膀胱麻痹、阴茎下垂。

【用法与用量】注射液，皮下注射，一次量，2～4 毫克。

【药物相互作用（不良反应）】士的宁毒性大、安全范围小，过量易出现肌肉震颤、脊髓兴奋性惊厥、角弓反张等。

【注意事项】有蓄积性，不宜长期使用，反复给药应酌情减量。可用水合氯醛或巴比妥类药物解救，并应保持环境安静，避免光、声音等各种刺激。应避光密封保存。

七、水盐代谢调节药物

水盐代谢调节药物主要是维持机体正常代谢和生理功能所必需的一些物质,主要有维生素、矿物质、体液补充剂与电解质、酸碱平衡调节药和糖皮质激素类药物。常用的水盐代谢调节药物及安全使用见表 6-10。

表 6-10 常用的水盐代谢调节药物及安全使用

类型	名称	性状	适应证	用法与用量	注意事项
维生素	维生素 A	浅黄色油状物或结晶与油的混合物,不溶于水,易溶于脂肪与油	具有维持上皮组织的完整性,参与视紫红质的合成,促进畜禽生长作用。主要用于防治角膜软化症、干眼症、夜盲症及皮肤粗糙等维生素 A 缺乏症	胶囊,内服一次量,2.5 万～5 万单位;鱼肝油,内服,一次量,10～15 毫升;维生素 AD 油,内服,一次量,10～15 毫升;维生素 ADE 乳剂,每吨饲料添加本品 200 毫升混饲,每升水添加本品 0.2 毫升饮水	长期大量服用可产生毒性,中毒时家畜可出现食欲不振、体重减轻、皮肤增厚、骨折等症状。在空气中易氧化,遇光易变质
	维生素 D	常用维生素 D_2、维生素 D_3,均为无色结晶。不溶于水,能溶于油及有机溶剂,性质稳定	能调节血钙浓度,促进钙磷吸收,促进骨骼正常钙化。维生素 D_3 的效能比维生素 D_2 高 50～100 倍。临床用于防治维生素 D 缺乏症,如佝偻病、骨软化病等	维生素 D_2 胶性钙注射液,皮下、肌内注射,一次量,2～4 毫升。维生素 D_3 注射液,肌内注射,一次量,1500～3000 单位/千克体重,注射前后需补充钙剂。维生素 AD 注射液,肌内注射,一次量,羊 2～4 毫升,羔羊 0.5～1 毫升	长期大量应用易导致高血钙、骨骼变脆、肾结石;维生素 AD 油和注射液,仅供肌注,不宜超量使用

续表

类型	名称	性状	适应证	用法与用量	注意事项
维生素	维生素E	微黄色或黄色透明的黏稠液体，遇光渐变深，不溶于水，溶于有机溶剂	具有较强的抗氧化生物活性及抑制组织生理氧化作用，能维持生殖器官、肝脏、神经系统和横纹肌的正常功能。临床主要用于犊牛、羔羊的白肌病（常与亚硒酸钠合用）	维生素E注射液：皮下、肌内注射，一次量,羔羊0.1～0.5克	—
	维生素K	维生素K_1为黄色至橙色透明黏稠液体。维生素K_3为白色结晶性粉末。微有特臭，遇光易分解、变质，易溶于水	主要用于因缺乏维生素K引起的出血性疾患和预防雏禽维生素K缺乏症	维生素K_1注射液：肌内、静脉注射，一次量,1毫克每千克体重;维生素K_3注射液:肌内注射,30～50毫克	密闭保存
	维生素B_1	白色结晶或结晶性粉末；味苦。弱酸性，具有水溶性	用于维生素B_1缺乏所引起的多发性神经炎、胃肠功能下降、食欲不振。还可用于高热、酮血症、心肌炎等辅助治疗	维生素B_1注射液：皮下、肌内注射，一次量,25～50毫克;维生素B_1片：口服,羊,25～50毫克	维生素B_1常与其他B族维生素制剂联合使用,以对机体产生综合效应。维生素B_1与抗球虫药盐酸氨丙啉有拮抗作用
	维生素B_2	橙黄色结晶性粉末；微溶于水，不溶于有机溶剂	主要用于维生素B_2缺乏症,常与其他B族维生素复合应用,以发挥综合效应	维生素B_2注射液:皮下、肌内注射,一次量羊20～30毫克;维生素B_2片:内服,一次量,羊20～30毫克	不宜与氨苄青霉素、头孢霉素、四环素、土霉素、红霉素、新霉素、卡那霉素等混合注射,因维生素B_2对上述抗生素有不同程度灭活作用

续表

类型	名称	性状	适应证	用法与用量	注意事项
维生素	复合维生素B	由维生素 B_1、维生素 B_2、维生素 B_6、烟酰胺等制成	用于防治B族维生素缺乏所致的多发性神经炎、消化障碍、癞皮病、口腔炎等	肌内注射，一次量 10～20 毫升；溶液内服 30～70 毫升	—
矿物质	氯化钙	白色半透明坚硬碎块或颗粒，易溶于水及醇，易潮解	用于治疗产后瘫痪、骨软骨和佝偻病及荨麻疹、血清病、血管神经性水肿等过敏性疾病；解除镁中毒；用于血斑病等出血性素质的止血；为机体提供能量，提高肝脏解毒功能	氯化钙注射液：静注，一次量，1～5克；氯化钙葡萄糖注射液：静注，一次量，20～100毫升	静脉注射宜缓慢，因钙盐兴奋心脏，注射过快会使血钙浓度突然升高，引起心律失常，甚至心跳暂停；在应用强心苷期间或停药后 7 天内，忌用本品；本品有强烈刺激性，不宜皮下或皮内注射，其 5% 溶液不能直接静脉注射，应在注射前以等量葡萄糖注射液稀释；注射液不可漏出血管外，若漏出，受影响局部可注射生理盐水、糖皮质激素和1% 普鲁卡因
	葡萄糖酸钙	白色结晶或颗粒性粉末，易溶于沸水，水中缓慢溶解	作用同氯化钙。本品由于含钙量较低，对组织刺激性较小，用药较安全，应用较广泛	葡萄糖酸钙注射液，静注，一次量，5～15 克	
	碳酸钙	白色极细微结晶性粉末；几乎不溶于水，在含有铵盐或二氧化碳的水中微溶	作用与应用同氯化钙。本品内服，也可作为吸附性止泻药或制酸剂	粉剂，内服，一次量，3～10 克	—
	硫酸铜	蓝色透明结块或蓝色结晶性颗粒或粉末，溶于水	其为机体多种氧化酶的组分。能促进机体红细胞和血红蛋白的合成	硫酸铜添加剂，治疗铜缺乏症，口服，一天量，0.02 克/千克体重	
	硫酸锌	白色透明结晶或颗粒状结晶性粉末，易溶于水	主要适用于锌缺乏症。还可作为皮肤黏膜消炎、收敛药	内服，一天量，0.2～0.5 克	—

续表

类型	名称	性状	适应证	用法与用量	注意事项
矿物质	氯化钴	紫红色结晶。稍有风化性;极易溶于水	主要用于反刍家畜钴缺乏症	内服治疗量:一次量,羊 100 毫克,羔羊 50 毫克;预防量:一次量,羊 5 毫克,羔羊 2.5 毫克	—
	亚硒酸钠	白色结晶性粉末;在空气中稳定;水中易溶解,不溶于乙醇	临床上用于预防、治疗硒缺乏症,防治幼畜白肌病和雏鸡渗出性素质等。补硒时同时添加维生素E,防治效果更佳	亚硒酸钠注射液,肌内注射,一次量,羔羊 1～2 毫克;亚硒酸钠维生素 E 注射液,肌内注射,一次量,羔羊 1～2 毫升	皮下或肌内注射时有局部刺激性;本品有较强毒性,急性中毒不易解毒
	复方布他磷注射液	布他磷与维生素 B_{12} 的无菌水溶液	矿物质补充药。用于动物急性、慢性代谢紊乱性疾病	静脉、肌内或皮下注射:一次量,羊2.5～8毫升,羔羊用量相应减半	—
	乳酸钠	无色或几乎无色透明黏稠液体。能与水、乙醇或甘油任意混合	主用于治疗代谢性酸中毒,作用不及碳酸氢钠迅速,但在高钾血症或普鲁卡因胺等引起的心律失常伴有酸血症时,用本品较适宜	静脉注射,一次量,40～60毫升,临床时稀释5倍	肝功能障碍和乳酸血症患畜忌用。本品注射液应遮光,密闭保存
	氯化钠	无色、透明立方形结晶或结晶性粉末;无臭,味咸。易溶于水、甘油,难溶于醇。水溶液呈中性,性质稳定	用于调节体内水和电解质平衡。主要用于防治各种原因所致的低血钠综合征	等渗氯化钠注射液,静脉注射,一次量,羊 250～500 毫升	脑、肾、心脏功能不全时及血浆蛋白过低时慎用,肺气肿病畜禁用。应密封保存

续表

类型	名称	性状	适应证	用法与用量	注意事项
矿物质	氯化钾	无色的长棱形或立方形结晶或白色结晶性粉末；无臭，味咸涩。水中易溶	用于钾摄入不足或排钾过量所致的低钾血症，亦可用于强心苷中毒引起的阵发性心动过速等	内服，一次量，1～2克。静脉注射，一次量，0.5～1克。必须用0.5%葡萄糖注射液稀释成0.3%以下浓度，且注射速度要慢	静滴过量时可出现中毒症状，如疲乏、肌张力降低、反射消失、周围循环衰竭、心率减慢甚至停搏；肾功能严重减退或尿少时慎用，无尿或血钾过高时忌用；脱水和循环衰竭等患畜，禁用或慎用
体液补充剂	右旋糖酐70	白色粉末，无臭、无味。在热水中易溶，在乙醇中不溶	用于防治低血容量性休克，如出血性休克、手术中休克、烧伤性休克。也可用于预防手术后血栓形成和血栓性静脉炎	右旋糖酐70葡萄糖或氯化钠注射液，静脉注射，一次量，羊250～500毫升	该药可以影响血小板的正常功能，不适用于有严重凝血症患畜，同时患有血小板减少症的动物须谨慎使用
	右旋糖酐40	白色粉末，无臭、无味。在热水中易溶，在乙醇中不溶	用于扩充和维持血容量，主要用于各种休克（因失血、创伤、烧伤等引起），尤其是中毒性休克	右旋糖酐40葡萄糖注射液，静脉注射，一次量，羊250～500毫升	用量过大可致出血，如鼻衄、齿龈出血、皮肤黏膜出血、创面渗血、血尿等。静脉注射宜缓慢，肝肾疾病患畜慎用。充血性心力衰竭和有出血性疾病患畜禁用

第七章
生物制品的安全使用

第一节　生物制品的概念及安全使用要求

一、概念

生物制品是利用免疫学原理，用微生物（细菌、病毒、立克次体）以及微生物的毒素等、动物血液及组织制成的，用以预防（如菌苗、疫苗、类毒素）、治疗（如免疫血清、免疫增效剂）以及诊断畜禽传染病（如诊断抗原、诊断血清）的一类物质。

二、生物制品的安全使用要求

生物制品中最常用的是疫苗，使用疫苗免疫接种是增加羊体特异性抵抗力，减少疫病发生的重要手段，疫苗使用必须科学安全。

1. 疫苗的选购

在选购疫苗时，根据疫苗的实际效果和抗体监测结果，以及场际间的沟通和了解，选择通过 GMP 验收的生物制品企业和具有农业农村部颁发的生产许可证和批准文号的企业产品。应到国家指定或准许经销的兽用疫苗销售网点，最好是畜牧专业部门购买。防疫人员根据各类疫苗的库存量、使用量和疫苗的有效期等确定阶段购买量，一般提前 2 周，以 2～3 个月的用量为准，还要注明生产厂家、出售单位、疫苗质量、疫苗种类（活苗或死苗）。在选购时应对瓶签、瓶子外观、瓶内疫苗的色泽性状等进行仔细检查，例如包装是否规范，瓶口和铝盖封闭是否完好、是否松动，瓶签上的说明是否清楚，疫苗是否过期、失效和变质。凡包装破损、瓶有裂纹、瓶口破裂、瓶盖松动、无标签或标签字迹模糊、真空度丧失、出现沉淀或变色变质、瓶中含有异物或霉团块、灭活苗破乳分层均不得使用。特别需要注意疫苗的批准文号、生产日期、有效期和使用说明书，防止因高温、日晒、冻结等保存方法不当，造成疫苗失效（见图7-1、图7-2）。

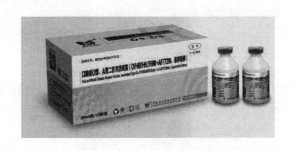

图 7-1 牛羊口蹄疫灭活疫苗

图 7-2 附有说明且封闭良好的疫苗

对疫苗的具体要求：一是疫苗毒株应有良好的免疫原性和抗原性。免疫原性是抗原体刺激机体产生抗体及致敏淋巴细胞的能力；抗原性是抗原能与该致敏淋巴细胞或相应抗体发生特异性结合的反应。二是疫苗应绝对安全并有较高的效价（含毒量），抗原必须达到一定剂量，才能刺激机体产生抗体。一般活病毒及活细菌的抗原性（效价）较灭活病毒及灭活细菌的强。三是疫苗毒性应纯粹，不含外源病原微生物。疫苗内不应含其他病原微生物，否则会产生各自相应的抗体而相互抑制，降低疫苗的使用效果。

2. 疫苗运输、保存

生物制品有严格的贮存条件及有效期。如果不按规定进行运输与保存，就会直接影响疫苗的质量和免疫效果，降低疫苗效价，从而使疫苗不能产生足够的免疫保护，甚至导致免疫失败。

（1）运输 运输疫苗应使用放有冰袋的保温箱及冷藏车厢（见图7-3），做到"苗冰行，苗到未溶"。途中避免阳光照射和高温。疫苗如需长途运输，一定要将运输的要求交代清楚，约好接货时间和地点，接货人应提前到达，及时接货。疫苗运输时间越短越好，中途不得停留存放，应及时运往羊场放入恒温冰箱，防止疫苗失效。油乳剂苗运输应注重切勿冻结，如果油乳剂苗冻结保存、运输，使用前解冻，会出现破乳和分层现象。

图 7-3 疫苗运输用的保温箱和冷藏车厢

（2）保存 所有的冻干活疫苗均应在低温条件下保存，其目的是保证疫苗毒的活性。给羊接种适量的活毒疫苗，其能在体内一过性繁殖，可诱导机体产生部分或坚强的免疫力，有些毒株还可诱导干扰素的产生。冻干活疫苗保存运输温度愈低，疫苗毒的活性（保存期）就愈长，但如果疫苗长时间放置于常温环境，疫苗毒的活性就会受到很大影响，冻干活疫苗就可能变成普通死苗，其免疫效果可想而知。通常情况下，冻干活疫苗保存在－15℃以下，保存期可达 1～2 年；0～4℃，保存期为 8 个月；25℃，保存期不超过 15 天。油乳剂苗应保存在 4～8℃的环境下，在此温度既能较好地保证疫苗毒株的抗原性，也可使油乳剂苗保证相对的稳定（不破乳、不分层）。虽然油乳剂苗属于灭活苗，但也不宜保存在常温或较高温度的环境中，否则对疫苗毒的抗原性会产生很大影响（见图 7-4）。

图 7-4 疫苗的保存

保存疫苗时，一要注意检查疫苗瓶有无破损、瓶盖有无松动、标签是否完整，并记录生产厂家、批准文号、检验号、生产日期、失效日期，检查药品的物理性状与说明书是否相符等，避免购入伪劣产品；二要仔细查看说明书，严格按说明书的要求贮存；三要定时清理冰箱的冰块和过期的疫苗，冰箱要保持清洁和存放有序；四要注意如遇停电，应在停电前 1 天准备好冰袋，以备停电用，停电时尽量少开冰箱门。

3. 疫苗使用前准备

疫苗使用前要逐瓶检查疫苗瓶有无破损，封口是否严密，头份是否记载清楚，物理性状是否与说明书相符，以及有效期、生产厂家。疫苗接种前应向兽医和饲养员了解羊群的健康状况，有病、体弱、食欲和体温异常的羊，暂时不能接种。不能接种的羊，要记录清楚，选择适当时机补免。免疫接种前对注射器、针头、镊子等进行清洗和煮沸消毒，备足酒精棉球或碘酊棉球，准备好稀释液、记录本和肾上腺素等抗过敏药物。疫苗接种前后，尽可能避免一些剧烈运动，如转群、采血等，防止羊群受应激影响免疫效果。

4. 疫苗稀释

对于冷冻贮藏的疫苗，稀释用的生理盐水，必须提前至少 1～2 天放置在冰箱冷藏，或稀释时将疫苗同稀释液一起放置在室温中停置 10～20 分钟，避免两者的温差太大；稀释前先将疫苗瓶口的胶蜡除去，并用酒精棉球消毒晾干；用注射器取适量的稀释液插入疫苗瓶中，无需推压，检查瓶内是否真空（真空疫苗瓶能自动吸取稀释液），失真空的疫苗必须废弃；根据免疫剂量、计划免疫头数和免疫人员的工作能力来决定疫苗的稀释量和稀释次数，做到现配现用，稀释后的疫苗在 3 小时内用完；不能用凉开水稀释，必须用生理盐水或专用稀释液稀释。稀释后的疫苗，放在有冰袋的保温瓶中，并在规定的时间内用完，避免长时间暴露于室温中。

5. 免疫程序

根据本场的实际情况，考虑本地区羊的疫病流行特点，结合本羊场的饲养管理、母源抗体的干扰以及疫苗的性质、类型等各方面因素和免疫监测结果，制订适合本场的免疫程序。其中下列几点是需要我们重点考虑的因素。

（1）羊场发病史 在制订免疫程序时必须考虑本地区羊病疫情和该羊场已发生过什么病、发病日龄、发病频率及发病批次，确定疫苗的种类和免疫时机。如果是本地区、本场尚未证实发生的疾病，必须证明确实已受严重威胁才计划接种。

（2）母源抗体干扰 母源抗体的被动免疫对新生羔羊来说十分重要，会对疫苗的接种带来一定的影响，尤其是弱毒苗在免疫新生羔羊时，如果羔羊存在较高水平的母源抗体，则会极大地影响疫苗的免疫效果。因此，在母源抗体水平高时不宜接种弱毒苗，并在适当日龄再加强免疫接种一次，因为初免时羔羊的免疫系统尚不完善又有一定水平母源抗体干扰。如半月龄以内的羔羊，除紧急免疫外，一般暂不注射免疫。

（3）免疫途径 羊疫苗的接种途径有注射和口服等，应根据疫苗的类型、疫苗的特点及免疫程序来选择每次免疫的接种途径。例如：灭活苗、类毒素和亚单位苗不能经消化道接种，一般用肌内或皮下注射；而羊（布鲁氏菌病）活疫苗（S2 株）应采用口服等。

（4）季节性预防疫病 冬季和春季，怀孕母羊注射羔羊痢疾氢氧化铝菌苗，分娩前 20～30 天和 10～20 天时各免疫 1 次，注射部位分别在两后腿内侧皮下。疫苗用量分别为每只 2 毫升和 3 毫升。注射后 10 天产生免疫力。羔羊通过吃奶获得被动免疫，免疫期为 5 个月，可避免发生羔羊痢疾。冬春季节容易发生羊快疫，应注射羊快疫疫苗或厌氧菌七联干粉苗，怀孕母羊产前 30～45 天第 1 次免疫，产后

15～30 天第 2 次免疫，普通成年羊每年 1～2 次免疫，发病季节羔羊也应接种菌苗。另外，每年 3 月和 9 月注射羊口蹄疫苗预防口蹄疫，口腔黏膜内注射羊口疮弱毒细胞冻干苗预防山羊口疮，羊背部皮下注射羊链球菌氢氧化铝菌苗预防链球菌病等。

（5）不同疫苗之间的干扰　在接种疫苗时，要考虑疫苗之间的相互影响。如果疫苗间在引起免疫反应时互不干扰或有相互促进作用可以同时接种；如果相互有抑制作用，则不能同时接种，否则会影响免疫效果。因此在不了解情况时，不要几种疫苗同时免疫接种。

6. 接种操作

（1）保定　由饲养人员保定动物，牵紧缰绳或用鼻钳保定。

（2）注射部位选择和消毒　皮下注射的部位宜在颈侧中 1/3 部位（皮薄、被毛少、皮肤松弛、皮下血管少的部位），肌内注射的宜在颈部或臀部（肌肉丰满、血管少、远离神经干的部位）；注射部位用 2%～5% 碘酊棉球由内向外螺旋式消毒接种部位，最后用挤干的 75% 酒精棉球脱碘。

（3）注射操作　皮下注射，用左手拇指与食指捏取颈侧下或肩胛骨的后方皮肤，使其产生褶皱，右手持注射器针管在褶皱底部倾斜、快速刺入，缓缓推药，注射完毕后，将针拔出，立即以药棉揉擦，使药液散开（皮下注射时，平行皱褶插针，以防刺穿皮肤，注射到皮外）。肌内注射，左手固定注射部位，右手拿注射器，针头垂直刺入肌肉内，然后左手固定注射器，右手将针芯回抽一下，如无回血，将药慢慢注入，若发现回血，应更换位置。若动物不安或皮厚不易刺，可将针头取下，用右手拇指、食指和中指捏紧针尾，对准注射部位迅速刺入肌肉，然后接上注射器，注入药液（肌内注射时，进针方向要与注射部位的皮肤垂直）。

（4）避免接种传播　一只羊一个针头，这样可以减少交叉感染。每只羊一个针头虽然麻烦，但非常有必要。

（5）注射的剂量要准确　不漏注、不白注。疫（菌）苗的使用剂量应严格按产品说明书进行。注射过多往往引起疫苗反应，可能引起免疫麻痹或毒性反应；过少则抗原不足，达不到预防效果，不能刺激机体产生足够的免疫效应。大群接种时，为弥补使用过程中疫（菌）

苗的浪费，可适当增加 10%～20% 的用量；注射操作要细致，进针要稳，拔针要快，以确保疫苗液真正足量地注射于肌内或皮下。

（6）注意应激　对有疫情、疾病或有临床病症的羊，无论症状严重与否均应推迟免疫时间，待恢复健康后再进行补免；若怀疑患病、瘦弱、处于怀孕后期、刚产仔、病后恢复期未满、隔离观察期未满时等也应待动物恢复健康并达到免疫接种时间后，再行补免，避免免疫抑制。

（7）接种后管理　接种后将剩余的疫苗及疫苗瓶进行无害化处理，将用具进行消毒处理。

7. 疫情发生时的免疫

在传染病发生时，为了迅速控制和扑灭疫病，对疫区和受威胁区尚未发病的羊群应进行紧急接种。在外表正常的羊只中可能混有一部分带菌（毒）者，它们在接种疫苗后不能获得保护，反而会促使其更快发病，因此在紧急接种后的一段时间内，羊群中发病数有增多的可能，但由于这些急性传染病的潜伏期较短，而疫苗接种后机体又很快产生抵抗力，因此发病数不久即下降，从而使流行很快停息。

第二节　生物制品的安全使用

一、常用的疫苗

1. 口蹄疫 O 型、A 型活疫苗

【性状】本疫苗为暗赤色液体，静置后瓶底有部分含毒组织沉淀，振摇后成均匀混悬液。

【适应证】预防口蹄疫。用于 4 个月以上的羊。疫苗注射后，14 天产生免疫力，免疫持续期为 4～6 个月。

【用法与用量】冻干苗，肌内或皮下注射，剂量，4～12 个月羊 0.5 毫升，12 个月以上羊 1 毫升。

【药物相互作用（不良反应）】个别动物有反应。

【注意事项】疫苗注射前应充分摇匀。疫苗在 −12℃ 以下保存，不得超过 12 个月；2～6℃ 保存，不得超过 5 个月；20～22℃ 保存，

限 7 天内用完。运输途中应避免阳光直接照射，冬季应防止疫苗冻结，如果冻结，须放在 15～20℃ 条件下自行融化，不允许用火烤或热水融化。注射疫苗的羊在 14 天内，不得随意移动，以便进行观察，也不得与猪同居接触。本疫苗不用于猪。经常发生疫情地区的易感动物，第一年注射 2 次，以后每年注射 1 次即可。在疫区注射疫苗后，防疫人员的衣物、交通工具及器械等应严格消毒处理后，才能参加其他地区的预防注射工作，以免机械性带毒传染与注射反应混淆不清，注射疫苗用过的注射器及疫苗瓶，应煮沸消毒。

2. 口蹄疫 A 型活疫苗

【性状】暗赤色液体，静置后瓶底有部分含毒组织沉淀，振摇后成均匀混悬液。

【适应证】用于预防 A 型口蹄疫。疫苗注射后 14 天产生免疫力，免疫持续期为 4～6 个月。

【用法与用量】注射液，肌内或皮下注射。羊，2～6 个月 0.5 毫升，6 个月以上 1 毫升。

【药物相互作用（不良反应）】个别动物有反应。

【注意事项】运输途中应避免阳光直接照射，疫苗冻结时，应在 15～20℃ 下自行融化，不得加热；疫苗注射前应充分摇匀；疫苗注射后个别动物有反应，如果是注射前已经感染或者注射后产生免疫力前感染强毒出现口蹄疫症状时，应按病羊处理；经常发生疫情的地区，第一年注射 2 次，以后每年注射 1 次即可；已经发生疫情的地区，注射疫苗时应从疫点周围开始向疫点实行包围注射；防疫人员的衣物、器械、交通工具应严格消毒后才能参加其它地区的预防接种工作。−18～−12℃ 保存，有效期为 24 个月；2～6℃ 保存，有效期为 3 个月；20～22℃ 保存，有效期为 5 天。本疫苗限在牧区使用。

3. 口蹄疫 O 型、亚洲 1 型二价灭活疫苗（OJMS＋ JSL 株）

【性状】淡粉红色或乳白色略带黏滞性乳状液。含有灭活的口蹄疫 O 型 OJMS 株和亚洲 1 型 JSL 株病毒。

【适应证】预防牛、羊 O 型、亚洲 1 型口蹄疫，仅接种健康羊。免疫期为 4～6 个月。

【用法与用量】注射剂，肌内注射，羊每只 1 毫升。

【药物相互作用（不良反应）】注射部位肿胀，一过性体温反应，减食或停食 1～2 日；少数怀孕母畜可能出现流产。

【注意事项】疫苗应冷藏（但不得冻结），并尽快运往使用地点。运输和使用过程中避免日光直接照射；使用前应仔细检查疫苗。疫苗中若有其他异物、瓶体有裂纹或封口不严、破乳、变质者不得使用。使用时应将疫苗恢复至室温并充分摇匀。疫苗瓶开启后限当日用完。病畜、瘦弱羊、怀孕后期母畜及断奶前幼畜慎用。严格遵守操作规程，注射器具和注射部位应严格消毒，每头（只）更换一次针头。曾接触过病畜人员，在更换衣、帽、鞋和进行必要消毒之后，方可参与疫苗注射。疫苗对安全区、受威胁区、疫区羊均可使用。疫苗注射应从安全区至受威胁区，最后再注射疫区内受威胁畜群。大量使用前，应先小试，在确认安全后，再逐渐扩大使用范围。在非疫区，注射疫苗后 21 日方可移动或调运。在紧急防疫中，除用本品紧急接种外，还应同时采用其他综合防制措施。用过的疫苗瓶、器具和未用完的疫苗要进行消毒处理。疫苗于 2～8℃ 保存，有效期为 12 个月。

4. 伪狂犬病活疫苗（伪克灵）

【性状】本品为淡黄色海绵状疏松团块，易与瓶壁脱离，加稀释液后迅速溶解。本品系用伪狂犬病病毒 Bartha-K61 基因缺失弱毒株接种于易感细胞培养，收获细胞培养物，加适宜稳定剂，经冷冻真空干燥制成。

【适应证】用于预防绵羊伪狂犬病。注射后 6 天，即可产生坚强免疫力，免疫期为 1 年。

【用法与用量】冻干苗，用法按瓶签注明的头份加 PBS 或特定稀释液稀释；肌内注射，绵羊 4 月龄以上者 1 头份。

【药物相互作用（不良反应）】无。

【注意事项】用于疫区及受到疫病威胁的地区，在疫区、疫点内，除已发病的家畜外，对无临床表现的家畜亦可进行紧急预防注射；疫苗稀释后须 2 小时内用完；用过的疫苗瓶、器具和未用完的疫苗等应进行消毒处理；要特别重视畜舍的消毒卫生管理，1% 石炭酸 15 分钟可杀死伪狂犬病病毒，1%～2% 火碱溶液可立即杀死该病毒；−15℃

以下保存，有效期为 18 个月。

5. 牛羊伪狂犬病疫苗

【性状】浅红色液体，静置时上层为浅红色透明液体，下层为淡乳白色的氢氧化铝沉淀物。振摇后成均匀的淡红色混悬液。

【适应证】专供预防牛、羊伪狂犬病。免疫期山羊暂定半年。

【用法与用量】注射剂，均为颈部皮下注射，一次量，山羊 5 毫升。

【药物相互作用（不良反应）】无。

【注意事项】本苗内含铝胶，冻结后不应使用。本品于 2～15℃ 阴暗干燥处保存，有效期为 2 年；于 24℃ 下阴暗处保存，有效期暂定为 1 个月。

6. 兽用乙型脑炎疫苗

【性状】静置后呈红色透明液体，瓶底有少量细胞碎片。系 2～8 减毒株经地鼠肾单层细胞培育而成。

【适应证】专供预防牲畜流行性乙型脑炎用。注射 2 次（间隔 1 年），有效期暂定 2 年。

【用法与用量】注射剂，应在盛行前 1～2 个月注射，不分品种、性别一概皮下或肌内注射 1 毫升。当年的幼畜注射后，第 2 年必须再注射 1 次。

【药物相互作用（不良反应）】通常无不良反应。

【注意事项】如果怀疑疫苗有问题或注射疫苗不准确，每年均需注射；为确保疫苗质量，在运输、使用进程中均应一直保存于有冰环境中，并避免阳光照射；应保存在 2～6℃ 冷暗处，有效期为 2 个月。

7. 无荚膜炭疽芽孢苗

【性状】本菌苗静置时为白色或微黄色透明液体，瓶底有少量灰白色沉淀（芽孢），振摇后成微浑浊淡乳白色混悬液。本品系用无荚膜炭疽弱毒菌株，经培养繁殖形成芽孢后，加灭菌的甘油蒸馏水（或铝胶馏水）制成的芽孢混悬液，每毫升约含 2000 万个芽孢。

【适应证】预防炭疽，可用于除山羊以外的各种动物。接种动物要健康。

【用法与用量】注射剂，绵羊注射于颈部或后腿内侧皮下，1岁以下注射0.5毫升。

【药物相互作用（不良反应）】注射后，可能有1～3日的体温升高反应，也有的在注射局部引起核桃大小肿胀。这些均属正常现象，3～10日即可消失。

【注意事项】天气骤变时，不能使用；体质虚弱、食欲或体温异常或有其他异常表现者，均不能注射；注射后7日内，不可过度使役，并要加强饲养管理；不可与抗炭疽血清同时注射，也不要与其他菌苗、疫苗、血清等混合注射，以免影响其免疫效果或引起不良反应。但是，在预防接种前，畜群或毗邻地区有炭疽暴发时，则应先注射抗炭疽血清，待疫情平息后，再注射此疫苗；使用之前应仔细检查，如发现玻瓶破裂、药液渗漏、无瓶签或字迹不清、没有检验号码、瓶内生长霉菌、瓶内混有杂质异物、液体色泽异常、瓶中有振摇不散的片状或絮状物以及贮存条件不合格者，均禁止使用；临用时用力振摇，使沉于瓶底的芽孢充分混悬，以保证含量均匀、用量准确；预防注射的家畜，须经14日后方可屠宰。14日内死亡者，尸体不得食用，须查明原因（含对原封的同批芽孢苗送检），妥善处理。本品应于2～15℃干燥、凉暗处保存，有效期为2年。

8. Ⅱ号炭疽芽孢苗

【性状】本品静置时液体透明，瓶底有少量灰白色的芽孢沉淀，振荡后稍显混浊，呈乳白色或淡黄色的混悬液。

【适应证】预防各种动物的炭疽病。注射14日后产生坚强的免疫力，免疫期为1年，只有山羊为半年。

【用法与用量】注射剂，各种动物均皮内注射0.2毫升或皮下注射1毫升（使用浓菌苗时，需按瓶签规定的稀释倍数稀释后使用）。

【药物相互作用（不良反应）】本苗较安全，2月龄以上的幼畜即可注射，一般没有反应。个别家畜注射后可出现1～2日体温升高，无需治疗即能自行消退。

【注意事项】均与无荚膜炭疽芽孢苗相同。

9. 布鲁氏菌病活疫苗

【性状】黄褐色海绵状疏松团块，易与瓶壁脱离。加稀释液后迅速溶解。本品系用羊种布鲁氏菌 M5 或 M5-90 弱毒菌株，接种于适宜培养基培养，将培养物加适当稳定剂，经冷冻真空干燥制成。

【适应证】预防牛、羊布鲁氏菌病，免疫持续期为 3 年。

【用法与用量】冻干苗，皮下注射、滴鼻、气雾法免疫及口服法免疫。山羊和绵羊皮下注射应含 10 亿个活菌，滴鼻应含 10 亿个活菌，室内气雾应含 10 亿个活菌，室外气雾应含 50 亿个活菌，口服应含 250 亿个活菌。

【药物相互作用（不良反应）】本疫苗对人有一定致病力，制苗及预防接种工作人员，应做好防护，避免感染或引起过敏反应。

【注意事项】免疫接种时间在配种前 1～2 个月进行较好，妊娠期母畜及种公畜不进行预防接种。本品冻干苗在 0～8℃保存，有效期为 1 年。

10. 布鲁氏菌病猪型 2 号活疫苗

【性状】黄褐色海绵状疏松团块，易与瓶壁脱离。加稀释液后迅速溶解。本品系用猪种布鲁氏菌 2 号弱毒株接种于适宜培养基培养，将培养物加适当稳定剂，经冷冻真空干燥制成。

【适应证】预防牛、羊布鲁氏菌病，免疫持续期，羊为 3 年。

【用法与用量】冻干剂：本疫苗最适于作口服免疫，亦可作肌内注射。口服对怀孕母畜不产生影响，畜群每年服苗 1 次，持续数年不会造成血清学反应长期不消失的现象；口服免疫，山羊和绵羊不论年龄大小，每头一律口服 100 亿个活菌；注射免疫，皮下或肌内注射均可，山羊每头注射 25 亿个活菌，绵羊 50 亿个活菌，间隔 1 个月。

【药物相互作用（不良反应）】本疫苗对人有一定致病力，制苗及预防接种工作人员，应做好防护，避免感染或引起过敏反应。

【注意事项】注射法不能用于孕畜；疫苗稀释后应当天用完；拌水饮服或灌服时，应注意用凉水，若拌入饲料中，应避免用添加抗生素的饲料、发酵饲料或热饲料，免疫动物在服苗的前后 3 天，应停止使用抗生素添加剂饲料和发酵饲料；用过的用具须煮沸消毒，木槽可以日光消毒；本品冻干苗在 0～8℃保存，有效期为 1 年。

11. 气肿疽明矾菌苗

【性状】本菌苗静置时，上层为黄褐色透明液体，下层为灰白色沉淀。充分振摇后，则呈均匀的混悬液。

【适应证】预防牛、羊、鹿等动物的气肿疽，接种的动物要健康。注射 14 日后产生可靠的免疫力，免疫期约为 6 个月。

【用法与用量】混悬液，不论年龄大小，羊皮下注射 1 毫升。

【药物相互作用（不良反应）】注射后 3 日内可能引起体温升高；有时于注射部位呈现手掌大肿胀，数日后即可恢复正常。

【注意事项】于 0～15℃凉暗干燥处保存，有效期为 2 年；室温下保存，有效期为 14 个月；病畜、初产母畜、去势后创口未愈或体温不正常的动物，均不能注射；菌苗须充分摇匀后，再抽取注射。

12. 气肿疽甲醛菌苗

【性状】本品静置时，上部为黄色澄明液体，底部有白色沉淀，振摇后成均匀的混悬液。

【适应证】、【用法与用量】、【药物相互作用（不良反应）】【注意事项】均与气肿疽明矾菌苗相同。

13. 山羊痘活疫苗

【性状】淡黄色海绵状疏松团块，易与瓶壁脱离，加生理盐水后迅速溶解。

【适应证】预防山羊痘及绵羊痘。接种后 4～5 日产生免疫力，免疫期为 12 个月。

【用法与用量】冻干剂，尾根内侧或股内侧皮内注射。按瓶签注明头份，用生理盐水（或注射用水）稀释为每头份 0.5 毫升，不论羊只大小，每只 0.5 毫升。

【药物相互作用（不良反应）】一般无可见的不良反应。

【注意事项】可用于不同品系和不同年龄的山羊及绵羊，也可用于怀孕羊，但给怀孕羊注射时，应避免抓羊引起的机械性流产。在有羊痘流行的羊群中，可对未发痘的健康羊进行紧急接种。疫苗稀释后，限当日用完。用过的疫苗瓶、器具和未用完的疫苗等应进行消毒处理。本品于 2～8℃保存，有效期为 18 个月；－15℃以下保存，有效期为 24 个月。

14. 羊痘鸡胚化弱毒羊体反应活疫苗

【性状】淡白、淡黄或淡红色的海绵状疏松固体。加入生理盐水后，即成均匀的混悬液。

【适应证】预防羊痘。既可用于成年绵羊、羔羊、怀孕母羊及瘦弱羊，也可用于山羊。注射后 4～6 日产生可靠的免疫力，免疫期为 1 年。山羊免疫期暂定为 6 个月。

【用法与用量】冻干剂，按瓶签上所标示的疫苗量，于无菌条件下，用生理盐水稀释 50 倍。振摇均匀后，不论绵羊大小，一律在尾内侧或股内侧皮内注射 0.5 毫升；预防山羊痘时，用量为绵羊用量的 10 倍，不论山羊大小，均皮下注射 5 毫升。

【药物相互作用（不良反应）】一般于注射后 5～8 日，在注射部位呈豌豆大至核桃大硬结肿胀，1～2 周后即可消失。

【注意事项】于 0～4℃低温条件下保存，有效期为 1 年半；于 8～15℃阴暗干燥处保存，有效期为 10 个月；于 16～25℃保存，有效期为 2 个月。本疫苗系弱毒活苗，运输、贮存时要避免其受热失效，并防止其散布；已稀释的疫苗须于当日用完；注射部位要准确，以保证免疫效果；3 个月的哺乳羔羊，断奶后应加强免疫 1 次；怀孕母羊免疫接种时，须格外小心，以免造成流产；山羊只能皮下注射，不得采用皮内注射。

15. 山羊痘细胞培养弱毒冻干疫苗

【性状】灰白色海绵状疏松固体，加入稀释剂后迅速成为均匀的混悬液。系利用羊痘弱毒株感染绵羊睾丸细胞，收获细胞毒液后加入保护剂，经冷冻真空干燥而成。

【适应证】预防山羊痘。注射 4 天后产生免疫力，免疫期可持续 1 年以上。

【用法与用量】冻干剂，本疫苗适用于不同品种、年龄的山羊。对怀孕山羊、羊痘流行羊群中的未发痘羊，皆可（紧急）接种。用生理盐水 1：50 稀释（原苗 1 毫升为 100 头份），于尾内侧或股内侧皮内注射。不论羊只大小，一律 0.5 毫升。

【药物相互作用（不良反应）】接种 5～7 天，在接种部位出现直径 0.5 厘米以上的微红色或无色痘肿（丘疹），可逐渐发展到 2～3 厘米，能持续 4 天以上，随后逐渐消退。羊只虽有轻度体温反应，但精神及食欲均正常。

【注意事项】在 -15℃ 以下冷冻保存，有效期为 2 年；0～4℃ 低温保存，有效期为 1 年半；于 8～15℃ 冷暗干燥处保存，有效期为 10 个月；于 18～25℃ 室温保存，有效期为 2 个月。其它与羊痘鸡胚化弱毒羊体反应活疫苗相同。

16. 羊败血性链球菌病弱毒苗

【性状】本品为淡黄色、海绵状疏松固体，易与瓶壁脱离，加入稀释剂后，迅速溶解成均匀的混悬液。本菌苗系用羊源链球菌弱毒菌株接种于适宜培养基培养，在培养物中加入适宜稳定剂，经冷冻真空干燥制成。

【适应证】预防羊败血性链球菌病。注射后 14～21 日产生可靠的免疫力，免疫期为 1 年。

【用法与用量】冻干剂，可用注射法或气雾法接种免疫。注射法：按瓶签标示的头份剂量，用生理盐水稀释，使每头份（50 万～100 万个活菌）为 1 毫升。于绵羊尾根皮下注射，成年羊 1 毫升，半岁至 2 岁羊剂量减半。气雾法：用蒸馏水稀释后，于室内或室外避风处喷雾；室外喷雾，每只羊暂定 3 亿个活菌；室内喷雾，每只羊 3000 万个活菌，每平方米面积用苗 4 头份。

【药物相互作用（不良反应）】注射后可能有少数羊出现体温反应，故需加强观察。必要时，可采取治疗措施。

【注意事项】本菌苗在运输或使用时，须置于装有冰块的保温容器内保存。气温在 15℃ 以下时，可用普通包装运送。免疫前 1 周及免疫后 2 周内，均不得使用抗菌药物。菌苗稀释后限 6 小时用完，隔日不得再用。本苗系活菌苗，应注意防止细菌散布，用过的器具必须消毒。

17. 羔羊痢疾氢氧化铝菌苗

【性状】本品静置时，瓶内上部为橙黄色澄明液体，下部为灰白色沉淀，振摇后成均匀混悬液。

【适应证】专给怀孕母羊注射，预防羔羊痢疾。于注射后 10 日产生可靠的免疫力。初生羔羊吸吮免疫母羊的奶汁而获得被动免疫。

【用法与用量】注射剂，注射 2 次。第 1 次在产前 20～30 日，于左股内侧皮下（或肌内）注射 2 毫升；第 2 次在产前 10～20 日，于右股内侧皮下（或肌内）注射 3 毫升。

【注意事项】于 2～15℃冷暗干燥处保存，有效期为 1 年半。给怀孕母羊注射时，操作应格外小心，尽量使动物保持安静，以免引起流产。其余均同其他厌氧菌菌苗。

18. 羊败血性链球菌病灭活疫苗

【性状】静置后，上层为茶褐色或淡黄色澄明液体，下层为黄白色沉淀，振摇后呈均匀混悬液。本品内含有灭活的羊源兽疫链球菌。

【适应证】预防绵羊和山羊败血性链球菌病。免疫期为 6 个月。

【用法与用量】注射剂，皮下注射。不论年龄大小，每只羊均接种 5.0 毫升。

【药物相互作用（不良反应）】一般无可见的不良反应。

【注意事项】切忌冻结，冻结后的疫苗严禁使用；使用前，应将疫苗恢复至室温，并充分摇匀；接种时，应作局部消毒处理；用过的疫苗瓶、器具和未用完的疫苗等应进行消毒处理；疫苗于 2～8℃保存，有效期为 18 个月。

19. 山羊传染性胸膜肺炎灭活疫苗

【性状】静置后，上层为淡棕色澄明液体，下层为灰白色沉淀，振摇后呈均匀混悬液。

【适应证】预防山羊传染性胸膜肺炎。免疫期为 12 个月。

【用法与用量】注射剂，皮下或肌内注射。成年羊，每只 5.0 毫升；6 月龄以下羔羊，每只 3.0 毫升。

【药物相互作用（不良反应）】一般无可见的不良反应。

【注意事项】切忌冻结，冻结后的疫苗严禁使用；使用前，应将疫苗恢复至室温，并充分摇匀；接种时，应作局部消毒处理；用过的疫苗瓶、器具和未用完的疫苗等应进行消毒处理；疫苗 2～8℃保存，有效期为 18 个月。

20. 羊传染性脓疱皮炎活疫苗（HCE 或 GO-BT 弱毒株)

【性状】乳白色海绵状疏松团块，加稀释液后迅速溶解。将羊传染性脓疱皮炎 HCE 或 GO-BT 弱毒株接种于牛的睾丸细胞，收集细胞毒液加入稳定剂，经冷冻真空干燥而成。

【适应证】预防羊传染性脓疱皮炎。注射疫苗后 21 天产生免疫力，免疫期，HCE 株疫苗为 3 个月，GO-BT 株疫苗为 5 个月。

【用法与用量】冻干剂，按注明的头份，HCE 株疫苗在下唇黏膜划痕免疫 0.2 毫升，GO-BT 株疫苗在口唇黏膜内注射 0.2 毫升。对于流行该病的羊群，均可用本苗股内侧划痕 0.2 毫升。

【药物相互作用（不良反应）】无。

【注意事项】保存期，−20～−10℃下为 10 个月，0～4℃下为 5 个月，10～25℃下为 2 个月。

21. 肉毒梭菌中毒症灭活疫苗（C 型）

【性状】静置后，上层为橙色澄明液体，下层为灰白色沉淀，振摇后呈均匀混悬液。本品含 C 型肉毒梭菌（C62-4）菌株，经甲醛溶液灭活脱毒后，加氢氧化铝胶制成。

【适应证】预防牛、羊的 C 型肉毒梭菌中毒症。免疫期为 12 个月。

【用法与用量】注射剂，皮下注射。每只羊 4.0 毫升；每头牛 10.0 毫升；每头骆驼 20.0 毫升；每只水貂 2.0 毫升。

【药物相互作用（不良反应）】一般无可见的不良反应。

【注意事项】切忌冻结，冻结后的疫苗严禁使用；使用前，应将疫苗恢复至室温，并充分摇匀；接种时，应作局部消毒处理；用过的疫苗瓶、器具和未用完的疫苗等应进行消毒处理；2～8℃保存，有效期为 36 个月。

22. 羊快疫、猝狙（或羔羊痢疾)、肠毒血症三联灭活疫苗

【性状】静置后，上层为黄褐色澄明液体，下层为灰白色的沉淀，振摇后呈均匀混悬液。

【适应证】预防羊快疫、猝狙（或羔羊痢疾）、肠毒血症。预防羊快疫、羔羊痢疾、羊猝狙免疫期为 12 个月；预防羊肠毒血症免疫期

为 6 个月。

【用法与用量】注射剂，肌内或皮下注射。不论羊只年龄大小，每只 5.0 毫升。

【药物相互作用（不良反应）】一般无可见的不良反应。

【注意事项】切忌冻结，冻结后的疫苗严禁使用；使用前，应将疫苗恢复至室温，并充分摇匀；接种时，应作局部消毒处理；用过的疫苗瓶、器具和未用完的疫苗等应进行消毒处理；2～8℃保存，有效期为 24 个月。

23. 羊梭菌病多联干粉灭活疫苗

【性状】灰褐色或淡黄色粉末。用腐败梭菌、产气荚膜梭菌 B 型、产气荚膜梭菌 C 型、产气荚膜梭菌 D 型、诺维梭菌、C 型肉毒梭菌、破伤风梭菌培养物，经甲醛溶液灭活脱毒后提取，经冷冻干燥制成。

【适应证】预防绵羊或山羊羔羊痢疾、羊快疫、羊猝狙、羊肠毒血症、羊黑疫、肉毒梭菌中毒症和破伤风。免疫期为 12 个月。

【用法与用量】粉针，肌内或皮下注射。按瓶签注明头份，临用时以 20% 氢氧化铝胶生理盐水溶液溶解，充分摇匀后，不论羊只年龄大小，每只均接种 1.0 毫升。

【药物相互作用（不良反应）】一般无可见的不良反应。

【注意事项】接种时，应作局部消毒处理；用过的疫苗瓶、器具和未用完的疫苗等应进行消毒处理；2～8℃保存，有效期为 60 个月。

24. 羊厌气菌五联菌苗

【性状】本品静置时，瓶上部为黄褐色或褐色澄明液体，下部为氢氧化铝沉淀，振摇后呈均匀乳浊液。本菌苗是腐败梭菌和 B、C、D 三型产气荚膜梭菌以及诺维梭菌培养液，经甲醛溶液分别杀菌脱毒后，按比例混合，加氢氧化铝胶制成。

【适应证】预防羊快疫、羔羊痢疾、羊猝狙、羊肠毒血症和羊黑疫。注射后 14 日产生可靠的免疫力，免疫期为 1 年。

【用法与用量】注射剂，不论羊只年龄大小，均皮下或肌内注射 5 毫升。

【药物相互作用（不良反应）】注射后，部分羊在 3 日内出现轻度跛行，但很快即能恢复。

【注意事项】不健康的羊不宜注射。本菌苗在贮运或野外注射过程中，切忌冻结。临用时须充分振摇均匀，以确保用量准确。本品于 2～15℃冷暗干燥处保存，有效期暂定为 1 年半。

25. 羊流产衣原体灭活疫苗

【性状】乳白色带黏滞性均匀乳状液。

【适应证】预防山羊和绵羊由衣原体引起的流产。绵羊免疫期为 2 年，山羊免疫期暂定为 7 个月。

【用法与用量】注射剂，每只羊皮下注射 3 毫升。

【注意事项】在 4～10℃冷暗处保存，有效期为 1 年；本苗在注射前应充分摇匀，保存和运输过程中应防止冻结；本苗在配种前或配种后 1 个月均可使用。

26. 兽用炭疽油乳剂疫苗

【性状】乳白色稍黏稠液体，贮存时间长后可能上浮少量油或瓶底有微量水。

【适应证】用于预防山羊炭疽，免疫持续期为 6 个月。

【用法与用量】注射剂，凡半岁以上的山羊，颈部皮下注射，剂量均为 2 毫升。

【注意事项】在 2～8℃保存，有效期为 1 年；注射前要将疫苗用力振摇均匀；疫苗不能结冰。

二、其它生物制品

1. 抗炭疽血清

【性状】微带乳光的橙黄色澄明液体，久置后有少量沉淀。本品用炭疽弱毒芽孢苗高度免疫马后，再采血、分离血清，最后加适量防腐剂制成。

【适应证】用于治疗或预防各种动物的炭疽。

【用法与用量】注射剂，预防时采用皮下注射。用于治疗时用静脉注射，并可增量或重复注射。羊预防量为每头注射 16～20 毫升，治疗量为 50～120 毫升。

【药物相互作用（不良反应）】个别羊注射本品后可能发生过敏反应。

【注意事项】治疗时，采用静脉注射疗效较好。如果皮下或肌内注射剂量大，可分点注射。用注射器吸取血清时，不可把瓶底沉淀摇起；冻结过的血清不可使用；最好先少量注射，观察 20～30 分钟后，如无反应，再大量注射；发生严重过敏反应（过敏性休克）时，可皮下或静脉注射 0.1% 肾上腺素 2～4 毫升；本品在 2～8℃ 保存，有效期为 3 年。

2. 抗口蹄疫 O 型血清

【性状】本品为淡红色或浅黄色透明液体，瓶底有少量灰白色沉淀。

【适应证】用于治疗或紧急预防羊 O 型口蹄疫。免疫期为 14 日左右。

【用法与用量】注射液，供皮下注射。预防量：羊每千克体重为 0.3～0.5 毫升。治疗量：按预防剂量加倍。

【药物相互作用（不良反应）】个别羊注射本品后可能发生过敏反应。

【注意事项】冻结过的血清不能使用。用注射器吸取血清时，不要把瓶底沉淀摇起。为避免动物发生过敏反应，可先行注射少量血清，观察 20～30 分钟，如无反应，再大量注射。如发生严重过敏反应时，可皮下或静脉注射 0.1% 肾上腺素，羊 2～4 毫升。本品于 2～15℃ 冷暗干燥处保存，有效期为 2 年。

3. 抗破伤风血清

【性状】未精制的抗毒素应为微带乳光、呈橙红色或茶色的澄明液体；精制抗毒素呈无色清亮液体。长期贮存瓶底微有灰白色或白色沉淀，轻摇即散。

【适应证】本品用于家畜破伤风的预防和治疗。免疫期为 14～21 日。

【用法与用量】注射液，羊在耳根后或腿内侧皮下注射。本品也可供肌内或静脉注射。羊预防用 1200～3000 单位，治疗用 5000～20000 单位。治疗时，如果病情严重，可用同样剂量重复注射。

【药物相互作用（不良反应）】个别羊注射本品后可能发生过敏反应。

【注意事项】于 2～8℃阴冷干燥处保存，有效期为 2 年。其它同抗炭疽血清。

4. 畜禽白细胞介素

【性状】白色疏松团块，遇水可迅速溶解。本品主要由活化的单核巨噬细胞产生。

【适应证】用于防治各种因感染病毒、细菌及其混合感染引起的高热不退或反复高热，用于预防产后感染，用于治疗家畜传染性胃肠炎、口蹄疫、细小病毒病、轮状病毒病等病毒性疾病。

【用法与用量】冻干剂，本品可用生理盐水稀释后肌内注射，紧急预防 250 千克体重/瓶。1 次即可。急性或重症病情加倍肌注每天 1 次，连用 2 次。

【药物相互作用（不良反应）】本品无任何配伍禁忌；使用本品的前后 3 天内严禁使用弱毒活疫苗。

【注意事项】应在有经验的临床兽医师指导下使用；本品无免疫抑制性，故长期使用不会有耐药性产生；本品宜密封，在遮光、阴凉干燥处保存或 2～8℃冷藏保存。

5. 畜禽刀豆素

【性状】白色疏松团块，遇水可迅速溶解。本品为广谱抗病毒药和免疫调节药。

【适应证】用于防治各种因感染病毒、细菌及其混合感染引起的高热不退或反复高热，用于预防产后感染，用于治疗家畜传染性胃肠炎、口蹄疫、细小病毒病、轮状病毒病等病毒性疾病。

【用法与用量】冻干剂，每支本品用 5 毫升生理盐水或黄芪多糖注射液稀释。每千克体重用 0.005～0.01 毫升（每支本品可用于羊500～1000 千克体重），每日 1 次。连用 2～3 天，重症加倍。混饮，稀释后溶于饮水中，每日 1 次，连用 3～5 天。

【药物相互作用（不良反应）】、【注意事项】同畜禽白细胞介素。

6. 黄芪多糖注射液

【性状】本品为黄色或黄褐色液体。

【适应证】用于羊痘（体温41~42℃，结膜发红、肿胀、脓性渗出），提高机体免疫力。

【用法与用量】注射剂，肌内或静脉注射，一次量，每千克体重，羊0.1~0.2毫升，一日2次，重症加倍。

【注意事项】遮光、密闭保存。

7. 炭疽沉淀素血清

【性状】本品为橙黄色澄明液体。久置后，底部有微量沉淀。本品系用炭疽杆菌弱毒株培养物为抗原，高度免疫健康马，当马血清中抗体效价达到标准时采血、分离血清，加适当防腐剂制成。

【制剂与规格】20毫升/瓶、100毫升/瓶。

【用法与用量】液体，用毛细管吸取制备好的待检抗原滤液，置于尖底小试管中，用另一根毛细管吸取炭疽沉淀素血清（如混浊，应先离心使其澄清），插入管底徐徐放出血清，与抗原滤液形成整齐的接触面。在规定时间内观察结果，如果接触面出现白色沉淀环，即为炭疽阳性。

【注意事项】本品在2~8℃保存，有效期为3年。

第八章

消毒防腐药的安全使用

第一节 消毒防腐药的概念及安全使用要求

一、概念

消毒药物是指杀灭病原微生物的化学药物，主要用于环境、圈舍、动物及其排泄物、设备用具等消毒；防腐药物是指抑制病原微生物生长繁殖的化学药物，主要用于抑制生物体表（皮肤、黏膜和创面等）的微生物感染。消毒药物和防腐药物统称为消毒防腐药。

消毒药物按照作用水平可以分为高效消毒剂（指可杀灭一切细菌繁殖体、病毒、真菌及其孢子等）、中效消毒剂（可杀灭除细菌芽孢以外的分枝杆菌、真菌、病毒及细菌繁殖体等微生物）和低效消毒剂（不能杀灭细菌芽孢、真菌和结核杆菌，也不能杀灭如肝炎病毒等抵抗力强的病毒和抵抗力强的细菌繁殖体，仅可杀灭抵抗力比较弱的细菌繁殖体和亲脂病毒）。按照化学性质可分为酚类、醇类、酸类、碱类、卤素类、氧化剂类、染料类、表面活性剂类和醛类。

二、消毒防腐药安全使用要求

消毒工作是畜禽传染病防控的主要手段之一。消毒的方法多种多样，如物理方法、化学方法、生物方法等，化学方法在生产中比较常用，需要化学药物（消毒药物）才能进行。要保证良好的消毒效果，必须注意如下方面。

1. 消毒药物选择要准确并注重效果

根据消毒对象和消毒目的准确地选择消毒药物。如要杀灭病毒，则选择杀灭病毒的消毒药；如要杀灭某些病原菌，则选择杀灭细菌的消毒药。许多情况下，还要将杀灭病毒和细菌甚至真菌、虫卵等几者兼顾考虑，选择抗毒抗菌谱广的消毒药，这样才能做到有的放矢；如对畜禽舍周围环境和道路消毒，可以选择价廉和消毒效果好的碱类和醛类消毒剂，如带畜消毒，应选择高效、无毒和无刺激性的消毒剂，如氯制剂、表面活性剂等。同时，还应考虑是平时预防性的消毒，还是扑灭正在发生的疫情时的消毒，或周围正处于某种疫病流行高峰期而本养殖场受到威胁时的消毒，以此来选择药物及稀释浓度，以保证消毒的效果。

2. 药物的配制和使用的方法要合理

目前，许多消毒药是不宜用井水稀释配制的，因为井水大多为含钙离子、镁离子较多的硬水，会与消毒药中释放出来的阳离子、阴离子或酸根离子、氢氧根离子发生化学反应，从而使药效降低。因此，在稀释消毒药时一般应使用自来水或白开水。

3. 药物应现用现配

配好的消毒药应一次用完。许多消毒药具有氧化性或还原性，还有的药物见光遇热后分解加快，所以须在一定时间内用完，否则，很容易失效而造成人力物力的浪费。因此，在配制消毒药时，应认真根据药物说明书和要消毒的面积来测算用量，尽可能将配制的药液在完成消毒面积后用完。

4. 消毒前先清洁

先将环境清洁后再进行消毒这是保证消毒效果的前提和基础，因为畜禽的排泄物及分泌物、灰尘、污物等有机物，不仅可以阻隔消毒药，使之不能接触病原体，而且这些有机物还能与许多种消毒药发生化学反应，明显地降低消毒药物的药效。

5. 考虑消毒药的理化性质

一要考虑消毒药的酸碱性。酚类、酸类两大类消毒药一般不宜与碱性环境、脂类和皂类物质接触，否则明显降低其消毒效果。反过来，碱类、碱性氧化物类消毒药不宜与酸类、酚类物质接触，防止其降低杀菌效果。酚类消毒药一般不宜与碘、溴、高锰酸钾、过氧化物等配伍，防止发生化学反应而影响消毒效果。二要考虑消毒药的氧化性和还原性。过氧化物类、碱类、酸类消毒药不宜与重金属类、盐类及卤素类消毒药接触，防止发生氧化还原反应和置换反应，不仅使消毒效果降低，而且还容易对畜禽机体产生毒害作用。三要考虑消毒药的可燃性和可爆性。氧化剂中高锰酸钾不宜与还原剂接触，如高锰酸钾晶体在遇到甘油时可发生燃烧，在与活性炭研磨时可发生爆炸。四要考虑消毒药的配伍禁忌。重金属类消毒药忌与酸、碱、碘和银盐等配伍，防止沉淀或置换反应发生。表面活性剂类消毒药中，阳离子表面活性剂和阴离子表面活性剂的作用会互相抵消，因此不可同时使用。表面活性剂忌与碘、碘化钾和过氧化物、肥皂等配伍使用。凡能潮解释放出初生态氧或活性氯、溴等（如氧化剂、卤素类等）消毒药，不可与易燃易爆物品放在一起，防止发生意外事故。五要考虑消毒药的特殊气味。酚类、醛类消毒药由于具有特殊气味或臭味，因而不能用于畜禽肉品、屠宰场及屠宰加工用具的消毒。

6. 消毒药应定期更换

任何消毒药，在一个地区、一个畜禽场都不宜长期使用。因为动物机体对几乎所有的药物（当然包括消毒药）都会产生抗药性。长期使用单一的消毒药，容易使动物体内及饲养场内外环境中的病原体，由于多次频繁地接触这种消毒药而形成耐药菌株，其对药物的敏感性下降甚至消失，导致药物对这些病原体的杀灭能力下降甚至完全无效，造成疫病发生和流行。

7. 保证人畜安全

一要注意强酸类、强碱类及强氧化剂类消毒药，对人畜均有很强的腐蚀性。使用这几类消毒药消毒过的地面、墙壁等最好用清水冲刷之后，再将动物放进来，防止灼伤动物（尤其是幼畜）。二要注意实施熏蒸消毒时，其产生的消毒气体和烟雾，均对人畜有毒害作用，就是熏蒸后遗留的废气，对人畜的眼结膜、呼吸道黏膜也均会造成伤害，故必须将废气彻底排净后，方可放进畜禽。带畜禽消毒时不宜选择熏蒸消毒。三要注意凡是有毒的消毒药均不能进行饮水消毒。酚类、酸类、醛类和碱类消毒药，均具有不同程度的毒性。因此，这几类消毒药不宜用于饮水消毒，也不宜使用这几类消毒药来消毒肉品（过氧乙酸除外）。四要注意用作饮水消毒的消毒药配制浓度要准确。能用作饮水消毒的消毒药主要有卤素类、表面活性剂和氧化剂类等这几类消毒药中的大部分品种。但其配制浓度很重要，浓度高了会对动物机体造成损害或引起中毒，浓度低了起不到消毒杀菌的作用。

第二节　常用消毒防腐药的安全使用

一、酚类

酚类是以羟基取代苯环上的氢原子而形成的化合物。其可损害菌体细胞膜，较高浓度时也是蛋白变性剂，故有杀菌作用。此外，酚类还通过抑制细菌脱氢酶和氧化酶等活性，而产生抑菌作用。酚类亦可和其他类型的消毒药混合制成复合型消毒剂，从而明显提高消毒效果。一般酚类化合物仅用于环境及用具消毒。

1. 苯酚（石炭酸）

【性状】无色或微红色针状结晶或结晶性块；有特臭、引湿性；水溶液显弱酸性；遇光或在空气中颜色逐渐变深。

【适用范围】苯酚可使蛋白质变性，故有杀菌作用。用于器具、厩舍、排泄物和污物等消毒。本品在 0.1%～1% 的浓度范围内可抑制一般细菌的生长，1% 浓度时可杀死细菌，但要杀灭葡萄球菌、链球菌则需 3% 浓度，杀死霉菌需 1.3% 以上浓度。由于其对组织有腐蚀性和刺激性，故已被更有效且毒性低的酚类衍生物所代替，但仍可用石炭酸系数来表示杀菌强度。

【制剂与用法】喷洒或浸泡，用具、器械浸泡消毒，作用时间 30～40 分钟，食槽、水槽浸泡消毒后应用水冲洗，方能使用。常用 1%～5% 浓度进行房屋、畜舍、场地等环境的消毒，3%～5% 浓度进行用具、器械消毒。

【药物相互作用（不良反应）】①呈酸性（pH 为 2 左右），遇碱性物质时影响其效力。本品忌与碘、溴、高锰酸钾、过氧化氢等配伍应用。②1％的苯酚即可麻痹皮肤、黏膜的神经末梢，高浓度时会产生腐蚀作用，且易通过皮肤、黏膜吸收而引起中毒，其中毒症状表现为中枢神经系统先兴奋后抑制，最后可引起呼吸中枢麻痹而死亡。

【注意事项】因芽孢和病毒对本品的耐受性很强，使用本品一般无效。苯酚的杀菌效果与温度呈正相关。碱性环境、脂类、皂类等能减弱其杀菌作用。对吞服苯酚动物可用植物油（忌用液体石蜡）洗胃；内服硫酸镁导泻；对症治疗，给予中枢兴奋剂和强心剂等。皮肤、黏膜接触部位可用 50％乙醇或者水、甘油或植物油清洗。眼可先用温水冲洗，再用 3％硼酸液冲洗。

2. 煤酚皂溶液（来苏尔）

【性状】黄棕色至红棕色的黏稠澄清液体，有甲酚的臭味，能溶于水和醇，含甲酚 50％。

【适用范围】用于手、器械、环境消毒及处理排泄物。杀菌力强于苯酚二倍，对大多数病原菌有强大的杀灭作用，也能杀死某些病毒及寄生虫，但对细菌的芽孢无效。对机体毒性比苯酚小。

【制剂与用法】50％甲酚肥皂乳化液即煤酚皂溶液。用其水溶液浸泡、喷洒或擦抹污染物体表面，使用浓度为 1％～5％，作用时间为 30～60 分钟。对结核杆菌使用 5％浓度，作用 1～2 小时。为加强杀菌作用，可加热药液至 40～50℃。对皮肤的消毒浓度为 1％～2％。消毒敷料、器械及处理排泄物用 5％～10％水溶液。

【药物相互作用（不良反应）】本品对皮肤有一定刺激作用和腐蚀作用，因此正逐渐被其他消毒剂所取代。

【注意事项】①与苯酚相比，甲酚杀菌作用较强、毒性较低、价格便宜、应用广泛。②其有特异臭味，不宜用于肉产品或肉产品仓库的消毒；其有颜色，故不宜用于棉毛织品的消毒。

3. 克辽林（臭药水、煤焦油皂溶液）

【性状】本品系在粗制煤酚中加入肥皂、树脂和氢氧化钠少许，温热制成。暗褐色液体，用水稀释时呈乳白色或咖啡乳白色乳剂。

【适用范围】用于手、器械、环境消毒及处理排泄物。杀菌力强于苯酚二倍，对大多数病原菌有强大的杀灭作用，也能杀死某些病毒及寄生虫，但对细菌的芽孢无效。对机体毒性比苯酚小。

【制剂与用法】本品为乳剂，含酚 9%～11%，常用 3%～5%浓度的水溶液，用于畜舍、用具和排泄物的消毒。

【药物相互作用（不良反应）】本品毒性低。

【注意事项】由于有臭味，不用于肉制品和肉制品仓库的消毒。

4. 复合酚（菌毒敌、畜禽灵）

【性状】酚及酸类复合型消毒剂，呈深红褐色黏稠液体，有特异臭味，为广谱、高效、新型消毒剂。

【适用范围】用于畜舍、笼具、饲养场地、运输工具及排泄物的消毒。可杀灭细菌、真菌（霉菌）和病毒，对多种寄生虫卵也有杀灭作用。还能抑制蚊、蝇等昆虫和鼠类的滋生。通常用药后药效可维持 1 周。

【制剂与用法】其是由苯酚（41%～49%）和醋酸（22%～26%）加十二烷基苯磺酸等配制而成的水溶性混合物。2000 毫升（含 45% 酚、24% 醋酸）；喷洒消毒时用 0.35%～1%的水溶液，浸洗消毒时用 1.6%～2%的水溶液。稀释用水的温度应不低于 8℃。在环境较脏、污染较严重时，可适当增加药物浓度和用药次数。

【药物相互作用（不良反应）】忌与其他消毒药或碱性药物混合应用，以免降低消毒效果。

【注意事项】①严禁使用喷洒过农药的喷雾器械喷洒本品，以免引起家畜意外中毒。②对皮肤、黏膜有刺激性和腐蚀性，接触部位可用 50%酒精或水、甘油或植物油清洗。③动物意外吞服中毒时，可用植物油洗胃，内服硫酸镁导泻。

5. 复方煤焦油酸溶液（农福、农富）

【性状】淡色或淡黑色黏性液体。其中含高沸点煤焦油酸 39%～43%、醋酸 18.5%～20.5%、十二烷基苯磺酸 23.5%～25.5%，具有煤焦油和醋酸的特异酸臭味。

【适用范围】用于畜（禽）舍、笼具、饲养场地、运输工具、器具及排泄物的消毒。可杀灭细菌、真菌（霉菌）和病毒，对多种寄生虫卵也有杀灭作用。还能抑制蚊、蝇等昆虫和鼠类的滋生。通常用药后药效可维持1周。

【制剂与用法】溶液，500克（高沸点煤焦油酸205克＋醋酸97克＋十二烷基苯磺酸123克＋水75克)/瓶。多以喷雾法和浸洗法应用。1%～1.5%的水溶液用于喷洒畜（禽）舍的墙壁、地面，1.5%～2%的水溶液用于器具的浸泡及车辆的浸洗或用于种蛋的消毒。使用方法见表8-1。

表8-1 农福的适用范围和用法

适用范围	稀释比例	使用方法
干净或无疫情时	1：1000	采用喷雾器或其它设备,每平方米均匀喷洒稀释液300毫升
有重大疫情时	1：200～1：400	采用喷雾器或其它设备,每平方米均匀喷洒稀释液300毫升
足底或车轮浸泡消毒	1：200	至少每周更换一次,或泥多时更换
运输工具	1：200～1：400	所有进入养殖场的车辆,均需通过车轮浸泡池,至少每周更换一次,或泥多时更换
装卸场	1：200～1：400	用后洗净,再用农福消毒
设备	1：200～1：400	尽量不要移动设备。定期高压冲洗并消毒

【药物相互作用（不良反应）】本品与碱类物质混存或合并使用会降低药效，对皮肤有刺激作用。

【注意事项】①在处理浓缩液过程中避免与眼睛和皮肤接触；本品不得靠近热源，应远离易燃易爆物品；避光阴凉处保存，避免太阳直射。②使用本品时，应戴上适当的口（面）罩。如果将本品或其稀释液不慎溅入眼中，应立即用大量清水冲洗，并尽快请医生检查。

6. 氯甲酚溶液（宝乐酚）

【性状】无色或淡黄色透明液体，有特殊臭味，水溶液呈乳白色。其主要成分是10%的4-氯-3-甲基苯酚和表面活性剂。

【适用范围】用于畜禽栏舍、门口消毒池、通道、车轮以及带畜体表的喷洒消毒。氯甲酚能损害菌体细胞膜，使菌体内含物逸出并使蛋白质变性，呈现杀菌作用；还可通过抑制细菌脱氢酶和氧化酶等酶的活性，呈现抑菌作用。其杀菌作用比非卤化酚类强20倍。

【制剂与用法】溶液，500毫升/瓶。日常喷洒稀释200～400倍；暴发疾病时紧急喷洒，稀释66～100倍。

【药物相互作用（不良反应）】本品安全、高效、低毒，但对皮肤及黏膜有腐蚀性。

【注意事项】现用现配，稀释后不宜久置。

二、酸类

酸类消毒防腐药包括无机酸和有机酸两类。无机酸的杀菌作用取决于解离的氢离子，包括硝酸、盐酸和硼酸等。有机酸是通过不电离的分子透过细菌的细胞膜而对细菌起杀灭作用。

1. 过醋酸（过氧乙酸）

【性状】无色透明液体，具有很强的醋酸臭味，易溶于水、酒精和硫酸。易挥发，有腐蚀性。当过热、遇有机物或杂质时本品容易分解。急剧分解时可发生爆炸，但浓度在40%以下时，于室温贮存不易爆炸。

【适用范围】具有高效、速效、广谱抑菌和灭菌作用。对细菌的繁殖体、芽孢、真菌和病毒均具有杀灭作用。作为消毒防腐剂，其作用范围广、毒性低、使用方便、对畜禽刺激性小，除金属制品外，可用于大多数器具和物品的消毒，常用作带畜消毒，也可用于饲养人员手臂消毒。

【制剂与用法】溶液，500毫升/瓶。市售消毒用过氧乙酸有20%浓度的制剂和AB二元包装消毒液。

① 20%浓度的制剂用法见表8-2。

表8-2　20%浓度的制剂的用法

用途	用法
浸泡消毒	0.04%～0.2%溶液用于饲养用具和饲养人员手臂消毒

用途	用法
冲洗、滴眼	0.02%溶液黏膜消毒
空气消毒	可直接用20%成品，每立方米空间10～30毫升。最好将20%成品稀释成4%～5%溶液后，加热熏蒸
喷雾消毒	5%浓度用于实验室、无菌室或仓库的喷雾消毒，每立方米2～5毫升
喷洒消毒	用0.5%浓度，对室内空气和墙壁、地面、门窗、笼具等表面进行喷洒消毒
带畜消毒	0.3%浓度用于带畜消毒，每立方米30毫升
饮水消毒	每升饮水加20%过氧乙酸溶液1毫升，让畜饮服，30分钟用完

② 过氧乙酸 AB 二元包装消毒液用法。A 液与 B 液按 10∶8（体积比）混合后溶液中过氧乙酸含量为 16%～17.5%，可杀灭肠道致病菌和化脓性球菌。使用前按 A∶B＝10∶8（体积比）混合后放 48 小时即可配制使用（A 液可能呈红褐色，但与 B 液混合后即呈无色或微黄，不影响混合后的过氧乙酸的质量）。配制时应先加入水随后倒入药液。

【药物相互作用（不良反应）】 金属离子和还原性物质可加速药物的分解，对金属有腐蚀性；有漂白作用。稀溶液对呼吸道和眼结膜有刺激性；浓度较高的溶液对皮肤有强烈刺激性，若高浓度药液不慎溅入眼内或皮肤、衣服上，应立即用水冲洗。

【注意事项】 ①本品性质不稳定，容易自然分解，水溶液必须新鲜配制，配制后一般可使用 3 天。②增加湿度可增强本品杀菌效果，因此进行空气消毒时应增加畜舍内相对湿度。当温度为 15℃ 时以 60%～80% 的相对湿度为宜；当温度为 0～5℃，相对湿度应为 90%～100%。熏蒸消毒时要密闭畜舍 1～2 小时。③有机物可降低其杀菌效力；需用洁净水配制新鲜药液。④皮肤或黏膜消毒用药的浓度不能超过 0.2% 或 0.02%。⑤置于阴凉、干燥、通风处保存。

2. 硼酸

【性状】 硼酸由天然的硼砂（硼酸钠）与酸作用而得。其为无色微带珍珠状光泽的鳞片状或白色疏松固体粉末，无臭，易溶于水、醇、甘油等，水溶液呈弱酸性。

【适用范围】 其能抑制细菌生长，无杀菌作用。因刺激性较小，又不损伤组织，临床上常用于冲洗消毒较敏感的组织如眼结膜、口腔黏膜等。

【制剂与用法】 溶液或软膏。用2%～4%的溶液冲洗眼、口腔黏膜等。3%～5%溶液冲洗新鲜未化脓的创口。3%硼酸甘油（31：100）治疗口、鼻黏膜炎症。

【药物相互作用（不良反应）】 忌与碱类药物配伍；外用毒性不大，但用于大面积损害时，吸收后可发生急性中毒，早期症状为呕吐、腹泻、中枢神经系统先兴奋后抑制，严重时发生循环衰竭或休克。由于本品排泄慢，反复应用可产生蓄积，导致慢性中毒。

3. 醋酸

【性状】 无色透明的液体，味极酸，有刺鼻臭味，能与水、醇或甘油任意混合。

【适用范围】 对细菌繁殖体、芽孢、真菌和病毒均有较强的杀灭作用。杀菌、抑菌作用与乳酸相同，但消毒效果不如乳酸。刺激性小，消毒时畜禽不需移到室外。

【制剂与用法】 市售醋酸含纯醋酸36%～37%。常用稀醋酸含纯醋酸5.7%～6.3%，食用醋酸含纯醋酸2%～10%。0.1%～0.5%水溶液，用于阴道冲洗；0.5%～2%水溶液，用于感染创面冲洗；0.05%～0.1%水溶液，用于口腔冲洗；2%～3%水溶液，用于腔道清洗及洗胃。

【药物相互作用（不良反应）】 本品与金属器械接触产生腐蚀作用；与碱性药物配伍可发生中和反应而失效；有刺激性，高浓度时对皮肤、黏膜有腐蚀性。

【注意事项】 与眼睛接触后，立即用清水冲洗。

4. 水杨酸

【性状】 白色针状结晶或微细结晶性粉末，无臭，味微甜。微溶于水，水溶液显酸性，易溶于酒精。

【适用范围】杀菌作用较弱，但有良好的杀灭和抑制霉菌作用，还有溶解角质的作用。

【制剂与用法】5％～10％水杨酸酒精溶液，用于治疗霉菌性皮肤病；5％水杨酸酒精溶液或纯品用于治疗蹄叉腐烂等；5％～20％水杨酸酒精溶液，用于溶解角质、促进坏死组织脱落。水杨酸能促进表皮生长和角质增生，常制成1％软膏用于肉芽创的治疗。

【药物相互作用（不良反应）】水杨酸遇铁呈紫色，遇铜呈绿色。多种金属离子能促使水杨酸氧化为醌式结构的有色物质，故本品在配制及贮存时，禁与金属器皿接触。本品可经皮肤吸收，出现毒性表现。

【注意事项】避免在生殖器部位、黏膜、眼睛和非病区（如疣周围）皮肤应用。炎症和感染的皮损上勿使用；勿与其他外用痤疮制剂或含有剥脱作用的药物合用；不宜长期使用，不宜作大面积应用。

5. 苯甲酸

【性状】白色或黄色细鳞片或针状结晶，无臭或微有香气，易挥发。在冷水中溶解度小，易溶于沸水和酒精。

【适用范围】其有抑制霉菌作用，可用于治疗霉菌性皮肤或黏膜病。在酸性环境中，1％即有抑菌作用，但在碱性环境中成盐而效力大减。本品在pH小于5时杀菌效力最大。

【制剂与用法】常与水杨酸等配成复方苯甲酸软膏或复方苯甲酸涂剂等，治疗霉菌性皮肤病。

【药物相互作用（不良反应）】本品与铁盐和重金属盐有配伍禁忌。

【注意事项】本品对环境有危害，对水体和大气可造成污染；本品具刺激性，遇明火、高热可燃。

6. 十一烯酸

【性状】黄色油状液体，难溶于水，易溶于酒精，容易和油类相混合。

【适用范围】主要具有抗霉菌作用。

【制剂与用法】常用5％～10％酒精溶液或20％软膏，治疗鸡皮

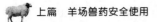

肤霉菌感染。

【药物相互作用（不良反应）】局部外用可引起接触性皮炎。

【注意事项】本品为外用药不可内服，当浓度过大时对组织有刺激性。

三、碱类

碱类的杀菌作用取决于解离的氢氧根离子浓度，其浓度越大，杀灭作用越强。由于氢氧根离子可以水解蛋白质和核酸，使微生物的结构和酶系统受到损害，同时还可以分解菌体中的糖类，因此碱类对微生物有较强的杀灭作用，尤其是对病毒和革兰氏阴性杆菌的杀灭作用更强，预防病毒性传染病较常用。

1. 氢氧化钠（苛性钠）

【性状】白色块状、棒状或片状结晶，吸湿性强，容易吸收空气中的二氧化碳气体形成碳酸钠或碳酸氢钠。

【适用范围】其对细菌的繁殖体、芽孢和病毒都有很强的杀灭作用，对寄生虫卵也有杀灭作用，浓度增加和温度升高可明显增强杀菌作用，但低浓度时对组织有刺激性，高浓度有腐蚀性。常用于预防病毒或细菌性传染病的环境消毒或污染畜（禽）场的消毒。

【制剂与用法】粗制烧碱或固体碱含氢氧化钠94％左右，25千克/袋。2％热溶液用于被病毒和细菌污染的畜舍、饲槽和运输车船等的消毒。3％～5％溶液用于炭疽杆菌的消毒。5％溶液亦可用于腐蚀羊的皮肤赘生物、新生角质等。

【药物相互作用（不良反应）】高浓度氢氧化钠溶液可灼伤组织，对铝制品，棉、毛织物，漆面等具有损坏作用。

【注意事项】一般用工业碱代替精制氢氧化钠作消毒剂应用，价格低廉、效果良好。

2. 氢氧化钾（苛性钾）

本品的理化性质、作用、用途与用量均与氢氧化钠大致相同。因新鲜草木灰中含有氢氧化钾及碳酸钾，故可代替本品使用。通常用30千克新鲜草木灰加水100升，煮沸1小时后去渣，再加水至100

升，用来代替氢氧化钾进行消毒。可用于畜舍地面、出入口处等部位的消毒，其宜在 70℃ 以上喷洒，隔 18 小时后再喷洒 1 次。

3. 生石灰

【性状】生石灰为白色或灰白色块状或粉末，无臭，主要成分为氧化钙，易吸水，加水后即成为氢氧化钙，俗称熟石灰或消石灰。消石灰属于强碱，吸湿性强，吸收空气中二氧化碳后变成坚硬的碳酸钙失去消毒作用。

【适用范围】氧化钙加水后，生成氢氧化钙，其消毒作用与解离的氢氧根离子和钙离子浓度有关。氢氧根离子对微生物蛋白质具有破坏作用，钙离子也使细菌蛋白质变性而起到抑制或杀灭病原微生物的作用。其对大多数细菌的繁殖体有效，但对细菌的芽孢和抵抗力较强的细菌如结核杆菌无效。因此常用于地面、墙壁、粪池和粪堆以及人通道或污水沟的消毒。

【制剂与用法】固体。一般加水配成 10%～20% 石灰乳，涂刷畜舍墙壁、畜栏和地面消毒。氧化钙 1 千克加水 350 毫升，制成消石灰的粉末，可撒布在阴湿地面、粪池周围及污水沟等处消毒。

【注意事项】生石灰应干燥保存，以免潮解失效；石灰乳宜现用现配，配好后最好当天用完，否则会吸收空气中二氧化碳变成碳酸钙而失效。

四、醇类

醇类具有杀菌作用，随分子量增加，杀菌作用增强。实际生活中应用最广泛的是乙醇即酒精。

乙醇（酒精）

【性状】无色透明的液体，易挥发、易燃烧，应在冷暗处避火保存，乙醇含量不得低于 95%，无水乙醇含量为 99% 以上，能与水、醚、甘油、氯仿、挥发油等任意混合。

【适用范围】乙醇主要通过使细菌菌体蛋白质凝固并脱水而挥发杀菌或抑菌作用。以 70%～75% 乙醇杀菌能力最强，可杀死一般病原菌的繁殖体，但对细菌芽孢无效。浓度超过 75% 时，由于菌体表层蛋白迅速凝固而妨碍乙醇向内渗透，杀菌作用反而降低。

【制剂与用法】液体。医用酒精浓度95%；70%~75%乙醇常用于皮肤、手臂、注射部位、注射针头及小件医疗器械的消毒，不仅能迅速杀灭细菌，还具有清洁局部皮肤，溶解皮脂的作用。

【药物相互作用（不良反应）】偶尔有皮肤刺激性。

【注意事项】乙醇可使蛋白质沉淀。将乙醇涂于皮肤，短时间内不会造成损伤。但如果时间太长，则会刺激皮肤。将乙醇涂于伤口或破损的皮面，不仅会加剧损伤而且会形成凝块，使凝块下面的细菌繁殖起来，因此不能用于无感染的暴露伤口。

五、醛类

醛类作用与醇类相似，主要通过使蛋白质变性，发挥杀菌作用，但其杀菌作用较醇类强，其中以甲醛的杀菌作用最强。

1. 甲醛溶液

【性状】纯甲醛为无色气体，易溶于水，水溶液为无色或几乎无色的透明液体。40%的甲醛溶液即福尔马林。其有刺激性臭味，与水或乙醇能任意混合。长期存放在冷处（9℃以下）因聚合作用而浑浊，常加入10%~12%甲醇或乙醇可防止聚合变性。

【适用范围】甲醛在气态或溶液状态下，均能凝固细菌菌体蛋白质和溶解类脂，还能与蛋白质的氨基酸结合而使蛋白质变性，是广泛使用的防腐消毒剂。本品杀菌谱广泛且作用强，对细菌繁殖体及芽孢、病毒和真菌均有杀灭作用。主要用于畜（禽）舍、用具、仓库及器械的消毒，还因有硬化组织的作用，可用于固定生物标本、保存尸体，还可用于胃肠道制酵。

【制剂与用法】溶液。5%甲醛酒精溶液，用于术部消毒；10%~20%甲醛溶液，用于治疗蹄叉腐烂；10%甲醛溶液，用于固定标本和尸体；2%~5%甲醛溶液用于器具喷洒消毒；40%甲醛溶液（福尔马林）用于浸泡消毒或熏蒸消毒。福尔马林的熏蒸消毒方法是密闭畜舍，每立方米空间福尔马林15毫升、高锰酸钾7.5克，室温不低于12~15℃，相对湿度为60%~80%，熏蒸消毒时间为24~48小时，然后打开畜舍逸出甲醛气体。制酵，40%甲醛溶液1~3毫升，用水稀释 20～30 倍；内服。

【药物相互作用（不良反应）】皮肤接触福尔马林将引起刺激、灼伤、腐蚀及过敏反应。此外其对黏膜有刺激性；可致癌，尤其是肺癌。

【注意事项】①药液污染皮肤，应立即用肥皂和水清洗；动物误服大量甲醛溶液，应迅速灌服稀氨水解毒。②熏蒸时舍内不能有家畜；用福尔马林熏蒸消毒时，其与高锰酸钾混合立即发生反应，沸腾并产生大量气泡，所以，使用的容器容积要比应加甲醛的容积大 10 倍以上；使用时应先加高锰酸钾，再加甲醛溶液，而不要把高锰酸钾加到甲醛溶液中；熏蒸时消毒人员应离开消毒场所，将消毒场所密封。此外，甲醛的消毒作用与甲醛的浓度、温度、作用时间、相对湿度和有机物的存在量有直接关系。在熏蒸消毒时，应先把欲消毒的室（器）内清洗干净，排净室内其他污浊气体，再关闭门窗或排气孔，并保持 25℃左右温度、60%～80%相对湿度。

2. 聚甲醛（多聚甲醛）

【性状】聚甲醛为甲醛的聚合物，带甲醛臭味，系白色疏松粉末，熔点 120～170℃，不溶或难溶于水，但可溶于稀酸和稀碱溶液。

【适用范围】聚甲醛本身无消毒作用，但在常温下可缓慢放出甲醛分子呈现杀菌作用。如将其加热至 80～100℃时即释放大量甲醛分子（气体），呈现强大杀菌作用。由于本品使用方便，近年来较多应用。常用于杀灭细菌、真菌和病毒。

【制剂与用法】多用于熏蒸消毒，常用量为每立方米 3～5 克，消毒时间为 10 小时。

【药物相互作用（不良反应）】见甲醛溶液。

【注意事项】消毒时室内温度最好在 18℃以上，相对湿度最好在80%～90%，最低不应低于 50%。

3. 戊二醛

【性状】淡黄色澄清液体，有刺激性特臭，易溶于水和酒精，水溶液呈酸性。

【适用范围】对繁殖型革兰氏阳性菌和阴性菌作用迅速，对耐酸菌、芽孢、某些霉菌和病毒也有抑制作用。在酸性溶液中较为稳定，在碱性环境尤其是当 pH 值为 7.5～8.5 时杀菌作用最强。用于浸泡橡胶或塑料等不宜加热的器械或制品，也用于动物厩舍及器具的消毒。

【制剂与用法】20％或 25％的戊二醛水溶液。2％的戊二醛水溶液。常用 2％碱性溶液（加 0.3％碳酸氢钠），用于浸泡橡胶或塑料等不宜加热消毒的器械或制品，浸泡 10～20 分钟即可达到消毒目的。也可加入双长链季铵盐阳离子表面活性剂，添加增效剂配成复方戊二醛溶液，主要用于动物厩舍及器具的消毒。

【药物相互作用（不良反应）】本品在碱性溶液中杀菌作用强，但稳定性差，2 周后即失效；与金属器具可以发生反应。

【注意事项】避免接触皮肤和黏膜，接触后应立即用清水冲洗干净。

六、氧化剂类

氧化剂是一些含不稳定的结合氧的化合物，遇有机物或酶即释出初生态氧，破坏菌体蛋白质或酶而呈现杀菌作用，但同时对组织、细胞也有不同程度的损伤和腐蚀作用。本类药物主要对厌氧菌作用强，其次是革兰氏阳性菌和某些螺旋体。

1. 过氧化氢溶液（双氧水）

【性状】本品为含 3％过氧化氢的无色澄明液体，味微酸。遇有机物可迅速分解产生泡沫，加热或遇光即分解变质，故应密封、避光、阴凉处保存。通常保存的浓双氧水为含 27.5％～31％的浓过氧化氢溶液，临用时再稀释成 3％的浓度。

【适用范围】过氧化氢与组织中过氧化氢酶接触后即分解出初生态氧而呈现杀菌作用，具有消毒、防腐、除臭的功能。但作用时间短、穿透力弱、易受有机物影响。主要用于清洗创面、窦道或瘘管等。

【制剂与用法】2.5％～3.5％过氧化氢溶液或 26.0％～28.0％过氧化氢溶液。清洗化脓创面用 1％～3％溶液，冲洗口腔黏膜用 0.3％～1％溶液。

【药物相互作用（不良反应）】与有机物、碱、生物碱、碘化物、高锰酸钾或其他较强氧化剂有配伍禁忌。3%以上高浓度溶液对组织有刺激和腐蚀性。

【注意事项】避免用手直接接触高浓度过氧化氢溶液，因可发生刺激性灼伤。

2. 高锰酸钾

【性状】黑紫色结晶，无臭，易溶于水，溶液因其浓度不同而呈粉红色至暗紫色。与还原剂（如甘油）研合可发生爆炸、燃烧。应密封避光保存。

【适用范围】其为强氧化剂，遇有机物时即放出初生态氧而呈现杀菌作用，因无游离状氧原子放出，故不出现气泡。本品的抗菌除臭作用比过氧化氢溶液强而持久，但其作用极易因有机物的存在而减弱。本品还原后所生成的二氧化锰，能与蛋白质结合成盐，在低浓度时呈收敛作用，高浓度时有刺激和腐蚀作用。

低浓度高锰酸钾溶液（0.1%）可杀死多数细菌的繁殖体，高浓度时（2%～5%）在24小时内可杀死细菌芽孢。在酸性条件下可明显提高杀菌作用，如在1%的高锰酸钾溶液中加入1%盐酸，30秒钟即可杀死许多细菌芽孢。可用于饮水、用具消毒和冲洗伤口。

【制剂与用法】固体。本品与福尔马林合用可用于畜舍等空气熏蒸消毒；2%～5%溶液用于浸泡病畜污染的料槽、水槽或洗刷食槽、水槽、浸泡的器械等；0.1%溶液外用冲洗黏膜及皮肤创伤、溃疡等，1%溶液冲洗毒蛇咬伤的伤口；0.01%～0.05%溶液洗胃，用于某些有机物中毒。

【药物相互作用（不良反应）】在酸性环境下杀菌能力增强；遇有机物如酒精等易失效，遇氨水及其制剂可产生沉淀。本品粉末遇福尔马林、甘油等易发生剧烈燃烧，当它与活性炭或碘等还原性物质共同研合时可发生爆炸；高浓度对组织和皮肤有刺激和腐蚀作用。

【注意事项】水溶液宜现配现用，避光保存，久置变棕色而失效。内服中毒时，应用温水或添加3%过氧化氢溶液洗胃，并服用牛奶、豆浆、氢氧化铝凝胶等以缓解吸收。

七、卤素类

卤素类中，能作消毒防腐药的主要是氯、碘，以及能释放出氯、碘的化合物。它们能氧化细菌原浆蛋白质活性基团，并和蛋白质的氨基酸结合而使其变性。

1. 碘

【性状】灰黑色带金属光泽的片状结晶，有挥发性，难溶于水，溶于乙醇及甘油，在碘化钾的水溶液或酒精溶液中易溶解。

【适用范围】碘通过氧化和卤化作用而呈现强大的杀菌作用，可杀死细菌繁殖体、芽孢、霉菌和病毒。碘对黏膜和皮肤有强烈的刺激作用，可使局部组织充血，促进炎性产物的吸收。

【制剂与用法】碘制剂及其用法见表8-3。

表8-3　碘制剂及其用法

制剂名称	组成	用法
5%碘酊	碘50克、碘化钾10克、蒸馏水10毫升，加75%酒精至1000毫升	主要用于手术部位及注射部位等消毒
10%浓碘酊	碘100克、碘化钾20克、蒸馏水20毫升，加75%酒精至1000毫升	主要作为皮肤刺激药，用于慢性肌腱炎、关节炎等
5%碘甘油	碘50克、碘化钾100克、甘油200毫升，加蒸馏水至1000毫升	刺激性小、作用时间较长，常用于治疗黏膜的各种炎症
复方碘溶液（鲁氏碘液）	碘50克、碘化钾100克，加蒸馏水至1000毫升	用于治疗黏膜的各种炎症，或向关节腔内、瘘管内等注入

【药物相互作用（不良反应）】长时间浸泡金属器械，会产生腐蚀性。各种含汞药物（包括中成药）无论以何种途径用药，如与碘制剂（碘化钾、碘酊、含碘食物如海带和海藻等）相遇，均可产生碘化汞而呈现毒性作用。

【注意事项】①对碘过敏（涂抹后曾引起全身性皮疹）的动物禁用；碘酊须涂于干燥的皮肤上，如果涂于湿皮肤上不仅杀菌效力降低，而且易导致起疱和皮炎。②配制碘液时，若碘化物过量（超过等量）加入，可使游离碘变为过碘化物，反而导致碘失去杀菌作用。③碘可着色，沾有碘液的天然纤维织物不易洗除。④配制的碘液应存放在密闭容器内。若存放时间过久，颜色变淡（碘可在室温下升华）后，应测定碘含量，并将碘浓度补足再使用。

2. 聚乙烯吡咯烷酮碘（聚维酮碘）

【性状】其是1-乙烯基-2-吡咯烷酮均聚物与碘的复合物。黄棕色无定形粉末或片状固体，微有特臭，可溶于水，水溶液呈酸性。

【适用范围】遇组织中还原物时，本品缓慢放出游离碘。对病毒、细菌繁殖体、芽孢均有杀灭作用，毒性低、作用持久。除用作环境消毒剂外，还可用于皮肤和黏膜的消毒。

【制剂与用法】0.5％溶液作为喷雾剂外用。1％洗剂、软膏剂、0.75％溶液用于手术部位消毒。使用方法见表8-4。

表 8-4　聚乙烯吡咯烷酮碘的使用方法

适用范围	稀释比例		消毒方法
	常规	疫情期	
养殖场、公共场合	1：500	1：200	喷洒
带畜消毒	1：600	1：300	喷雾
饮水消毒	1：2000	1：500	饮用
皮肤消毒和治疗皮肤病	不稀释		直接涂擦或清洗
黏膜及创伤	1：20		冲洗

【药物相互作用（不良反应）】其与金属和季铵盐类消毒剂会发生反应。

【注意事项】避免在阳光下使用，应放在密闭的容器中，当溶液变成白色或黄色时即失去消毒作用。

3. 碘伏（强力碘）

【性状】碘伏是碘、碘化钾、硫酸、磷酸等配成的水溶液，为棕红色液体，具有亲水、亲脂两重性。溶解度大，无味，无刺激性。

【适用范围】系表面活性剂与碘络合的产物，杀菌作用持久，能杀死病毒、细菌及其芽孢、真菌及原虫等。有效碘含量为每升50毫克时，10分钟能杀死各种细菌；有效碘含量为每升150毫克时，90分钟可杀死芽孢和病毒。可用于畜禽舍、饲槽、饮水、皮肤和器械等的消毒。可用于治疗烫伤；可用于治疗化脓性皮肤炎症及皮肤真菌感染。

【制剂与用法】 溶液，有效碘含量为6％。5％溶液用于喷洒消毒畜禽舍，用量为3~9毫升/米^3；5％~10％溶液用于洗刷或浸泡消毒室用具、手术器械等。

【药物相互作用（不良反应）】 禁止与红汞等拮抗药物同用。

【注意事项】 长时间浸泡金属器械，会产生腐蚀性。

4. 速效碘

【性状】 速效碘为碘、强力络合剂和增效剂络合而成的无毒液体。

【适用范围】 其为新型的含碘消毒液。具有高效（比常规碘消毒剂效力高出5~7倍）、速效（在浓度为25毫克每升时，60秒内即杀灭一般常见病原微生物）、广谱（对细菌、真菌、病毒等均有效）、对人畜无害（无毒、无刺激、无腐蚀、无残留）等特点。可用于环境、用具、畜禽体表、手术器械等多方面的消毒。

【制剂与用法】 速效碘具有两种制剂，即SI-Ⅰ型（含有效碘1％），SI-Ⅱ型（含有效碘0.35％）。具体使用方法见表8-5。

表8-5　速效碘的用法

使用范围	稀释倍数		使用方法	作用时间/分
	SI-Ⅰ	SI-Ⅱ		
饮水	500~1000	150~300	直接饮用	—
畜禽舍	300~400	100~200	喷雾、喷洒	5~30
笼具、饲槽、水槽	350~500	100~250	喷雾、洗刷	5~20
带畜	350~450	100~250	喷雾	5~30
传染病高峰期	150~200	50~100	喷雾同时饮水	5~30
炭疽、口蹄疫	100~150	50~100	喷雾	5~10
创伤病	20~30	5~10	涂擦	—
手术器械	200~300	50~100	浸泡、擦拭	5~10

【药物相互作用（不良反应）】忌与碱性药物同时使用。

【注意事项】污染严重的环境酌情加量；有效期为 2 年，应避光存放于－40～－20℃处。

5. 复合碘溶液（雅好生、强效百毒杀）

【性状】复合碘溶液为碘、碘化物与磷酸配制而成的水溶液，呈褐红色黏性液体，未稀释液体可存放数年，稀释后应尽快用完。

【适用范围】有较强的杀菌消毒作用，对大多数细菌、霉菌、病毒有杀灭作用。可用于畜舍、运输工具、水槽、器械消毒和污物处理等。

【制剂与用法】溶液（含活性碘 1.8％～2.0％、磷酸 16.0％～18.0％），100 毫升/瓶、500 毫升/瓶。用法见表 8-6。

表 8-6　复合碘溶液用法

使用范围	使用方法
设备消毒	第一次应用 0.45％溶液消毒,待干燥后,再应用 0.15％的溶液消毒一次即可
畜舍地面消毒	用 0.45％溶液喷洒或喷雾消毒,消毒后应定时再用清水冲洗
饮水消毒	饮水器应用 0.5％溶液定期消毒,饮水可每 10 升水加 3 毫升复合碘溶液消毒
畜舍入口消毒池	应用 3％溶液浸泡消毒垫作出入畜舍人员消毒
运输工具、器皿、器械消毒	应将消毒物品用清水彻底冲洗干净,然后用 1％溶液喷洒消毒

【药物相互作用（不良反应）】不能与强碱性药物及肥皂水混合使用；不应与含汞药物配伍。

【注意事项】本品在低温时，消毒效果显著，应用时温度不能高于 40℃。

6. 碘酸混合液（百菌消）

【性状】百菌消为碘、碘化物、硫酸及磷酸制成的水溶液，呈深棕色，有碘特臭，易挥发。

【适用范围】有较强的杀灭细菌、病毒及真菌的作用。用于外科手术部位、畜（禽）舍、畜产品加工场所及用具等的消毒。

【制剂与用法】溶液（含活性碘 2.75%～2.8%、磷酸 28.0%～29.5%），1000 毫升/瓶或 2000 毫升/瓶。用 1∶100～1∶300 浓度溶液杀灭病毒类，1∶300 浓度用于手术室及伤口消毒，1∶400～1∶600 浓度用于畜舍及用具消毒，1∶500 浓度用于牧草消毒，1∶2500 浓度用于畜禽饮水消毒。

【药物相互作用（不良反应）】与其他化学药物会发生反应。刺激皮肤和眼睛，出现过敏现象。

【注意事项】禁止接触皮肤和眼睛；稀释时，不宜使用超过 43℃ 的热水。

7. 漂白粉（含氯石灰）

【性状】本品系次氯酸钙、氯化钙与氢氧化钙的混合物，为白色颗粒状粉末，有氯臭，微溶于水和乙醇，遇酸分解，外露在空气中能吸收水和二氧化碳而分解失效，故应密封保存。

【适用范围】本品有效成分为氯，国家规定漂白粉中有效氯的含量不得少于 20%。漂白粉水解后产生次氯酸，而次氯酸又可以放出活性氯和初生态氯，呈现抗菌作用，并能破坏各种有机质。其对细菌繁殖体、芽孢、病毒及真菌都有杀灭作用。杀菌作用强，但不持久，在酸性环境中杀菌作用强，在碱性环境中杀菌作用弱。此外，杀菌作用与温度亦有重要关系，温度升高时增强。主要用于畜舍、饮水、用具、车辆及排泄物的消毒，以及水生生物细菌性疾病防治。

【制剂与用法】粉剂和溶液。饮水消毒，每 1000 升水加粉剂 6～10 克拌匀，30 分钟后可饮用；喷洒消毒，1%～3% 澄清液可用于饲槽、水槽及其他非金属用品的消毒；10%～20% 乳剂可用于畜（禽）舍和排泄物的消毒。撒布消毒，直接用干粉撒布或与病畜粪便、排泄物按 1∶5 比例均匀混合，进行消毒。

【药物相互作用（不良反应）】本品忌与酸、铵盐、硫黄和许多有机化合物配伍，遇盐酸释放氯气（有毒）。

【注意事项】密闭贮存于阴凉干燥处，不可与易燃易爆物品放在一起；使用时，正确计算用药量，现用现配，宜在阴天或傍晚施药，避免接触眼睛和皮肤，避免使用金属器具。

8. 氯胺-T（氯亚明）

【性状】对甲苯磺酰氯胺钠盐，为白色或淡黄色晶状粉末，有氯臭，露置空气中逐渐失去氯而变黄色，含有效氯 24％～26％。溶于水，遇醇分解。

【适用范围】本品遇有机物可缓慢放出氯而呈现杀菌作用，杀菌谱广。对细菌繁殖体、芽孢、病毒、真菌孢子都有杀灭作用，作用较弱但持久，对组织刺激性也弱，特别是加入铵盐，可加速氯的释放，增强杀菌效果。

【制剂与用法】粉剂。用于饮水消毒时，用量为每 1000 升水加入 2～4 克；0.2％～0.3％溶液可用作眼、鼻和阴道黏膜消毒；0.5％～2％溶液可用于皮肤和创伤的消毒；3％溶液用于排泄物的消毒；10％溶液用于皮毛（动物死后）和尸体消毒。

【药物相互作用（不良反应）】与任何裸露的金属容器接触，都会降低药效和产生药害。

【注意事项】本品应在避光、密闭、阴凉处保存。储存超过 3 年时，使用前应进行有效氯含量测定。

9. 二氯异氰尿酸钠（优氯净）

【性状】白色晶粉，有氯臭，含有效氯约 60％，性质稳定，室内保存半年后有效氯含量仅降低 0.16％，易溶于水。水溶液稳定性较差，在 20℃左右下，一周内有效氯约丧失 20％；在紫外线作用下更加速其有效氯的丧失。

【适用范围】新型高效消毒药，对细菌繁殖体、芽孢、病毒、真菌孢子均有较强的杀灭作用。可采用喷洒、浸泡和擦拭方法消毒，也可用其干粉直接处理排泄物或其他污染物品，也可用于饮水消毒。

【制剂与用法】二氯异氰尿酸钠消毒粉（10 克/袋）。具体用法见表 8-7。

表 8-7　优氯净的使用方法

用途	用法
喷洒、浸泡、刷拭消毒	杀灭一般细菌用 0.5％～1％溶液。杀灭细菌芽孢体用 5％～10％溶液

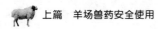

续表

用途	用法
饮水消毒	每立方米饮水用干粉 10 克,作用 30 分钟
撒布消毒	用干粉直接撒布畜禽舍地面或运动场,每平方米 10～20 克,作用 2～4 小时(冬季每平方米加之 50 毫克)
粪便消毒	用干粉按 1∶5 与病畜禽粪便或排泄物混合
病毒污染物的消毒	1∶250 浸泡、冲洗消毒,作用 30 分钟
细菌繁殖体污染物的消毒	1∶1000 浸泡、擦洗和喷雾消毒,作用 30 分钟

【药物相互作用（不良反应）】溅入眼内要立即冲洗,对金属有腐蚀作用,对织物有漂白和腐蚀作用。

【注意事项】吸潮性强,储存时间过久应测定有效氯含量。

10. 三氯异氰尿酸

【性状】白色结晶性粉末或粒状固体,具有强烈的氯气刺激味,含有效氯在 85％以上,在水中溶解度为 1.2 克/100 克水,遇酸或碱易分解。

【适用范围】其是一种极强的氯化剂和氧化剂,具有高效、广谱、安全等特点,对球虫卵囊也有一定的杀灭作用。主要用于养殖场所(如畜禽圈舍、走廊)、养殖水体、饮用水、种蛋、设备用具等消毒及带畜消毒。

【制剂与用法】三氯异氰尿酸消毒片［100 片（每片含 1 克）/瓶］;熏蒸消毒按 1 克/米^3 点燃熏蒸 30 分钟,密闭 24 小时,通风 1 小时;喷雾、浸泡消毒按 1∶500 稀释;饮水消毒按 1∶2500 稀释。

【药物相互作用（不良反应）】其与液氨、氨水等含有氨、胺、铵的无机盐和有机物混放,易爆炸或燃烧。与非离子表面活性剂接触,易燃烧;不可和氧化剂、还原剂混贮;对金属有腐蚀作用。

【注意事项】宜现配现用;本品为外用消毒片,不得口服。应置于阴凉、通风干燥、儿童不易触及处保存。

11. 次氯酸钠溶液

【性状】澄明微黄的水溶液,含 5％次氯酸钠,性质不稳定,见光易分解,应避光密封保存。

【适用范围】其有强大的杀菌作用,对组织有较大的刺激性,故不用作创伤消毒剂。可用于饮用水消毒、疫源地消毒、污水处理、畜禽养殖场消毒。

【制剂与用法】 次氯酸钠是液体氯消毒剂。0.01％～0.02％水溶液用于畜禽用具、器械的浸泡消毒，消毒时间为 5～10 分钟；0.3％水溶液每立方米空间 30～50 毫升用于禽舍内带羊气雾消毒；1％水溶液每立方米空间 200 毫升用于畜禽舍及周围环境喷洒消毒。

【药物相互作用（不良反应）】 次氯酸钠对金属等有腐蚀作用。

【注意事项】 ①使用次氯酸钠消毒要选用适宜的杀菌浓度，谨防走入"浓度越高效果越好"的误区，因为高温、高浓度可使其迅速衰减，影响消毒效果。②使用次氯酸钠消毒受水 pH 值的影响，水的 pH 值越高，其消毒效果越差。③次氯酸钠不宜长时间贮存。受光照、温度等因素的影响，有效氯容易挥发。市面上有一种次氯酸钠发生器，可现用现配，能够有效提高消毒效果。④使用次氯酸钠消毒，要清除物件表面上的有机物，因为有机物可能消耗有效氯，降低消毒效果。

12. 二氧化氯

【性状】 本品在常温下为淡黄色气体，具有强烈的刺激性气味，其有效氯含量高达 26.3％。常态下本品在水中的溶解度为 5.7 克/100 克水，是氯气的 5～10 倍，且在水中不发生水解。本品有很强的氧化作用。

【适用范围】 广谱杀菌消毒剂、水质净化剂，安全无毒、无致畸致癌作用。对病毒、芽孢、真菌、原虫等，均有强大的杀灭作用，并且有除臭、漂白、防霉、改良水质等作用。主要用于畜（禽）舍、饮水、环境、排泄物、用具、车辆、种蛋消毒。

【制剂与用法】 二氧化氯制剂和用法见表 8-8。

表 8-8　二氧化氯的制剂和用法

制剂	特性	使用方法
稳定性二氧化氯溶液（复合亚氯酸钠）	含二氧化氯 10％，临用时与等量活化剂混合应用，单独使用无效	空间消毒：按 1∶250 浓度，每立方米喷洒 10 毫升，使地面保持潮湿 30 分钟。饮水消毒：每 100 千克水加本制剂 5 毫升，搅拌均匀，作用 30 分钟后即可饮用。排泄物、粪便除臭消毒：按 100 千克水加本制剂 5 毫升，对污染严重的可适当加大剂量

续表

制剂	特性	使用方法
固体二氧化氯	为 A、B 两袋,规格分别为 100 克、200 克,内装 A、B 袋药各 50 克、100 克	按 A、B 两袋各 50 克,分别混水 1000 毫升、500 毫升,搅拌溶解制成 A、B 液,再将 A 液与 B 液混合静置 5～10 分钟,即得红黄色液体作母液,按用途将母液稀释使用。畜禽舍稀释 1∶600～1∶800 喷洒或喷雾消毒;器具稀释 1∶100～1∶200 浸泡、擦洗消毒;常规饮用水处理,稀释 1∶3000～1∶4000,连饮 1～2 天

【药物相互作用（不良反应）】忌与酸类、有机物、易燃物混放；配制溶液时，不宜用金属容器。

【注意事项】消毒液宜现配现用，久置无效；宜在露天阴凉处配制消毒液，配制时面部避开消毒液。

13. 强力消毒王

【性状】强力消毒王是一种新型复方含氯消毒剂，易溶于水。主要成分为二氯异氰尿酸钠，并加入阴离子表面活性剂等。本品有效氯含量≥20%。

【适用范围】本品广谱、高效，能杀灭多种病毒、细菌和霉菌，能杀灭和抑制蚊、蝇等昆虫及鼠类的滋生，对杀灭畜禽寄生虫卵有特效。正常使用时对人、畜无害，对皮肤、黏膜无刺激、无腐蚀性，并具有防霉、去污、除臭的效果，且性质稳定、持久、耐贮存。可用于带畜喷雾消毒、拌料饮水消毒、各种用具消毒和环境消毒。

【制剂与用法】根据消毒范围及对象，参考规定比例称取一定量的药品，先用少量水溶解成悬浊液，再加水逐渐稀释到规定比例。具体配比和用法见表 8-9。

表 8-9　强力消毒王的使用方法

消毒范围	配比浓度	方法及用量	作用时间/分
畜禽舍	1∶800	喷雾;50 毫升/米³	30
带畜	1∶1000	喷雾;30 毫升/米³	15
病毒病	1∶500	喷雾;500 毫升	10

【**药物相互作用（不良反应）**】勿与有机物、有害农药、还原剂混用，严禁使用喷洒过有害农药的喷雾器具喷洒本药。

【**注意事项**】现用现配。

八、染料类

染料类可分碱性染料和酸性染料两大类。它们的阳离子或阴离子，能分别与细菌蛋白质的羧基和氨基相结合，从而影响其代谢，呈现抗菌作用。常用的碱性染料对革兰氏阳性菌有效，而一般酸性染料的抗菌作用则微弱。

1. 龙胆紫（甲紫）

【**性状**】龙胆紫是碱性染料，为氯化四甲基副玫瑰苯胺、氯化五甲基副玫瑰苯胺和氯化六甲基副玫瑰苯胺的混合物，暗绿色带金属光泽的粉末，微臭，可溶于水及醇。

【**适用范围**】其对革兰氏阳性菌有选择性抑制作用，对霉菌也有作用。其毒性很小，对组织无刺激性，有收敛作用。可治疗皮肤、黏膜创伤及溃疡以及烧伤。

【**制剂与用法**】常用 1%～3% 溶液，是取龙胆紫（甲紫或结晶紫）1～3 克于适量乙醇中，待其溶解后加蒸馏水至 100 毫升。1% 水溶液也可用于治疗烧伤。2%～10% 软膏剂，是取龙胆紫（甲紫、结晶紫）2～10 克，加 90～98 克凡士林均匀混合后即成，主要用于治疗皮肤、黏膜创伤及溃疡。

【**药物相互作用（不良反应）**】对黏膜可能有刺激性或引起接触性皮炎。

【**注意事项**】面部有溃疡性损害时应慎用，不然可造成皮肤着色。皮肤大面积破损不宜使用。本品不宜长期使用。

2. 乳酸依沙吖啶（雷佛奴尔、利凡诺）

【**性状**】鲜黄色结晶性粉末，无臭，味苦，略溶于水，易溶于热水，难溶于乙醇。水溶液呈黄色，对光观察，可见绿色荧光，且水溶液不稳定，遇光渐变色。应置褐色玻璃瓶中，密闭、阴凉处保存。

【**适用范围**】外用杀菌防腐剂，属于碱性染料，是染料类中最有效的防腐药。其碱基在未解离成阳离子之前不具抗菌活性，仅当本品解离出依沙吖啶后才对革兰氏阳性菌及少数阴性菌有强大的抑菌作用，但作用缓慢。本品对各种化脓菌均有较强的作用，其中产气荚膜梭状芽孢杆菌和化脓链球菌对本品最敏感。抗菌活性与溶液的 pH 值和药物的解离常数有关。在治疗浓度时对组织无刺激性、毒性低、穿透力较强，且作用持续时间可达 24 小时，当有有机物存在时，本品的抗菌活性增强。

【制剂与用法】可用 0.1%～0.3%水溶液冲洗或湿敷感染创面；1%软膏用于小面积化脓创面。

【药物相互作用（不良反应）】本品与碱类或碘液混合易析出沉淀。

【注意事项】①水溶液在保存过程中，尤其在曝光下，可分解生成剧毒产物，若肉眼观察溶液呈褐绿色，则证实已分解。②长期使用本品可能延缓伤口愈合。

九、表面活性剂类

表面活性剂是一类能降低水和油的表面张力的物质，又称除污剂或清洁剂。此外，此类物质能吸附于细菌表面，改变菌体细胞膜的通透性，使菌体内的酶、辅酶和代谢中间产物逸出，而现呈杀菌作用。

1. 新洁尔灭（苯扎溴铵）

【性状】其为季铵盐类消毒剂，是溴化二甲基苄基烃铵的混合物。无色或淡黄色胶状液体，低温时可逐渐形成蜡状固体，味极苦，易溶于水，水溶液为碱性，振摇时可产生大量泡沫。易溶于乙醇，微溶于丙酮，不溶于乙醚和苯。耐加热加压，性质稳定，可保存较长时间效力不变。对金属、橡胶、塑料制品无腐蚀作用。

【适用范围】有较强的消毒作用，对于多数革兰氏阳性菌和阴性菌，接触数分钟即能将其杀死。对病毒效力差，不能杀死结核杆菌、霉菌和炭疽芽孢。可用于术前手臂皮肤、黏膜、器械、用具等的消毒。

【制剂与用法】有 3 种制剂分别为 1%、5%和 10%浓度，瓶装分为 500 毫升和 1000 毫升 2 种。0.1%溶液可用于消毒手臂、手指，应将手浸泡 5 分钟，亦可浸泡消毒手术器械、玻璃、搪瓷等，浸泡时间为 30 分钟；0.01%～0.05%溶液用于黏膜（阴道膀胱等）及深部感染伤口的冲洗。

【药物相互作用（不良反应）】忌与碘、碘化钾、过氧化物盐类消毒药及其他阴离子表面活性剂等配伍应用。不可与普通肥皂配伍，术者用肥皂洗手后，务必用水冲洗干净后再用本品。

【注意事项】浸泡器械时应加入 0.5%亚硝酸钠，以防生锈。不适用于消毒粪便、污水、皮革等，其水溶液不得贮存于聚乙烯制作的容器内，以避免药物失效。本品有时会引起人体药物过敏。

2. 洗必泰

【性状】有醋酸洗必泰和盐酸洗必泰两种，均为白色结晶性粉末，无臭，有苦味，微溶于水（1∶400）及酒精，水溶液呈强碱性。

【适用范围】有广谱抑菌、杀菌作用，对革兰氏阳性菌和阴性菌及真菌、霉菌均有杀灭作用，毒性低、无局部刺激性。用于手术前消毒、创伤冲洗、烧伤感染，亦可用于食品厂、畜舍、手术室等环境消毒，本品与新洁尔灭联用对大肠杆菌有协同杀菌作用，两药的混合液呈相加消毒效力。

【制剂与用法】醋酸或盐酸洗必泰粉剂，每瓶 50 克；片剂，每片 5 毫克。0.02%溶液用于术前泡手，3 分钟即可达消毒目的；0.05%溶液用于冲洗创伤；0.05%酒精溶液用于术前皮肤消毒；0.1%溶液用于浸泡器械（其中应加 0.1%亚硝酸钠），一般浸泡 10 分钟以上；0.5%溶液用于喷雾或涂擦消毒无菌室、手术室、用具等。

【药物相互作用（不良反应）】本品遇肥皂、碱、金属物质和某些阴离子药物能降低活性，并忌与碘、甲醛、重碳酸盐、碳酸盐、氯化物、硼酸盐、枸橼酸盐、磷酸盐和硫酸配伍，因可能生成低溶解度的盐类而沉淀。浓溶液对结合膜、黏膜等敏感组织有刺激性。

【注意事项】药液使用过程中效力可减弱，一般应每两周换一次。长时间加热可发生分解。本品水溶液，应贮存于中性玻璃容器。其他注意事项同新洁尔灭。

3. 消毒净

【性状】白色结晶性粉末，无臭，味苦，微有刺激性，易受潮，易溶于水和酒精，水溶液易起泡沫，对热稳定，应密封保存。

【适用范围】抗菌谱同洗必泰，但消毒力较洗必泰弱而较新洁尔灭强。常用于手、皮肤、黏膜、器械、畜舍等的消毒。

【制剂与用法】0.05%溶液可用于冲洗黏膜，0.1%溶液用于手和皮肤的消毒，亦可浸泡消毒器械（如为金属器械，应加入0.5%亚硝酸钠）。

【药物相互作用（不良反应）】不可与合成洗涤剂或阴离子表面活性剂接触，以免失效。亦不可与普通肥皂配伍（因普通肥皂为阴离子皂）。

【注意事项】在水质硬度过高的地区应用时，药物浓度应适当提高。

4. 度米芬（消毒宁）

【性状】白色或微黄色片状结晶，味极苦，能溶于水及酒精，振荡水溶液会产生泡沫。

【适用范围】广谱杀菌剂。由于能扰乱细菌的新陈代谢而产生杀菌作用。对革兰氏阳性菌及阴性菌均有杀灭作用，对芽孢、抗酸杆菌、病毒效果不明显，有抗真菌作用。在碱性溶液中效力增强，在酸性溶液，有机物、脓、血存在条件下则减弱。用于口腔感染的辅助治疗和皮肤消毒。

【制剂与用法】0.02%～1%溶液用于皮肤、黏膜消毒及局部感染湿敷。0.05%溶液用于器械消毒，还可用于食品厂、羊场的用具设备的消毒。

【药物相互作用（不良反应）】禁与肥皂、盐类和无机碱配伍。

【注意事项】避免使用铝制容器盛装；消毒金属器械时需加入0.5%亚硝酸钠防锈；可能引起人接触性皮炎。

5. 创必龙

【性状】白色结晶性粉末，几乎无臭，有吸湿性，在空气中稳定，易溶于乙醇和氯仿，几乎不溶于水。

【适用范围】双链季铵盐类阳离子表面活性剂，对一般抗生素无效的葡萄球菌、链球菌和念珠菌以及皮肤癣菌等均有抑制作用。

【制剂与用法】0.1%乳剂或0.1%油膏用于防治烧伤后感染、术后创口感染及白色念珠菌感染等。

【注意事项】局部应用对皮肤产生刺激性，偶有皮肤过敏反应。

6. 菌毒清（环中菌毒清、辛氨乙甘酸溶液）

【性状】其是甘氨酸取代衍生物加适量的助剂配制而成。黄色透明液体，有微腥臭，味微苦，强力振摇时产生大量泡沫。

【适用范围】其为双离子表面活性剂，是高效、低毒、广谱杀菌剂。对化脓球菌、肠道杆菌及真菌有良好的杀灭作用，对细菌芽孢无杀灭作用。对结核杆菌，1%的溶液需作用12小时。杀菌效果不受血清等有机物的影响。对病毒和球虫也有杀灭作用。可用于环境、器械和手的消毒。

【制剂与用法】溶液。将本品用水稀释后喷洒、浸泡或擦拭表面。使用方法见表8-10。

表8-10 菌毒清的用法

用途	用法
常规消毒	每1000毫升加水1000千克,每周一次
疫区消毒	每1000毫升加水500千克,每天一次,连用一周
饮水消毒	每1000毫升加水5000千克,自由饮用
器械消毒	每1000毫升加水1000千克,浸泡2小时
运输工具及畜禽体表消毒	每1000毫升加水1000千克,每周一次

【药物相互作用（不良反应）】与其他消毒剂合用会降低效果。

【注意事项】本品虽毒性低，但不能直接接触食物；不适于粪便及排泄物的消毒；应贮存于9℃以上的阴冷干燥处，因气温较低出现沉淀时，应加温溶解再用；密封保存，现配现用。

7. 癸甲溴铵溶液（博灭特）

【性状】主要成分是溴化二甲基二癸基烃铵，为无色或微黄色的黏稠性液体，振摇时产生泡沫，味极苦。

【适用范围】其是一种双链季铵盐类消毒剂，对多数细菌、真菌、病毒等有杀灭作用。作用机制是解离出季铵盐阳离子，与细菌胞浆膜磷脂中带负电荷的磷酸基结合，从而低浓度时抑菌、高浓度时杀菌。

溴离子使分子的亲水性和亲脂性大大增加，可迅速渗透到胞浆膜脂质层及蛋白质层，改变膜的通透性，起到杀菌作用。广泛应用于厩舍、饲喂器具、饮水和环境等消毒。

【制剂与用法】10％癸甲溴铵溶液（以癸甲溴铵计）。厩舍、器具消毒用 0.015％～0.05％溶液（即本品稀释 200～600 倍）；饮水消毒用 0.0025％～0.005％溶液（即本品稀释 2000～4000 倍）。

【药物相互作用（不良反应）】原液对皮肤、眼睛有刺激性，避免与眼睛、皮肤和衣服直接接触。

【注意事项】不可口服，一旦误服，饮用大量水或牛奶，并尽快就医；使用时小心操作，原液如溅及眼部和皮肤立即以大量清水冲洗至少 15 分钟。

十、其他消毒防腐剂

1. 环氧乙烷

【性状】本品在低温时为无色透明液体，易挥发（沸点 10.7℃）。遇明火易燃烧、易爆炸，在空气中，其蒸气达 3％以上就能引起燃烧。能溶于水和大部分有机溶剂，有毒。

【适用范围】广谱、高效杀菌剂，对细菌繁殖体、芽孢、真菌、立克次体和病毒，以至昆虫和虫卵都有杀灭作用。同时，还具有穿透力强、易扩散、消除快、对物品无损害无腐蚀等优点。主要适用于忌热、忌湿物品的消毒，如精密仪器、医疗器械、生物制品、皮革、饲料、谷物等的消毒，亦可用于畜禽舍、仓库、无菌室等空间消毒。

【制剂与用法】因环氧乙烷在空气中浓度超过 3％可引起燃烧爆炸，所以一般使用二氧化碳或卤烷作稀释剂，防止其燃烧爆炸，其制剂是 10％的环氧乙烷与 90％的二氧化碳或卤烷混合而成。杀灭繁殖型细菌，每立方米用 300～400 克，作用 8 小时，消毒芽孢和霉菌污染的物品，每立方米用 700～950 克，作用 24 小时。一般置消毒袋内进行消毒。消毒时相对湿度为 30％～50％，温度不低于 18℃，最适温度为 38～54℃。

【药物相互作用（不良反应）】环氧乙烷对大多数消毒物品无损害。其可破坏食物中的某些成分，如维生素 B_1、维生素 B_2、维生素

B_6 和叶酸，消毒后食物中组氨酸、甲硫氨酸、赖氨酸等含量会降低。链霉素经环氧乙烷灭菌后效力降低 35％，但其对青霉素无灭活作用。因本品可导致红细胞溶解、补体灭活和凝血酶原被破坏，不能用作血液灭菌。

【注意事项】本品对眼、呼吸道有腐蚀性，可导致呕吐、恶心、腹泻、头痛、中枢抑制、呼吸困难、肺水肿等，还可出现肝、肾损害和溶血现象；皮肤过度接触环氧乙烷液体或溶液，会产生灼烧感，出现水疱、皮炎等，若经皮肤吸收可能出现系统反应；环氧乙烷属烷基化剂，有致癌可能；贮存或消毒时禁止有火源，应将 1 份环氧乙烷和 9 份二氧化碳的混合物贮于高压钢瓶中备用。

2. 溴甲烷

【性状】本品在室温下为气体，低温下为液体，沸点为 4.6℃。在水中的溶解度为 1.8 克/100 克水，气体的穿透力强，不易燃烧和爆炸。

【适用范围】溴甲烷是一种广谱杀菌剂，可以杀灭细菌繁殖体、芽孢、真菌和病毒，但其杀菌作用较弱。作用机制为非特异性烷基化作用，与环氧乙烷的作用机制相似。常用于粮食的消毒和预防病毒或细菌性传染病的环境消毒，以及污染畜（禽）场的消毒。

【制剂与用法】一般用 3400～3900 毫克/升的浓度，在 40％～70％相对湿度下，作用 24～26 小时，可达到灭菌目的。

【药物相互作用（不良反应）】对眼和呼吸道有刺激作用。

【注意事项】溴甲烷是一种高毒气体，中毒的表现症状为中枢神经系统损害，有头痛、无力、恶心等症状。

3. 硫柳汞

【性状】本品是黄色或微黄色结晶性粉末，稍有臭味，遇光易变质。在乙醚或苯中几乎不溶，在乙醇中溶解，在水中易溶解。

【适用范围】本品是一种有机汞（含乙基汞）类消毒防腐药，对细菌和真菌都有抑制生长的作用。常用于生物制品（如疫苗）的防腐，浓度为 0.05％～0.2％。外用作皮肤黏膜消毒剂（用于皮肤伤口消毒、眼鼻黏膜炎症、皮肤真菌感染），刺激性小。

【制剂与用法】硫柳汞酊（每 1000 毫升含硫柳汞 1 克、曙红 0.6 克、乙醇胺 1 克、乙二胺 0.28 克、乙醇 600 毫升、蒸馏水适量）。0.1%酊剂用于手术前皮肤消毒；0.1%溶液用于创面消毒；0.01%～0.02%溶液用于眼、鼻及尿道冲洗；0.1%乳膏用于治疗霉菌性皮肤感染；0.01%～0.02%用于生物制品作抑菌剂。

【药物相互作用（不良反应）】与酸、碘、铝等重金属盐或生物碱不能配伍。可引起接触性皮炎、变应性结膜炎，具有耳毒性。

4. 氧化锌软膏

【性状】本品是白色至极微黄色结晶性粉末，无臭味，不溶于水和乙醇。

【适用范围】对皮肤有弱收敛、滋润和抗菌作用。用于皮炎、湿疹和溃疡的治疗。

【制剂与用法】淡黄色软膏，20 克（含 3 克）/支，500 克（含 75 克）/支；外用，患部涂敷。

【注意事项】避免接触眼睛。

下 篇
羊场疾病防治技术

第九章
羊场疾病综合防控体系

随着养羊业的规模化、集约化发展，羊病防控的重点是群发性疾病，必须坚持"预防为主，防治结合"和"养防并重"的原则，建立综合防控体系。

第一节　科学设计建设羊场

一、场址选择和规划布局

1. 羊场场址选择

（1）地势　绵羊、山羊喜干燥、通风，羊舍应建在地势高燥，至少高于当地历史洪水的水位线以上。其地下水位应在 2 米以下，这样的地势可以避免雨季洪水的威胁和减少因土壤毛细管水上升而造成的地面潮湿。背风向阳，特别是避开西北方向的山口和长形谷地，以保持场区小气候，气温也能保持相对恒定，减少冬春寒风的侵袭。羊场的地面要平坦且稍有坡度，以便排水，防止积水和泥泞。地面坡度以 1%～3% 较为理想，坡度过大，建筑施工不便，也会因雨水长年冲刷而使场区坎坷不平。地形要开阔整齐。场地不要过于狭长或边角太多，场地狭长往往影响建筑物合理布局，拉长了生产作业线，同时也使场区卫生防疫和生产联系不便。边角太多会增加场区防护设施的投资。排水良好、通风干燥的地方，地势以坐北朝南或坐西北朝东南方向的斜坡地为好，切忌在洼涝地、冬季风口等地建羊场。山区或丘陵地区应建在靠山向阳坡，但坡度不宜过大，南面应有广阔的运动场。低洼、潮湿的地方容易发生羊的腐蹄病和滋生各种细菌，诱发各种疾病，不利于羊的健康（见图9-1）。

图 9-1 羊场场址选择

羊场的场址地势高燥，地形开阔整齐（左图）；山区场址（右图）

（2）水源 在选择场址时，对水源的水量和水质都应重视，才能保证羊只的健康和生产力的不断提高。在舍饲条件下，应有自来水或井水，注意保护水源，保证供水。不给羊喝沼泽地和洼地的死水。

饮用水的质量直接关系到动物的生长发育和健康状况。不洁的饮水会引起动物腹泻、营养吸收障碍和其他多种疾病。在目前养殖业中，人们对饲养卫生比较重视，而往往对饮水卫生状况注意不够，从而造成多种疾病发生，导致养羊场生产能力下降。

水源最好是不经处理即符合饮用标准，新建水井时，要调查当地是否因水质不良而出现过某些地方病，同时还要做水质化验，以保证人、羊健康。此外，羊场用水要求取用方便，处理技术简便易行。同时要保证水源水质经常处于良好状态，不受周围环境条件的污染（见图9-2）。

（3）土壤 羊场场地的土壤情况对机体健康影响很大，土壤透气性、透水性、吸湿性、毛细管特性以及土壤中的化学成分等，都会直接或间接地影响场区的空气、水质，也可影响土壤的净化作用。适合建立羊场的土壤，应该是土壤透气性好、易渗水、热容量大、毛细管作用弱、吸湿性导热性小、质地均匀、抗压性强的土壤。其中沙壤土

图 9-2 水源选择

地层深水是理想水源（左图）；水塘河流作为水源最好建立渗水井取水（右图）

地区为理想的羊场场地。沙壤土透水透气性良好，持水性小，因而雨后不会泥泞，易于保持适当的干燥环境，有利于防止病原菌、蚊蝇、寄生虫卵等生存和繁殖，同时也利于土壤本身的自净。选择沙壤土质作为羊场场地，对羊只本身的健康、卫生防疫、绿化种植等都有好处。选址时应避免在旧羊场（包括其他旧牧场）场地上改建或新建。

但在一定的地区，由于客观条件的限制，选择理想的土壤是不容易的，这就需要在羊舍的设计、施工、使用和其他日常管理上，设法弥补当地土壤的缺陷。

（4）饲草资源　周围及附近要有丰富的饲草资源，特别是像花生秧、甘薯秧、大豆秸、玉米秸等优质的农副秸秆资源（见图 9-3）。

图 9-3 羊场饲草资源

羊场周围有大量的秸秆资源（左图）；羊场周围及羊舍之间种植的牧草（右图）

（5）周边环境 羊场生产的产品需要运出，饲料等物资需要运入，对外联系十分密切，因此，羊场必须选在交通便利的地方。为了满足羊场防疫的需要，羊场主要圈舍区应距公路、铁路交通主干道1000米以上，距离乡村公路500米以上，但必须有能通行卡车的道路与公路相连，以便于组织生产。羊场应选建在居民区下风向地势略低的地方，距离住宅区1000米以上；主要圈舍区距河流500米以上。最好选择有天然屏障的地方建栏舍。

（6）其他 羊场除一般照明用电外，可能还需要安装一些饲料和饲草加工设备，因而应具备足够的供电力。若能选建在电力设施已经配套的地方更好。在土地有偿使用的情况下，对于土地的占用，一定做到能少就少，以便减少租赁开支，尽可能占用非耕地资源，充分利用荒坡作为羊场场地。羊场建设还要考虑到以后的发展需要。

2. 羊场规划布局

场址选定以后，要进行合理的规划布局。羊场的规划布局就是根据羊场的近期和远景规划以及拟建场地的环境条件（包括场内的主要地形、水源、风向等自然条件），科学确定各区的位置，合理地确定各类屋舍建筑物、道路、供排水和供电等管线、绿化带等的相对位置及场内防疫卫生的安排。场区布局要符合兽医防疫和环境保护要求，便于进行现代化生产操作。场内各种建筑物的安排，要做到土地利用经济，建筑物间联系方便，布局整齐紧凑，尽量缩短供应距离。羊场的规划布局是否合理，直接影响到羊场的环境控制和卫生防疫。集约化、规模化程度越高，规划布局对其生产的影响越明显。羊场整体规划布局图见图9-4。

（1）分区规划 分区规划就是从人、羊保健角度出发，考虑羊场地势和主风向，将羊场分成不同的功能区，合理安排各区位置。

① 分区规划的原则。羊场的分区规划应遵循下列几项基本原则：一是应体现建场方针、任务，在满足生产要求的前提下，做到节约用地、少占或不占耕地；二是在建设一定规模的羊场时，应当全面考虑羊粪的处理和利用；三是应因地制宜，合理利用地形地势，以创造最有利的羊场环境、减少投资、提高劳动生产率；四是应充分考虑今后的发展，在规划时应留有余地，尤其是对生产区规划时更应注意。

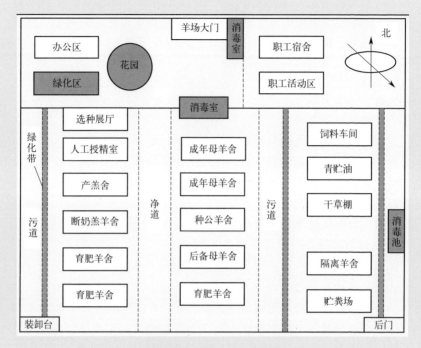

图 9-4 羊场整体规划布局图

② 分区规划的方案。羊场规划的要求是应从人和羊的保健角度出发，建立最佳的生产联系和卫生防疫条件，合理安排不同区域的建筑物，特别是在地势和风向上进行合理的安排和布局。羊场一般分成管理区、生产辅助区、生产区、病畜隔离与粪污处理区四大功能区（如图 9-5），各区之间保持一定的卫生间距。

管理区是生产经营管理部门所在地；生产区是羊场的核心，羊舍、饲料贮存与加工、消毒设施等生产与辅助生产性建筑物集中于此。为了防止疫病传播，保障羊群健康，需要设置病畜隔离与粪污处理区。羊的隔离观察、疾病诊断治疗以及病死羊的处理等在此区域内进行。兽医室、病羊隔离室、动物无害化处理等应位于羊舍的下风向、地势低处，有围墙和独立的通路，与外界隔绝。生产区与病畜隔离与粪污处理区必须用严密的界墙、界沟封闭，并彼此保持 300 米间隔。管理区从事生产经营管理，与外界保持经常性联系，宜靠近公共道路。

主导风向

管理区　生产辅助区　生产区　病畜隔离与粪污处理区

地形坡向

图 9-5 羊场规划布局模式图

（2）合理布局　羊场布局要兼顾隔离防疫和提高生产效率两点。

① 羊舍布局。羊舍应布置在生产区的中心位置，平行整齐排列布置，如果不超过 4 栋，则呈一行排列，需要饲料多的羊舍集中在中央。超过 4 栋的要呈两行排列。两行羊舍墙端之间应有 15 米间隔。这样的布局既可保证最短的运输、供水、输电距离，也可保证一致的采光，并有利通风（见图 9-6）。

图 9-6 单列式羊舍（左图）和多列式羊舍（右图）

前后羊舍距离应考虑防疫、采光与通风的要求。前后两栋羊舍之间的距离应不小于 20 米。我国地处北纬 20°～50°之间，太阳高度角冬季小、夏季大，羊舍朝向在全国范围内均以南向（即羊舍长轴与纬线平行）为好。这样的排列，冬季有利于太阳光照入舍内，提高舍温；夏季阳光照不到舍内，可避免舍内温度升高。由于地区、地势的差异，结合考虑当地地形、主风向以及其他条件，羊舍朝向可因地制宜向东或向西作 15°的偏转。南方夏季炎热，以适当向东偏转为好。羊舍的布局次序应是先种羊，后母羊、羔羊、育肥羊。

为了减轻劳动强度，给提高劳动生产率创造条件，尽量紧凑地配置建筑物，以保证最短的运输、供电和供水线路，便于机械化操作。集约化羊场生产过程的机械化饲养系统，包括饲料加工、调制、分发三个部分，这三部分应按流水作业线布置，供水系统包括提水、送水、自动饮水等；除粪、排水系统，包括由舍内清除粪尿、由粪沟中清除粪尿。要求有关建筑物适当集中配置，使有关生产环节保持最紧凑的联系。

② 饲草加工与贮存类建筑物布局。因为这部分与外界联系较多，通常设在管理区的一侧。加工调制间靠近需要饲料多的羊舍；饲料贮存间一侧紧贴生产区围墙，门开在围墙上。这样的布置可避免运送饲料的车辆进入生产区，以保证生产安全。干草垛与垫草堆要设在羊舍的下风向，并保持不小于 60 米的防火间隔。垛草台及草棚是专供堆垛干草、秸秆或袋装成品饲草的台子及棚舍。垛草台高应在 60～70厘米，表面摆放木棍或石块，以便防潮。有条件的场应修建草棚，地面为水泥结构并设有隔水层，草棚的门应设计得宽些，门扇朝外，以便开门和运草车辆的出入。

③ 晒场。晒场应设在草棚、精料库之前，供晾晒草料之用，也可用于掺和饲料。为避免压坏，在经常过车的地方应当修建专用的车道。

④ 饲料池。饲料池是进行青绿饲料、秸秆等饲料青贮、贮存或加工处理所需的各种池子，每种池子的大小、容量、样式应根据每次总的需要贮存或处理各种饲料的数量而定。其具体设计应以方便饲料存入、取用为原则（见图 9-7）。

⑤ 羊产品的贮存及初加工建筑物布局。畜产品加工厂不得设在生产区内。宜设在靠近生产羊群的一侧，紧贴生产区围墙，将门直接开在围墙上，以避免运输工具进入生产区内。

图 9-7　羊场的青贮窖（左图）和青贮袋（右图）

⑥ 粪场。粪场应设在生产区的下风向、地势低洼处，与住宅区保持 200 米，与羊舍间应有 100 米的卫生间隔，并应便于粪肥运往农田。最好有围墙隔离，并远离水源，以防水污染。定期将羊舍内的粪便清除，运往粪场堆放，利用微生物发酵腐熟后，作为肥料出售或肥田，也可利用羊粪生产有机复合肥料。

（3）运动场与道路　舍外运动场应选择在背风向阳的地方。一般是以前排羊舍的后墙和后排羊舍的前墙之间的空地作为运动场，运动场应有坡度，以便排水和保持干燥，四周设置围栏或墙，其高度为1.2 米，运动场面积每只羊为 1.2～1.5 平方米（见图 9-8）。

图 9-8　羊舍之间的运动场（左图）和种羊运动场（右图）

场内设置清洁道和污染道（见图 9-9）。清洁道宽度为 5～6 米，污染道为 3 米左右，道路两侧应有排水沟并植树，路面要坚实，排水要良好。

图 9-9 清洁道（左图）和污染道（右图）

（4）公共卫生设施 为避免一切可能的污染和干扰，保证防疫安全，羊场应建立必要的卫生设施。

① 隔离墙或防疫沟及消毒设施。场界要划分明确，四周应建较高的围墙或坚固的防疫沟，以防止外界人员及其他动物进入场区。羊场大门及各羊舍入口处，应设立消毒池或喷雾消毒室、更衣室、紫外线灭菌灯等。

② 给水设施。应考虑给水方式和对水源的保护。分散式给水是指各排羊舍内可打一口浅水井，但地下水一般比较混浊、细菌含量较多，必须采用混凝沉淀、砂滤净化和消毒法来改善水质。集中式给水，通常称"自来水"，把统一由水源取来的水，集中进行净化与消毒处理，然后通过配水管网将清洁水送到羊场各用水点。集中给水的水源主要以水塔为主，在其周围具有卫生保护措施，以防止水源受到污染。

③ 排水设施。场内排水系统多设置在各种道路的两旁及运动场周边，一般采用大口径暗管埋在冻土层以下，以免受冻阻塞。如果距离超过 200 米，应增设沉淀井，以尽量减少污染物积存，人、畜损坏。

二、羊舍的设计

建造羊舍的目的是保暖防寒，便于南方地区降温防暑，便于北方地区防冻免受风寒侵害。同时，有利于各类羊群管理。专业性强的规模化羊场，羊舍建造应考虑不同生产类型的特殊生理需求，以保证羊群有良好的生活环境。

1. 羊舍类型

羊舍按墙壁的封闭程度不同可分为封闭式、半开放式、开放式和棚舍式（如图9-10～图9-12）；按屋顶的形状不同可分为钟楼式、半钟楼式、单坡式、双坡式和拱顶式；按羊床在舍内的排列不同分为单列式、双列式和多列式；按舍饲羊的对象不同分为成年羊舍、羔羊舍、后备羊舍、育肥羊舍和隔离观察舍等。

图 9-10 半开放式羊舍及内景图

图 9-11 开放式羊舍及内景图

2. 羊舍的结构及要求

羊舍由各部分组成，包括基础、屋顶及顶棚、墙体、地面及楼板、门窗、楼梯等（其中屋顶和外墙组成羊舍的外壳，将羊舍的空间与外部隔开，屋顶和外墙称外围护结构）。羊舍的结构不仅影响到羊舍内环境的控制，而且影响到羊舍的牢固性和利用年限。

图 9-12 塑料暖棚羊舍及内景图

（1）羊舍基础、墙体、屋顶和地面 结构及要求见图 9-13。

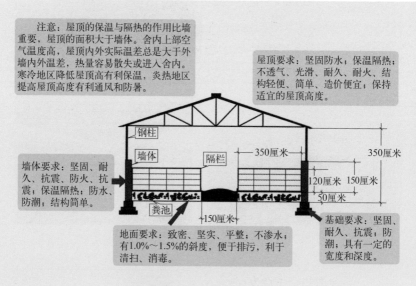

注意：屋顶的保温与隔热的作用比墙体重要，屋顶的面积大于墙体。舍内上部空气温度高，屋顶内外实际温差总是大于外墙内外温差，热量容易散失或进入舍内。寒冷地区降低屋顶高有利保温，炎热地区提高屋顶高度有利通风和防暑。

屋顶要求：坚固防水；保温隔热；不透气、光滑、耐久、耐火、结构轻便、简单、造价便宜；保持适宜的屋顶高度。

钢柱

墙体

隔栏

350厘米

350厘米

墙体要求：坚固、耐久、抗震、防火、抗震；保温隔热；防水、防潮；结构简单。

120厘米 150厘米

50厘米

粪池

150厘米

地面要求：致密、坚实、平整、不渗水；有1.0%~1.5%的斜度，便于排污，利于清扫、消毒。

基础要求：坚固、耐久、抗震；防潮；具有一定的宽度和深度。

图 9-13 羊舍主要结构图及要求

（2）门窗　开设门以能保证羊只可自由出入、安全生产为目的。羊舍门应向外开，不设门槛。视羊舍大小设1～2个门，一般设于羊舍两端，正对通道（见图9-14）。大型羊舍门宽2.5～3.0米、高2.0～2.5米。寒冷北方地区可设套门。窗宽1.0～1.2米、高0.7～0.9米，窗台距地面高1.3～1.5米。

图 9-14　羊舍两端墙上的门

3. 羊舍的内部设计

单列式、双列式妊娠母羊舍内部实景图见图9-15。

图 9-15　单列式妊娠母羊舍（左图）和双列式妊娠母羊舍（右图）内部实景图

（1）羊舍面积　生产方向和生长发育阶段不同，羊只的羊舍面积也有区别。设计时，羊舍过小、舍内易潮湿、空气污染严重，则会造成健康受阻，管理不便，影响生产效果。羊舍面积过大，则浪费财物，管理不便，而且增加成本。

不同类型羊只所需羊舍面积见图 9-16。

种公羊，单饲4～6米²/只，群饲2～2.5米²/只；青年公羊0.7～1米²/只

商品肥羔0.6～0.8米²/只，肉用羊1～2米²/只

产羔母羊1～2米²/只，青年母羊0.7～0.8米²/只

断奶羔羊0.2～0.3米²/只

图 9-16　不同类型羊的饲养密度

【提示】南方养羊采用大圈通栏式羊舍，活动铁架隔栏，按生产季节变换羊圈面积，更有利于羊舍有效利用。羊舍设置运动场面积应为羊舍的 2 倍，产羔室面积按产羔母羊数的 25％ 计算。

（2）排水排粪设施　分为传统式和漏缝地板式两种。

① 传统式排水排粪设施。采用干清粪方式，人工清理粪便后，污水通过排水系统进入污水池。由排尿沟（设于羊栏后端，紧靠降粪便道，至降口有 1％～1.5％ 坡度）、降口（指连接排尿沟和地下排水管的小井，在降口下部设沉淀井，以沉淀粪水中的固形物，防止堵塞管道。降口上盖铁网，防粪草落入）、地下排水管（与粪水池有 3％～5％ 坡度）和粪水池（粪水池容积应可贮 20～30 天的粪水尿液，选址离饮水井 100 米以外）构成。

② 漏缝地板式排水排粪设施。材料为钢筋混凝土或竹木板。有设于粪沟之上，有用于羊床，多采用拼接式，便于清扫和消毒，与粪沟相通（见图 9-17）。

（3）走道　羊舍内有饲喂走道、清粪走道。饲喂走道一般宽度为 1.3～2 米，全缝隙地板也可以不专门设置饲喂走道；地面饲养在羊床的后面设置清粪走道（见图 9-18）。

图 9-17　漏缝地板式排水排粪设施

漏缝地板式斜坡式人工清粪（左图）；漏缝地板式刮粪板式机械清粪（右图）

图 9-18　羊舍的走道

网床饲养的羊舍饲喂走道（左图）；地面饲养羊舍的饲喂走道及清粪出口（右图）

第二节　科学的饲养管理

以放牧为主的羊群，应根据当地自然资源、饲养条件，确定合理的规模，掌握四季放牧要点，做到科学放牧，并做好分群、轮牧，以及对怀孕母羊、哺乳母羊和羔羊的补饲工作。保证营养全面充足，提高机体抗病力。

以圈养为主的羊群，应科学选择场址和建设羊舍，保持适宜的饲养密度，降低传染病暴发的风险；科学贮存和调制草料，防止霉变，如当地花生秧较多，可将其晒干后打捆或制成牧草颗粒存放，以满足全年饲喂需要；科学分群饲养，选用配合饲料饲喂；做好防暑和保暖工作，搞好舍内外环境卫生，保持羊舍、饲槽、羊体、用具等的清洁卫生，做好灭蚊灭鼠工作，不在羊舍内养其他动物，避免规模化圈养易发生的营养代谢病和传染病等带来的严重威胁。

第三节　保持环境清洁卫生

一、保持羊舍和周围环境卫生

及时清理羊舍的污物、污水和垃圾，定期打扫羊舍顶棚和设备用具的灰尘，每天进行适量的通风，保持牛舍清洁卫生；不在羊舍周围和道路上堆放废弃物和垃圾。清空的羊舍和羊场要进行全面的清洁和消毒。

1. 排空羊舍

全进全出的羊舍，则尽快使羊舍排空。

2. 清理清扫

（1）将用具或棚架等移到室外浸泡清洗、消毒　在空栏之后，应清除饲料槽和水槽的残留饲料和饮水，清除舍内的垫料，然后将水槽、饲料槽和一切可以移动的器具搬到舍外的指定地点集中，用消毒药水浸泡、冲洗、消毒。有可能时，可在空栏后将棚架拆开，移到舍外浸泡冲洗和消毒。所有电器，如电灯、风扇等也可移到室外清洗、消毒。总之，应将一切可移到的物品搬至舍外进行消毒处理，尽量排空羊舍后进行下一步的处理。

（2）清扫灰尘、垫料和粪便　在移走室内用具后，可用适量清水喷湿天花板、墙壁，然后将天花板和墙壁上的灰尘、蜘蛛网除去，将灰尘、垃圾、垫料、粪便等一起运出并做无害化处理。

3. 清水冲洗

在清除灰尘、垫料和粪便后，可用高压水枪（果树消毒虫用的喷雾器或灭火用水枪）冲洗天花板、墙壁和地面，尤其要重视对角落、缝隙的冲洗，在有粪堆的地方，可用铁片将其刮除后再冲洗。冲洗的标准是要使羊舍内任何一个地方都被清洗干净，这是羊舍清洁消毒中最重要的一环。不能用水冲洗的设备可以使用在消毒液中浸过的抹布涂擦。

4. 清除羊舍周围杂物和杂草

清除羊舍周围和运动场的杂物和杂草，必要时更换表层泥土或铺上一层生石灰，然后喷湿压实。

5. 检修羊舍和用消毒液消毒

对冲洗后已干燥的羊舍，进行全面检修，然后用氢氧化钠、农福、过氧乙酸等消毒药液进行消毒，必要时还可用杀虫药消灭蚊、蝇等。在第一次消毒后，要再用清水冲洗，干燥后再用药物消毒一次。

6. 安装和检修设备用具

检修好各个系统，安装棚架、水槽、饲料槽等，如需要垫料可放入新鲜垫料。

7. 熏蒸消毒

能够封闭的羊舍，用福尔马林熏蒸消毒。熏蒸消毒应在完全密闭的空间内进行，才能达到较好的消毒效果。如果羊舍的门窗、屋顶等均有很多缺口或缝隙，则熏蒸只能作为一种辅助的消毒手段。

8. 通风

开启门窗，排除残留的刺激性气体，准备开始下一轮的饲养。

二、杀虫和灭鼠

1. 杀虫

昆虫可以传播疫病，需要做好防虫灭虫工作，防止昆虫滋生繁殖。一是搞好养殖场环境卫生，保持环境清洁、干燥，这是减少或杀灭蚊、蝇、蠓等昆虫的基本措施。蚊虫需在水中产卵、孵化和发育，蝇蛆也需在潮湿的环境及粪便等废弃物中生长。因此，要填平无用的污水池、土坑、水沟和洼地。保持排水系统畅通，对阴沟、沟渠等定期疏通，勿使污水储积。对贮水池等容器加盖，以防昆虫如蚊蝇等飞入产卵。羊舍内的粪便应定时清除，并及时处理，贮粪池应加盖并保持四周环境的清洁。二是灭杀。如利用机械方法以及光、声、电等物理方法，捕杀、诱杀或驱逐蚊蝇。或应用细菌制剂——内菌素杀灭吸血蚊的幼虫，效果良好。或化学杀灭，使用天然或合成的毒物，以不同的剂型（粉剂、乳剂、油剂、水悬剂、颗粒剂、缓释剂等），通过不同途径（胃毒、触杀、熏杀、内吸等），毒杀或驱逐昆虫。化学杀虫法具有使用方便、见效快等优点，是当前杀灭蚊蝇等害虫的较好方法。但要注意减少污染和要有目的地选择杀虫剂，要选择高效、长效、速杀、广谱、低毒无害、低残留和廉价的杀虫剂，如马拉硫磷和拟除虫菊酯类（见图9-19）。

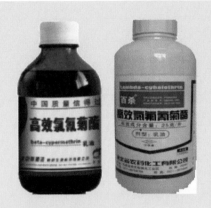

图 9-19　马拉硫磷（左图）和拟除虫菊酯类（右图）

2. 灭鼠

鼠不仅可以传播疫病，而且可以污染和消耗大量的饲料，危害极大，必须注意灭鼠。羊场每季度进行一次彻底灭鼠。

使用化学药物灭鼠效率高、使用方便、成本低、见效快，但能引起人、畜中毒，有些老鼠对药剂有选择性、拒食性和耐药性。所以，使用时须选好药剂和注意使用方法，以保安全有效。灭鼠时应注意：一是灭鼠时机和方法选择。要摸清鼠情，选择适宜的灭鼠时机和方法，做到高效、省力。一般情况下，4～5月是各种鼠类觅食、交配期，也是灭鼠的最佳时期。二是药物选择。灭鼠药物较多，但符合理想要求的较少，要根据不同方法选择安全的、高效的、允许使用的灭鼠药物。如禁止使用的灭鼠剂（氟乙酰胺、氟乙酸钠、毒鼠强、毒鼠硅、伏鼠醇等）、已停产或停用的灭鼠剂（安妥、砒霜或白媚、灭鼠优、灭鼠安）、不在登记作为农药使用的灭鼠剂（士的宁、鼠立死、硫酸铊等）等，严禁使用。三是注意人畜安全。常用的慢性化学灭鼠药物及特性见表9-1。

表9-1 常用的慢性化学灭鼠药物及特性

商品名称	常用配制方法及浓度	安全性
特杀鼠2号(复方灭鼠剂)	0.05%～1%浸渍法,混合法配制毒饵,也可配制毒水使用	安全,有特效解毒剂
特杀鼠3号	浓度0.005%～0.01%,配制方法同上	同上
敌鼠(二苯杀鼠酮、双苯杀鼠酮)	浓度0.05%～0.3%黏附法配制毒饵	安全,对猫、狗有危险,有特效解毒剂
敌鼠钠盐	0.05%～0.3%浓度配制毒水使用	同上
杀鼠灵(灭鼠灵)	0.025%～0.05%浓度,黏附法、混合法配制毒饵	猫、狗和猪敏感,有特效解毒剂
杀鼠迷(立克命)	0.0375%～0.075%浓度,黏附法、混合法和浸泡法配制毒饵	安全,有特效解毒剂
氯敌鼠(氯鼠酮)	0.005%～0.025%浓度,黏附法、混合法和浸泡法配制毒饵	安全,狗较敏感,有特效解毒剂
大隆(杀鼠隆)	0.001%～0.005%浸泡法配制毒饵	不太安全,有特效解毒剂

三、羊场废弃物处理

1. 粪尿处理

羊的粪尿由于土壤、水和大气的理化及生物的作用，经过扩散、分解逐渐完成自净过程，并进而通过微生物、动植物的同化和异化作用，又重新形成动植物的糖类、蛋白质和脂肪等，也就是再度变为饲料，再行饲养畜禽。这样农牧结合、互相促进的办法，是当前处理羊粪便的基本措施，也起到保护环境的作用，粪尿通过自然界的循环过程见图 9-20。实行农牧结合，就不会出现因粪便而形成畜产公害的问题。

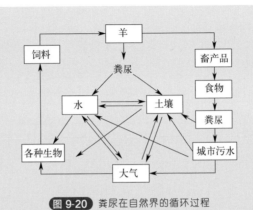

图 9-20 粪尿在自然界的循环过程

（1）用作肥料 有直接用新鲜粪尿的，也有经过腐熟后再行施用的。

① 土地还原法。把家畜粪尿作为肥料直接施入农田的方法，称为土地还原法。羊粪尿不仅供给作物营养，还含有许多微量元素等，能增加土壤中有机质含量，促进土壤微生物繁殖，改良土壤结构，提高肥力，从而使作物有可能获得提高而稳定的产量。

② 腐熟堆肥法。腐熟堆肥法系利用好气性微生物分解畜粪便与垫草等固体有机废弃物的方法。此法具有能杀菌与寄生虫卵，并能使土壤直接得到一种腐殖质类肥料等优点，其施用量可比新鲜粪尿多4～5 倍。

好气性微生物在自然界到处存在，它们发酵需以下一些条件：要有足够的氧，如物料中氧不足，厌气性微生物将起作用，而厌气性微生物的分解产物多数有臭味，为此要安置通气的设备，经通气的腐熟堆肥比较稳定，没有怪味，不招苍蝇。除好气环境外，腐熟时的温度在 65～80℃，水分保持在 40％左右较适宜。

我国利用腐熟堆肥法处理家畜粪尿是非常普遍的，并有很丰富的经验，所使用的通气方法比较简便易行。例如将玉米秸秆或带小孔的竹竿在堆肥过程中插入粪堆，以保持好气发酵的环境。经4～5天即可使堆肥内温度升高至60～70℃，2周即可达均匀分解、充分腐熟的目的。粪便经腐熟处理后，其无害化程度通常用两项指标来评定（见表9-2）。

表9-2　腐熟堆肥法后的指标要求

	项目	指标
肥料质量	外观	呈暗褐色，松软无臭
	测定其中总氮、速效氮、磷、钾的含量	速效氮有所增加，总氮和磷、钾不应过多减少
卫生指标	堆肥温度	最高堆温达50～55℃，持续5～7天
	蛔虫卵死亡率	95%～100%
	大肠杆菌值	10^{-2}～10^{-1}
	苍蝇	有效地控制苍蝇滋生

③ 粪便工厂化好氧发酵干燥处理法。此项技术是随着养殖业大规模集约化生产发展而产生的。通过创造适合发酵的环境条件，来促进粪便的好氧发酵，使粪便中易分解的有机物进行生物转化，性质趋于稳定。利用好氧发酵产生的高温（一般可达50～70℃）杀灭有害的病原微生物、虫卵、害虫，降低粪便的含水率，从而将粪便转化为性质稳定、能储存、无害化、商品化的有机肥，或制造其他商品肥的原料。此方法具有投资省、耗能低、没有再污染等优点，是目前发达国家普遍采用的粪便处理的主要方法，也应成为我国今后粪便处理的主要形式。

④ 有机-无机型复合肥的开发利用。有机-无机型复合肥，既继承了有机肥养分全面、有机质含量高的优点，又克服了有机肥养分释放慢、数量不足、性质不稳定、养分比例不平衡的缺点，同时也弥补了无机化肥养分含量单一、释放速度过快易导致地力退化和农产品质量下降的不足。工厂化高温好氧发酵处理畜禽粪便，可得到蛋白质稳定的有机肥，这种有机肥为生产有机-无机型复合肥提供了良好的有机原料。有机-无机型复合肥是一种适合现代农业，给土壤补充有机质，

消除有害有机废弃物，发展有机农业、生态农业、自然农业的重要手段。实践经验表明，在蔬菜作物黄瓜田、辣椒田上施用有机-无机型复合肥比施用常规肥明显增产。其中黄瓜田施用有机-无机型复合肥比施常规肥增产 13%，辣椒田增产 6%。

（2）生产沼气　利用家畜粪便及其他有机废弃物与水混合，在一定条件下产生沼气，可代替柴、煤、油供照明或作燃料等用（见图 9-21）。

图 9-21　沼气处理

2. 污水处理

由于畜牧业经营与管理的方式改变，畜产业废弃物的形式也有所变化。如羊的密集饲养，取消了垫料，或者是用漏缝地面，并为保持羊舍的清洁，用水冲刷地面，使粪尿都流入下水道。因而，污水中含粪尿的比例更高，有的羊场每千克污水中含干物质达 50～80 克；有些污水中还含有病原微生物，直接排至场外或施肥，危害更大。如果将这些污水在场内经适当处理，并循环使用，则可减少对环境的污染，也可大大节约水费的开支。污水的处理主要经分离、分解、过滤、沉淀等过程。

（1）将污水中固形物与液体分离　将污水中的固形物与液体分离，一般用分离机。污水中的固形物一般只占 1/6～1/5，将这些固形物分出后，一般能成堆，便于储存，可作堆肥处理。即使施于农田，也无难闻的气味，剩下的是稀薄的液体，水泵易于抽送，并可延长水泵的使用年限。液体中的有机物含量下降，从而减轻了生物降解的负担，也便于下一步处理。

（2）通过生物滤塔使分离的稀液净化　生物滤塔是依靠滤过物质附着在滤料表面所建立的生物膜来分解污水中的有机物，以达到净化的目的。通过这一过程，污水中的有机物浓度大大降低，得到相当程度的净化。

用生物滤塔处理工业污水已较为普遍，处理畜牧场的生产污水，在国外也已从试验阶段进入实用阶段。

（3）沉淀　将粪液或污水沉淀的主要目的是使一部分悬浮物质下沉。沉淀也是一种净化污水的有效手段。据报道，将羊粪按10：1的比例用水稀释，在放置24小时后，其中80%～90%的固形物沉淀下来。在24小时沉淀下来的固形物中的90%是前10小时沉淀的。试验结果表明，沉淀可以在较短的时间去掉高比例的可沉淀固形物。

（4）淤泥沥水　沉淀一段时间后，在沉淀池的底部，会有一些较细小的固形物沉降而成为淤泥。这些淤泥无法过筛，因在总固形物中约有50%是直径小于10微米的颗粒，采用沥干去水的办法较为有效，可以将湿泥再沥去一部分水，剩下的固形物可以堆起，便于储存和运输。

沥水柜一般直径3.0米、高1.0米，底部为孔径50平方毫米的焊接金属网，上面铺以草捆，容量为4立方米。淤泥在此柜沥干需1～2周，沥干时大约剩3平方米淤泥，每千克含干物质100克，成能堆起的固形物，体积相当于开始放在柜内湿泥的3/5。

以上对污水采用的4个环节的处理，如系统结合、连续使用，可使羊场污水大大净化，使其有可能被重新利用。

污水经过机械分离、生物过滤、氧化分解、沥水沉淀等一系列处理后，可以去掉沉下的固形物，也可以去掉生化需氧量及总悬浮固形物的75%～90%。达到这一水平即可作为生产用水，但还不适宜作家畜的饮水。要想能被家畜饮用，必须进一步减少生化需氧量及总悬浮固形物，大大减少氮、磷的含量，使之符合饮用水的卫生标准。

在干燥缺水地区，将羊场污水经处理后再供给家畜饮用，有更为现实的意义。国外已试行将经过一系列处理后的澄清液加压进行反向渗透，可以达到这一目的。渗透通过的管道为127毫米的管子，管子内壁是成束的环氧树脂，外覆以乙酸纤维素制成的薄膜，膜上的孔径仅为1~3微米。澄清液在每立方厘米21~35千克的压力下经此管反向渗透，去掉了所有的悬浮固形物，颜色与浊度几乎全部去掉，通过薄膜的渗透液基本上无色、澄清，质量大体符合家畜饮用的要求。

3. 病死羊及其产品的无害化处理

羊患传染病、寄生虫病以及中毒性疾病的肉尸、皮毛、内脏及其产品蹄、血液、骨、角，已被病原体污染，危害很大，极易造成传播，必须进行无害化处理。农业农村部组织制定了《病死及病害动物无害化处理技术规范》，本规范规定了病死及病害动物和相关动物产品无害化处理的技术工艺和操作注意事项，处理过程中病死及病害动物和相关动物产品的包装、暂存、转运、人员防护和记录等要求。病死羊及其产品的无害化处理方法如下。

（1）病死羊的无害化处理方法

① 销毁。经确认为炭疽、羊快疫、羊肠毒血症、肉毒梭菌中毒症、羊猝狙、蓝舌病、口蹄疫、钩端螺旋体病（以黄染肉尸）、李氏杆菌病、布鲁氏菌病等传染病和恶性肿瘤或两个器官以上发现肿瘤的整个羊尸体，必须销毁。可采用湿法化制（熬制工业用油）、焚毁炭化的方法予以销毁。

② 化制。上述传染病以外的其他传染病、中毒性疾病、囊虫病及自行死亡或不明原因死亡的绵羊尸体进行化制处理。化制的方法主要有干化制、分类化制或湿法化制。

③ 高温处理。经确认为羊痘、绵羊梅迪-维斯纳病、弓形虫病的羊尸体；属销毁处理的传染病羊的同群绵羊和怀疑受其污染的绵羊尸体和内脏进行高温处理。其方法是把肉尸切成2千克重、8厘米厚的肉块，放入高压锅内，在112千帕压力下蒸煮1.5~2小时；或把切好的肉块，放在普通锅内煮沸2~2.5小时。

（2）病羊产品的无害化处理

① 血液。属销毁传染病病羊以及血液寄生虫病病羊的血液，需进行无害化处理。其方法有：漂白粉消毒法，将1份漂白粉加入4份

血液中充分搅拌，放置 24 小时后掩埋；高温处理法，将凝固血液切成方块，放入沸水中烧煮，烧至血块深部呈黑红色并呈蜂窝状时为止。

② 蹄、骨和角。把肉尸作高温处理时剔出的羊骨、蹄、角，用高压锅蒸煮至脱骨或脱脂为止。

第四节　加强隔离和消毒

一、加强隔离

一是科学选择场址和规划布局，利于隔离防疫；二是羊场要设置围墙和大门，大门口装配有消毒设施；三是羊场的管理区、生产区和粪污处理区之间通过灌木林带、篱笆和矮墙等设施相互隔离；四是实行全进全出或分单元全进全出饲养管理制度；五是定期捕杀鼠类和媒介虫类，防止疾病传播；六是进入人员和设备进行严格消毒；七是做好引种检疫，避免病原入场。

二、注重消毒

要建立定期消毒制度。消毒工作应贯穿于各个环节，每周要对羊舍内外环境进行清扫消毒，至少半个月要用药物进行一次消毒；对母羊要实施产前、产中、产后各个阶段严格消毒，即产羔前进行一次消毒，产羔高峰时进行多次消毒，产羔结束时再进行一次消毒。羊舍出入口应设消毒池。消毒药可选用广谱、高效、低毒、廉价的消毒剂。

第五节　合理的免疫接种和药物防治

一、科学免疫接种

免疫接种是防制传染病的一个重要方法。接种疫苗时，首先要对本地区、本场以往的疫病发生和流行情况有所了解，并科学地选择适合本地区、本场的高质量疫苗，合理地安排接种疫苗计划和方法，保证接种效果。通过疫苗免疫接种来防制的疫病有羊痘、口蹄疫、羊梭菌性疾病、羊传染性脓疱和山羊传染性胸膜肺炎等，另外有选择性地进行免疫防制的有羊布鲁氏菌病、羊链球菌病、羔羊大肠杆菌病、羊巴氏杆菌病和羊流产衣原体病等。为确保疫苗免疫效果，可进行接种前后的疫情和免疫监测，一旦发现问题，及时找出原因和采取相应的补救措施。接种疫苗时应注意疫苗的类型和质量、疫苗运输和储存条件、接种时间、接种方法和剂量、羊群状况等因素。

二、定期科学驱虫

羊场应建立完善的驱虫制度，坚持定期驱虫，结合本地实际，选择低毒、高效、广谱的药物给羊群进行预防性驱虫。建议进行"虫体成熟期前驱虫"或"秋冬季驱虫"，驱虫前要做小群试验，再进行全群驱虫，驱虫应在专门的有隔离条件的场所进行，驱虫后排出的粪便应统一集中发酵处理。科学选择和轮换使用抗寄生虫药物，可减轻药物不良反应，尽量推迟或消除寄生虫耐药性的产生。逐日清扫粪便，打扫羊舍卫生，消灭或控制中间宿主或传播媒介，避免湿地放牧，避免吃露水草。加强饲养管理，减少应激，提高机体抵抗力。

目前常规预防多采用春秋两次或每年三次驱虫，也可依据化验结果确定，对外地引进的羊必须驱虫后再合群。放牧羊群普遍感染消化道寄生虫病，在秋季或入冬、开春和春季放牧后 4～5 周各驱虫一次，夏季雨水多、气温高，寄生虫在外界发育迅速，羊寄生虫感染率高，可根据情况适当增加驱虫次数，一般 2 个月一次，如牧地过度放牧、超载严重，发生寄生虫（主要是捻转血矛线虫）持续感染，建议 1 个月驱虫一次，或投服抗寄生虫缓释药弹（丸）进行控制。羔羊在 2 月龄进行首次驱虫，母羊在接近分娩时进行产前驱虫，寄生虫污染严重地区在母羊产后 3～4 周再驱虫一次。

体外寄生虫如疥螨、痒螨、蜱、跳蚤、虱子等，一般每年驱虫二次，或当发现羊群有瘙痒脱毛症状时全群进行杀虫，可选用敌百虫、双甲脒、辛硫磷、二嗪农、溴氰菊酯等进行喷洒或药浴，如用依维菌素或阿维菌素皮下注射或内服给药，一般应在 2 周后重复给药一次。杀灭蚊子等吸血昆虫可通过消灭蚊子生存环境、使用灭蚊灯（器）、墙壁门窗喷洒防蚊虫药剂或在羊舍点燃自制的蚊香等方法进行。驱除蠕虫如线虫、吸虫、绦虫等体内寄生虫，可根据情况选用依维菌素、多拉菌素、左旋咪唑等药物；抗球虫可选用氨丙啉、莫能菌素等。

三、合理使用抗菌药物

及时准确的诊断是提高治愈率、减少死亡、减少损失的重要手段。发生羊病时，应及早诊断，尽快确诊和制订有效的防治方案。妥善保存防疫档案，如检疫证明书、诊断记录、处方签、病历表等基本档案资料。一旦发现疫情，要按有关法律法规的要求，逐级上报，并请当地动物卫生监督机构兽医人员现场诊治。要严格遵守国务院兽医行政管理部门制定的兽药安全使用规定，严格执行兽药处方药与非处方药分类管理的规定，保障遵守兽药的休药期，根据适应证合理选择和使用兽药，建立用药记录，确保动物及其产品在用药期、休药期内不用于食品消费。

第六节　检疫和监控

一、检疫

检疫包括本场内部羊群的检疫和引种时对引入羊群的检疫。

对本场羊群要定期进行体温、呼吸、饮食、运动等方面的临床检查，采取血清学或病原学的方法，定期有计划地对种羊群进行疫病动态监测，坚决淘汰阳性羊和带毒（菌）羊。发生疑似疫病时要及时对患病羊和疑似感染羊进行隔离治疗或淘汰处理，对假定健康的羊进行紧急预防接种。引种时应从非疫区，取得动物防疫条件合格证的种羊场或繁育场引进经检疫合格的种羊。种羊引进后应在隔离观察舍隔离观察2周以上，确认健康后方可进入大群羊舍饲养。

二、监控

监控是对羊群及生活环境的监测和控制。定期对羊群的抗体水平和寄生虫感染情况进行检测，定期对饮水、饲料的品质和卫生状况进

行检测，定期对羊舍空气中有害气体含量进行检测，以便对可能出现的不利因素予以及时预防和控制。

第七节　发生疫情的紧急措施

疫情发生时，如果处理不当，很容易扩大流行和传播范围。

一、隔离

当羊群发生传染病时，应尽快作出诊断，明确传染病性质，立即采取隔离措施。一旦传染病性质确定，对假定健康羊可进行紧急预防接种。隔离的羊群要由专人饲养，用具要专用，人员不要互相串门。根据该种传染病潜伏期的长短，经一定时间观察不再发病后，再经过消毒后可解除隔离。

二、封锁

在发生及流行某些危害性大的烈性传染病时，应立即报告当地政府主管部门，划定疫区范围进行封锁。封锁应根据该疫病流行情况和流行规律，按"早、快、严、小"的原则进行。封锁是针对传染源、传播途径、易感动物群三个环节采取相应措施。

三、紧急预防和治疗

一旦发生传染病，在查清疫病性质之后，除按传染病控制原则进行诸如检疫、隔离、封锁、消毒等处理外，对疑似病羊及假定健康羊紧急预防接种，预防接种可应用疫苗，也可应用抗血清。对病羊和疑似病羊要进行治疗，对假定健康羊的预防性治疗也不能放松。治疗的关键是在确诊的基础上尽早实施，这对控制疫病的蔓延和防止继发感染起着重要的作用。

四、淘汰病畜

淘汰病畜，也是控制和扑灭疫病的重要措施之一。

第十章
羊场疾病诊治技术

第一节 传染性疾病与诊治技术

一、羊痘

羊痘是由羊痘病毒引起的羊的一种急性、热性、接触性传染病。其临床特征为发热，在皮肤及黏膜发生丘疹和疱疹。其中绵羊痘是动物痘病中病情最为严重的一种。

1. 病原

病原为痘病毒，属于痘病毒科羊痘病毒属。各种痘病毒均为双股DNA病毒，多为砖形，亦有卵圆形状。可在易感细胞的细胞质内形成包涵体。羊痘病毒和传染性脓疱病毒有共同抗原性。该病毒耐干燥，在干燥的痂皮内能存活数月至数年，在干燥羊舍内可存活6～8个月。不同毒株对热敏感程度不一，一般55℃持续30分钟即可灭活。病毒对寒冷的抵抗力强，冻干可保存3个月以上。对直射阳光、酸、碱和大多数常用消毒药如酒精、碘酒、红汞、福尔马林、来苏尔、石炭酸等均较敏感，对醚和氯仿也较为敏感。

2. 流行病学

病羊是主要传染源。该病多由含有羊痘病毒的皮屑随风和灰尘吸入呼吸道而感染，也可通过损伤的皮肤及消化道传染。被病羊污染的用具、饲料、垫草，病羊的粪便、分泌物、皮毛和体外寄生虫（如羊虱）都可成为传播媒介。该病春秋两季多发（主要在冬末春初流行），常呈地方性流行或广泛流行，饲草缺乏和饲养管理不善等因素都可促使发病和加重病情。绵羊痘危害较重，不同品种、性别、年龄的绵羊都有易感性，以细毛羊最为易感，羔羊比成年羊易感，羔羊致死率高达100%，妊娠母羊极易流产。

3. 临床症状

（1）绵羊痘　潜伏期一般为6～8天。病羊以体温升高（41～42℃）为特征，精神沉郁，食欲废绝，鼻黏膜和眼结膜潮红，先后出现浆液性、黏液脓性鼻液，呼吸、脉搏加快，很快消瘦，全身症状严重。典型的1～4天后开始发生痘疹（见图10-1、图10-2），起初为红斑，1～2天后形成丘疹，突出于皮肤表面，坚实而苍白，随后丘疹逐渐扩大，变成灰白色或淡红色、半球状隆起的结节。结节在2～3天内变成水疱，水疱内容物逐渐增多，中央凹陷，呈脐状，在此期间，病羊体温稍下降。不久水疱变为脓性，不透明，形成脓疱、化脓。如无继发感染，几日内脓疱干瘪为褐色痂块，脱落后遗留下灰褐色瘢痕而痊愈，整个病程14～21天。非典型主要见于体质强壮的成年羊，如种公羊，仅出现体温升高，呼吸道和眼结膜的卡他性炎症，不出现或仅出现少量痘疹，或痘疹呈硬结状，在几天内经干燥后脱落，不形成水疱和脓疱，此为良性经过，称为顿挫型。有的病例可见

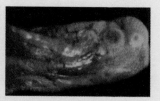

图 10-1　绵羊痘病羊临床症状（一）

绵羊皮肤上有大小不等的圆形痘疹（左图）；病羊的全身痘疹（中图）；
舌面的圆形痘疹，其中心部凹陷（右图）

图 10-2 绵羊痘病羊临床症状（二）
面部痘疹（左图）；阴唇、会阴、肛门周围、阴囊等痘疹（右图）

痘疱内出血，形成出血痘或黑痘，还有的病例痘疱发生化脓和坏疽，形成相当深的溃疡，具有恶臭味，形成所谓的臭痘和坏疽痘。

（2）山羊痘　潜伏期为 6～7 天，病初发热，体温 40～42℃，精神不振，食欲减退。痘疹不仅发生于皮肤无毛部位，如乳房、尾内面、阴唇、会阴、肛门周围、阴囊和四肢内侧，也可发生于头部、背部、腹部有毛丛的皮肤［见图 10-3（左 1）、图 10-3（左 2）、图 10-3（右 2）］。痘疹大小不一，圆形。初为红斑，随之转为丘疹，以后丘疹发生坏死、结痂，经 3～4 周痂皮脱落。眼的痘疹见于瞬膜、结膜和巩膜。此外，痘疹偶见于口腔与上呼吸道黏膜［见图 10-3（右 1）］、骨骼肌、子宫黏膜和乳腺。

图 10-3 山羊痘病羊临床症状
病羊皮肤无毛部位痘疹（左 1）；病羊头部痘疹（左 2）；病羊全身痘疹（右 2）；
病羊的口腔黏膜的扁平痘疹，其表面粗糙（右 1）

4. 病理变化

除有上述体表所见病变外，尸检瘤胃、皱胃黏膜上有大面积圆形、椭圆形或半球形白色坚实结节，单个或融合存在，严重者可形成糜烂或溃疡。口腔、舌面、咽喉部、肺表面、气管上、肠浆膜层亦有痘疹（见图 10-4）。肺部可见干酪样结节和卡他性肺炎区。

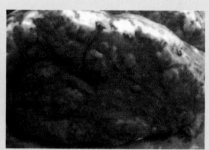

图 10-4 气管上的痘疹（左图）和肺部痘疹（右图）

5. 诊断

可利用血清学试验确诊；注意与传染性脓疱和螨病区别（见表 10-1）。

表 10-1 羊痘鉴别诊断

名称	传染性脓疱	螨病
鉴别要点	羊传染性脓疱全身症状不明显，病羊一般无体温反应，病变多发生于唇部及口腔（蹄型和外阴型病例少见），很少波及躯体部皮肤，痂垢下肉芽组织增生明显	螨病的痂皮多为黄色麸皮样，而痘疹的痂皮则呈黑褐色，且坚实硬固。此外，从疥癣皮肤患处以及痂皮内可检出螨

6. 防制

（1）预防措施

① 加强饲养管理。圈舍要经常打扫，保持清洁，抓好秋膘，冬春季节要适当补饲，提高机体抵抗力。

② 严格隔离卫生和消毒。病、死羊严格消毒并深埋，如需剥皮利用，注意采取消毒防疫措施，防止病毒扩散。定期用2％氢氧化钠溶液、2％福尔马林、30％草木灰水、10％～20％石灰乳剂或含2％有效氯的漂白粉溶液等对环境和用具进行清洁和消毒。

③ 免疫接种。羊痘常发地区，每年应定期进行预防接种。如羊痘鸡胚化弱毒羊体反应冻干疫苗，绵羊不论大小一律在尾内侧或股内侧皮内注射0.5毫升，3月龄的哺乳羔羊，断奶后应加强免疫1次。山羊无论大小，均皮下注射5毫升。4～6天产生可靠免疫力，免疫期绵羊为1年，山羊暂定为6个月。

（2）发病后措施　发生羊痘时，病羊立即隔离，环境、用具应消毒，同群的假定健康羊应圈养或在特定范围内放牧，密切观察，并做好隔离和消毒工作。必要时进行封锁，封锁期为两个月。

【处方1】同群的健康羊和受威胁羊紧急接种，羊痘鸡胚化弱毒羊体反应冻干疫苗，绵羊0.5毫升，皮内注射，山羊5毫升，皮下注射。或山羊痘细胞培养弱毒冻干疫苗0.5毫升，皮内注射。

【处方2】①羊痘康复血清或高免血清，预防量，小羊2.5～5毫升、成年羊5～10毫升，治疗量加倍，皮下注射。②10％病毒唑（利巴韦林）注射液（食品动物禁用）1～2.5毫升，肌内注射，每日1次，连用3日。30％安乃近注射液3～10毫升，肌内注射，或复方氨基比林注射液5～10毫升，皮下或肌内注射。③0.1％高锰酸钾溶液500毫升，清洗患部，或碘甘油100毫升，患部涂抹。④2.5％恩诺沙星注射液5毫升，或5％氟苯尼考注射液，5～20毫克/千克体重，或20％长效土霉素注射液0.05～0.1毫升/千克体重，肌内注射，每日1次，连用3日。⑤10％葡萄糖注射液100～500毫升，静脉注射，每天1次，连用3天。

【处方3】葛根、紫草、苍术各15克，黄连10克（或黄柏15克），白糖、绿豆各30克（葛根汤），水煎灌服，每日1剂，连服3剂。

二、传染性脓疱

传染性脓疱（传染性脓疱性皮炎、羊口疮、传染性唇皮炎等）是由传染性脓疱病毒引起的以羊为主的一种急性、高度接触性、嗜上皮性的人兽共患传染病。其临床特征是在口、唇、舌、鼻、乳房等部位的皮肤和黏膜形成红斑、丘疹、水疱、脓疱、溃疡和菜花状厚痂。该病传染性强，发病率高。

1. 病原

病原是传染性脓疱病毒（羊口疮病毒），属于痘病毒科、副痘病毒属。病毒粒子呈砖形或呈椭圆形的毛线团样，有囊膜，基因组为线性双股 DNA。该病毒对外界环境抵抗力强，干燥痂皮内的病毒于夏季日光下经 30～60 天开始失去传染性；散落于地面的病毒可以越冬。病料在低温冷冻条件下，可保持毒力数年。其对脂溶剂如乙醚、氯仿、苯酚敏感，对热敏感（60℃ 30 分钟和煮沸 3 分钟均可灭活），不耐酸、碱，可被 2% 福尔马林浸泡 20 分钟和紫外线照射 10 分钟灭活。常用的消毒药为 2% 氢氧化钠溶液、10% 石灰乳剂、20% 热草木灰水等。

2. 流行病学

病羊和带毒动物是该病的主要传染源，病毒经脓疱和水疱的内容物，以及干燥的痂块排出，被污染的饲料、厩草、栅栏、产房、车辆等，可散播该病毒。患病母羊及吮乳羔羊能相互传染。该病主要通过皮肤和黏膜擦伤感染，饲草粗硬或有芒刺能促使发病。该病发生于各种品种和年龄的绵羊，3～4 月龄的绵羊羔发病率可达 90%，纯种羊也易感，成年绵羊的发病率较低。该病常呈群发性流行，无季节性，以春夏发病为多。

3. 临床症状

该病潜伏期为 4～8 天，长的 16 天。全身症状较轻，一般无发热，体躯皮肤无病变。

（1）唇型　最为常见，病初患羊精神不振，食欲减退，口腔发热，齿龈红肿［见图 10-5（上左图）］。而后开始在口角、上唇或鼻镜出现散在的小红斑，逐渐变为丘疹、小结节、水疱和脓疱，之后结成黄色或棕色的疣状硬痂［见图 10-5（上右图）、图 10-5（下左图）］。良性病例 1～2 周后痂皮干燥、脱落，病羊逐渐康复。病情严重的羊，在齿龈、舌、颊、软腭及硬腭上出现被红晕包围的水疱，水疱迅速变成脓疱，脓疱破裂形成烂斑，口中流出发臭、混浊的唾液。结痂后痂垢不断增厚，痂垢下伴有肉芽组织增生，整个嘴唇肿大外翻呈桑葚状隆起［见图 10-5（下右图）］，严重影响采食。病羊日趋消瘦，最后衰竭而死，病程一般为 2～3 周。

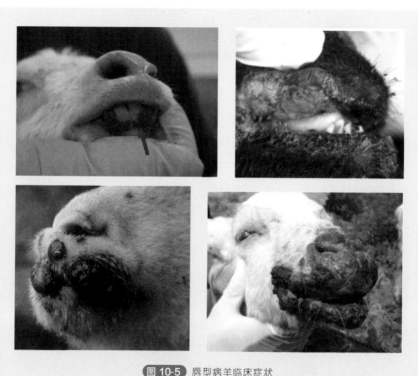

图 10-5　唇型病羊临床症状

病羊口腔发热，齿龈红肿（上左图）；病羊口角、上唇出现散在的小水疱和
脓疱（上右图）；病羊口角、上唇或鼻镜出现黄色或棕色的疣状硬痂（下左图）；
病羊整个嘴唇肿大外翻呈桑葚状隆起（下右图）

　　（2）蹄型　几乎仅侵害绵羊，多单独发生，偶有混合型，病羊多见一肢患病。通常于蹄叉、蹄冠或系部皮肤上形成水疱、脓疱、溃疡（见图 10-6），如继发感染则发生化脓、坏死。病羊跛行，长期卧地，病期缠绵。严重者因极度衰竭或败血症死亡。

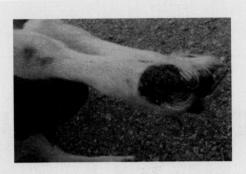

图 10-6　病羊蹄叉、蹄冠或系部皮肤上形成水疱、脓疱、溃疡

（3）生殖器型　少数病羊在乳房、阴唇、包皮、阴囊及四肢内侧发生同样的病理变化（见图 10-7），阴唇肿胀，阴道内流出黏性或脓性分泌物。哺乳病羔的母羊常发生红斑、水疱、脓疱、结痂，痂多为淡黄色、较薄、易剥脱，病程长者，可发生溃疡。公羊还表现为阴囊肿胀。单纯的生殖器型很少死亡。

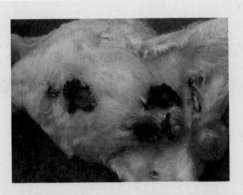

图 10-7　病羊的乳房、阴唇、包皮、阴囊处形成水疱、脓疱、溃疡

4. 病理变化

上述病变只在唇周、蹄、乳房、阴唇、包皮等处发生，但绝

不波及体躯部皮肤，各内脏器官也无明显病变。组织病理学变化有皮肤表皮棘细胞层增厚，毛细血管扩张、充血；棘细胞发生严重的水疱变性、网状变性，甚至发生气球样变；一些棘细胞发生坏死，细胞核浓缩、崩解；此外，一些变性、坏死的棘细胞胞浆内可见粉红色、大小不一、圆形或椭圆形的嗜酸性包涵体。

5. 诊断

可采用血清学检验；注意与羊痘和坏死杆菌病区别（见表10-2）。

表 10-2　传染性脓疱鉴别诊断

名称	羊痘	坏死杆菌病
鉴别要点	羊痘的痘疹多为全身性，而且病羊体温升高，全身反应严重。痘疹结节呈圆形突出于皮肤表面，界限明显，似脐状	坏死杆菌病主要表现为组织坏死，一般无水疱、脓疱病变，也无疣状增生物。进行细菌学检查和动物试验即可区别

6. 防制

（1）预防措施

① 严格隔离消毒。不从疫区引进羊或购入饲料、畜产品。引进羊须隔离观察2～3周，严格检疫，证明无病后方可混入大群饲养。选用3％福尔马林、2％氢氧化钠溶液、10％石灰乳剂、20％热草木灰水等对环境和用具进行消毒。

② 加强饲养管理。饲喂柔软多汁的草料，补充配合饲料或放置舔砖，减少羊只啃土啃墙，避免发生损伤。捡出饲料和垫草中的芒刺，保护羊的皮肤、黏膜不受伤害。

③ 免疫接种。该病常发地区每年春季用传染性脓疱皮炎细胞弱毒苗免疫接种。免疫接种详见第七章内容。

（2）发病后措施　发生传染性脓疱时，病羊立即隔离饲养，对环境、用具进行消毒，防止病毒扩散。

【处方1】隔离病羊，同群的健康羊和受威胁羊，用传染性脓疱皮炎细胞弱毒苗0.2毫升，下唇黏膜划痕，紧急接种。

【处方2】水杨酸软膏患部涂抹，软化厚痂，0.1％～0.2％高锰酸钾溶液500毫升，冲洗创面，5％碘甘油100毫升，患部涂抹，每日 1～2 次。蹄型使用 5％～10％福尔马林 500～1000 毫升，浸泡患蹄，每周 1 分钟，连用 3 次；或 5％硫酸铜溶液 500～1000 毫升，浸泡蹄部，每日 2 次，连用 1 周。

丙二醇或甘油 20～30 毫升、维 D_2 磷酸氢钙片 30～60 片、干酵母片 30～60 克，加水灌服，每日 2 次，连用 3～5 日。10％病毒唑注射液（食品动物禁用）1～2.5 毫升，肌内注射。2.5％恩诺沙星注射液 5 毫升（或 5％氟苯尼考注射液 5～20 毫克/千克体重）、20％长效土霉素注射液 0.05～0.1 毫升/千克体重，肌内注射，每日 1 次，连用 3 日。

【处方 3】冰片 50 克、朱砂 30 克、硼砂 500 克、元明粉（无水芒硝）500 克（冰硼散），共为细末。去掉结痂后，将冰硼散兑水调成糊状涂抹患部，隔日换药 1 次，连用 2～3 次，一般 7～10 天，患部痂皮或结痂开始脱落而痊愈。

三、口蹄疫

口蹄疫俗称"口疮"，是由口蹄疫病毒引起的主要侵害偶蹄动物的急性、热性、高度接触性人畜共患传染病。其特征是在口腔黏膜、蹄部和乳房等处皮肤出现水疱和烂斑。该病传播快，发病率高，传播途径广，病原复杂多变，被世界动物卫生组织（OIE）列为须通报的动物疫病。

1. 病原

口蹄疫病毒属微小 RNA 病毒科口蹄疫病毒属，是已知最小的动物 RNA 病毒，呈圆形、无囊膜，基因组为单股线状正链 RNA，具有型多易变的特点（能抗原漂移）。口蹄疫病毒对干燥环境的抵抗力很强，在含病毒组织或被病毒污染的饲料、饲草、皮毛及土壤等可保持传染性数周至数月，病毒在低温下十分稳定，在 50％甘油生理盐水中于 5℃能存活 1 年以上。但对直射日光（紫外线）、热、酸、碱均很敏感，在 pH3.0 和 pH9.0 以上的缓冲液中，病毒的感染性将在瞬间消失。2％～4％氢氧化钠溶液、3％～5％福尔马林、5％氨水、0.2％～0.5％过氧乙酸、5％次氯酸钠溶液、1∶150～1∶300 农福等对该病毒均有较好的杀灭作用。

2. 流行病学

在牧区该病常从秋末流行，冬季加剧，春季减弱，夏季基本平息。该病多呈良性经过，病程一般为2～3周。成年羊的发病率可达80％或更高，但死亡率低。羔羊的发病率可达90％，死亡率约40％。患病动物及带毒动物是该病最主要的传染源，病初的动物是该病最危险的传染源。病畜的水疱皮、水疱液、唾液、粪、奶和呼出的空气，都含有大量的致病力很强的病毒，当食入或吸入这些病毒时，便可引起感染。环境的污染也可造成该病的传播，如污染的水源、棚圈、工具和接触过病畜人员的衣物、鞋帽等。

3. 临床症状

潜伏期为1周左右。病初羊表现高温，肌肉震颤，流涎［见图10-9（左图）］，食欲下降，反刍减少或停止。该病常呈群发，口腔呈弥漫性口膜炎，水疱发生于硬腭和舌面，严重时可发生糜烂与溃疡。有的病羊于蹄叉和趾（指）间出现水疱和糜烂，故显跛行［见图10-8、图10-9（中图）］。以上病变也可发生于乳房［见图10-9（右图）］。羔羊多因出血性胃肠炎和心肌炎而死亡。

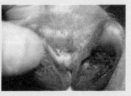

图10-8 口蹄疫病羊临床症状（一）
病羊蹄部疼痛，跛行（左图）；蹄冠部有水疱（中图）；蹄叉部水疱破裂（右图）

4. 病理变化

除口腔、蹄部皮肤等处出现水疱和溃烂外，还可见咽喉、气管、支气管和前胃黏膜有烂斑和溃疡，皱胃和大肠、小肠黏膜可见有出血性炎症。心包膜有出血斑点，心脏有心肌炎病变，特征为"虎斑心"（见图10-10）。

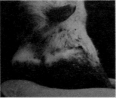

图 10-9 口蹄疫病羊临床症状（二）

病羊口流泡沫，挂满嘴角（左图）；病羊蹄冠部皮肤溃烂、坏死（中图）；

病羊乳房上的水疱（右图）

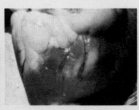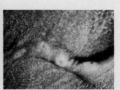

图 10-10 口蹄疫病羊病理变化

病羊口腔发生水疱和溃烂（左图）；病死羊心肌松软，心肌切面有灰白或淡黄色斑点或条纹，称为虎斑心，心脏似煮熟样（中图）；瘤胃乳头被侵蚀、溃烂（右图）

5. 诊断

采取病畜水疱皮或水疱液，康复时采取血清，送口蹄疫实验室检查。注意与传染性脓疱、蓝舌病鉴别诊断（见表 10-3）。

表 10-3　口蹄疫鉴别诊断

名称	传染性脓疱	蓝舌病
鉴别要点	传染性脓疱主要发生于幼龄羊，病羊的特征是在口唇部发生水疱、脓疱以及疣状厚痂，病变是增生性的，一般无体温反应，病原是羊口疮病毒	蓝舌病主要通过库蠓叮咬传播，羊发病较少，猪一般不感染；蓝舌病的溃疡不是由于水疱破溃后形成，且缺乏水疱破裂后那样的不规则的边缘；病原是蓝舌病病毒

6. 防制

（1）预防措施

① 无病地区严禁从有病国家和地区引进动物及动物产品、饲料、

生物制品等。引进动物及其产品，应严格执行检疫、隔离、消毒；发生口蹄疫时应早报告、早诊断，严格采取扑灭措施，对疫区和受威胁区未发病的易感动物进行紧急免疫接种。

②口蹄疫流行地区，应坚持免疫接种，应选用与当地流行毒株同型的疫苗，目前可用口蹄疫 O 型、亚洲 I 型二价灭活疫苗，羊每只 1 毫升，肌内注射，15～21 天后加强 1 次，免疫持续期为 4 个月。

（2）发病后措施 口蹄疫发生后，患病动物及同群动物全部扑杀销毁（全国一盘棋，扑杀越早，损失越少，一处不扑杀，前功尽弃），不允许治疗。如果是贵重动物，经有关部门批准，可在严格隔离的条件下，进行治疗。

【处方】①哺乳母羊或羔羊患病时，立即断奶，羔羊采取人工哺乳或饲喂代乳料。②同型号的口蹄疫高免血清 1 毫升/千克体重，肌内注射，每日 1 次，连用 2 日。③安乃近注射液 3～10 毫升，肌内注射，每日 1 次，连用 3 日。④0.1％高锰酸钾溶液或食醋、0.2％福尔马林冲洗创面，之后涂碘甘油或 1％～2％明矾液，或撒布冰硼散。乳房可用肥皂水或 2％～3％硼酸水清洗，然后涂以青霉素软膏或其它刺激性小的防腐软膏。

四、蓝舌病

蓝舌病是由蓝舌病病毒引起的，以库蠓为传播媒介的反刍动物的一种非接触性传染病。主要发生于绵羊，其临床特征为发热，消瘦，白细胞减少，口、鼻和胃黏膜有溃疡性炎症变化，并可发生肌炎和蹄冠炎，且口腔黏膜及舌发绀。我国农业农村部已将该病定为一类动物疫病。

1. 病原

蓝舌病病毒属呼肠孤病毒科环状病毒属，病毒颗粒呈圆形，病毒基因组为双链 RNA，无囊膜。蓝舌病病毒对外界抵抗力较强，可耐干燥和腐败。其在 50％甘油内于室温下可以保存数年；60℃ 30 分钟不能完全灭活；对乙醚、氯仿有抵抗力；对胰蛋白酶、3％氢氧化钠溶液和 2％过氧乙酸溶液敏感。

2. 流行病学

蓝舌病呈地方性流行，一般发生于 5～10 月，多发生于湿热的夏季和秋季，特别是池塘、河流较多的低洼地区。其发生和分布与库蠓的分布、习性和生活史密切相关。病羊和带毒的动物是该病主要的传染源，在疫区临床健康的羊只也可能携带病毒成为传染源。该病主要通过库蠓传递，当库蠓吸吮带毒动物的血液后，病毒就在虫体内繁殖，当再次叮咬绵羊和牛时，即可发生传染。

3. 临床症状

该病潜伏期为 3～8 天。病畜体温升高达 40～42℃，稽留 2～6 天，同时白细胞数也明显降低。高温稽留后体温降至正常，白细胞数也逐渐回升至正常生理范围。病羊精神委顿、厌食、流涎，嘴唇水肿，并蔓延至面部、眼睑、耳、颈部和腋下（见图 10-11）。口腔黏膜和舌头充血、糜烂，严重病例舌头发绀，呈现出蓝舌病特征症状（见图 10-12）。有的蹄冠和蹄叶发炎，呈现跛行，在蹄、腕、跗趾间的皮肤上有发红区，靠近蹄部较严重（见图 10-13）。病羊消瘦、衰弱，有的发生便秘或腹泻，甚至便中带血，孕羊可发生流产，胎儿脑积水或先天畸形。病程为 6～14 天，发病率 30%～40%，病死率 2%～30%。该病多因并发肺炎和胃肠炎引起死亡。

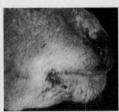

图 10-11 蓝舌病病羊临床症状（一）

病羊面部严重水肿，流涎（左图）；病羊面部和鼻腔充血、水肿（中图）；

病羊吻突部和鼻周围充血、出血和糜烂（右图）

图 10-12 蓝舌病病羊临床症状（二）

病羊的舌头充血、糜烂（左图）；病羊口腔黏膜、舌头充血、糜烂，舌头呈蓝色（右图）

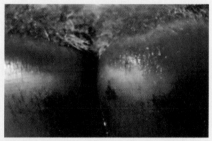

图 10-13 蓝舌病病羊临床症状（三）

病羊严重跛行（左图）；急性型病羊冠状带和临近的蹄部有充血和瘀点（右图）

4. 病理变化

病羊以舌发绀，舌及口腔充血、淤血，鼻腔、胃肠道黏膜发生水肿及溃疡为特征。可见整个口腔黏膜出现糜烂，皮肤及黏膜有小出血点，尤其在毛囊的周围出血和充血，皮下组织充血及胶样浸润，肌纤维变性，肌间有浆液和胶样浸润。心包积液，心肌、心内膜、呼吸道、泌尿道黏膜都有针尖大小的出血点（见图 10-14）。

5. 诊断

通过动物试验、病毒分离和血清学试验进行确诊；注意鉴别诊断（见表 10-4）。

图 10-14 蓝舌病病羊病理变化

病羊上唇黏膜皮肤结合部的出血和糜烂（左图）；病羊口腔和舌部黏膜发绀（中图）；
食管沟和部分瓣胃皱褶黏膜坏死（右图）

表 10-4　蓝舌病鉴别诊断

名称	口蹄疫	传染性脓疱
鉴别要点	口蹄疫为高度接触传染性疾病，牛、猪易感性强，感染发病后临床症状典型而明显。蓝舌病则主要通过库蠓叮咬传播，且蓝舌病毒不感染猪，人工接种不能使豚鼠感染。口蹄疫的糜烂性病理损害是由于水疱破溃而发生，蓝舌病虽有上皮脱落和糜烂，但不形成水疱	传染性脓疱在羊群中以幼龄羊发病率为高，患病羊口唇、鼻端出现丘疹和水疱，破溃以后形成疣状厚痂，痂皮下为增生的肉芽组织。病羊特别是年龄较大的羊，一般不显严重的全身症状，无体温反应。采集局部病变组织进行电镜负染检查，可发现呈现线团样编织构造的典型羊口疮病毒

6. 防制

（1）预防措施　羊群放牧要选择高地，减少感染机会，防止在潮湿地带露宿；定期进行消毒、驱虫（依维菌素注射液定期皮下注射），消灭库蠓（羊舍装窗纱、灭蚊灯、圈舍墙壁和纱窗喷洒卫害净悬浮剂或其它杀虫剂，也可在蚊虫滋生季节用敌敌畏等农药加入锯末中熏烟杀虫）；做好圈舍和牧地的排水工作。免疫接种。选用鸡胚化弱毒疫苗或牛肾脏细胞致弱的组织苗，半岁以上的羊按说明用量皮下注射，10天后产生免疫力，免疫期1年。生产母羊应在配种前或怀孕后3个月内皮下注射。成年绵羊每一年1次肌内注射。羔羊6月龄后皮下注射。

（2）治疗措施　发现该病及时扑杀，并做好隔离消毒等工作。经有关部门许可，贵重动物可在严格隔离下治疗。该病无特效药物，对病羊精心护理，隔离饲养，饲喂柔软易消化的饲草，进行对症治疗。

【处方】①0.1％高锰酸钾溶液 500 毫升，冲洗口腔。碘甘油或冰硼散适量，涂抹或撒布溃烂面。②3％来苏尔溶液 500 毫升，蹄部冲洗，碘甘油或土霉素软膏，蹄部涂抹，绷带包扎。③丙二醇或甘油 30毫升、维 D₂ 磷酸氢钙片 30～60 片、干酵母片 30～60 克，加水胃管投服或瘤胃注入，每日 1～2 次，连用 3～5 日。④5％葡萄糖氯化钠注射液 500 毫升、氨苄青霉素 50～100 毫克/千克体重、10％安钠咖注射液5～20 毫升、10％葡萄糖注射液 500 毫升、维生素 C 注射液 0.5～1.5克，静脉注射，每日 1 次，连用 3 日。

五、梅迪-维斯纳病

梅迪-维斯纳病是由梅迪-维斯纳病毒引起成年绵羊和山羊的一种不表现发热症状的接触性传染病。其临床特征为经过一个漫长的潜伏期之后，表现间质性肺炎或脑膜炎，病羊衰弱、消瘦，最终死亡。梅迪是以呼吸困难或消瘦等为主要特征的慢性进行性肺炎，维斯纳是以神经症状为主要特征的脑脊髓炎。

1. 病原

病原为反录病毒科慢病毒属的梅迪-维斯纳病毒，含单股 RNA，成熟病毒粒子呈圆形或卵圆形，有囊膜，其表面有纤突，核芯存在反转录酶。该病毒对乙醚、乙醇、氯仿、过碘酸盐和蛋白酶敏感，在pH7.2～9.2 最为稳定，50℃只存活 15 分钟。4％石炭酸溶液、0.1％福尔马林和 50％酒精均易使其失去活性。

2. 流行病学

该病多呈散发，发病率因地区的不同而异，病死率可能高达100％。绵羊最易感，多见于 2 岁以上的成年绵羊，山羊也可感染。该病的潜伏期为 2 年或更长。传染源主要为病羊及带毒羊，羊一旦感染即终生带毒。病羊所排出的唾液、鼻汁、粪便等含有病毒，通过消化道、呼吸道和皮肤传播，或经胎盘和乳汁垂直传播，吸血昆虫也可能成为传播媒介。

3. 临床症状

（1）梅迪（呼吸道型）　多见于 3～4 岁成年羊。病羊发生进行性肺部损害，然后出现逐渐加重的呼吸道临诊症状。但病情发展非常缓慢，常经过数月或数年。早期病羊易落群，病情恶化时，呼吸困难，体重不断下降，消瘦和衰弱，病羊常保持站立姿势。听诊肺的背侧有啰音，叩诊肺的腹侧发浊音。体温一般正常。病羊常由于缺氧和并发急性细菌性肺炎死亡。

（2）维斯纳（神经型） 多见于两岁以上的绵羊。病羊常落群，后肢易失足、发软。体重减轻，随后跗关节不能伸直，常用跖骨后段着地。四肢逐渐麻痹，行走困难。有时唇和眼睑震颤。头微偏向一侧，然后出现偏瘫或完全麻痹。自然和人工感染病例的病程均很长，通常为数月，有的可达数年。病程有时呈波浪式，中间出现轻度缓解，但终归死亡。

4. 病理变化

（1）梅迪（呼吸道型） 病理变化主要见于肺和肺淋巴结。病肺体积和重量比正常肺大 2～4 倍，不塌陷，各叶之间以及肺和胸壁粘连，肺组织致密，质地如肌肉，呈淡灰色或暗红色，触摸有橡皮感，以膈叶变化最重。有的肺小叶间隔增宽，呈暗灰细网状花纹，在网眼中显出针尖大小暗灰色小点。肺的切面干燥。支气管淋巴结增大，重量增加，切面均质发白。胸膜下散在许多针尖大小、半透明、暗灰白色的小点，严重时突出于表面（见图 10-15）。

  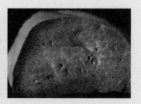

图 10-15 梅迪-维斯纳病病羊病理变化

肺肿大、不塌陷，表面密布灰黄色小颗粒状病灶（左图）；肺表面呈灰白色细花纹状间质增生性病灶（中图）；肺切面见灰白色小点（右图）

（2）维斯纳（神经型） 剖检无特异变化。病期很长的，其后肢肌肉经常萎缩。少数病例脑膜充血，白质切面有灰黄色小斑。中枢神经初期在脑膜下和脑室膜下出现浸润和网状内皮系统细胞增生。病重羊的脑、脑干、脑桥、延髓及脊髓的白质发生广泛性损害。胶质细胞浸润可融成较大病灶，具有坏死和形成空洞的趋势。

5. 诊断

可结合病毒分离、病毒颗粒的电镜观察，以及血清学试验确诊。

6. 防制

该病目前尚无疫苗和有效的治疗方法。防制该病的关键在于防止健康羊接触病羊。加强进口检疫，对病羊全部扑杀，严格消毒。定期对羊群进行血清学检测，及时淘汰有临床症状及血清学阳性的羊及其后代，培育健康后备羊群。

六、山羊病毒性关节炎-脑炎

山羊病毒性关节炎-脑炎是由山羊关节炎-脑炎病毒引起山羊的一种进行性、慢性消耗性传染病。其临床特征为羔羊脑炎、成年羊关节炎、间质性肺炎和硬结性乳腺炎。

1. 病原

病原为反转录病毒科慢病毒属的山羊关节炎-脑炎病毒。病毒的形态结构和生物学特征与梅迪-维斯纳病毒相似，病毒粒子呈球形，直径80～100纳米，有囊膜，含单股RNA。该病毒对外界环境的抵抗力不强，56℃10分钟可被灭活，低于pH4.2条件下可迅速死亡。常规消毒剂一般浓度均可将其杀灭。

2. 流行病学

该病仅在山羊间相互感染，无年龄、性别、品系间差异。一年四季均可发病，呈地方流行性。病山羊和隐性感染的山羊是主要传染源。该病可由直接接触感染，或经乳汁、唾液、粪尿及呼吸道分泌物传播。感染途径以消化道为主，也可能通过生殖道和呼吸道感染。

3. 临床症状

（1）脑脊髓炎型　主要发生于2～4月龄山羊羔，育成羊和成年羊也有发病。有明显的季节性，多发生于3～8月，与晚冬和春季产羔有关。羔羊一般无体温变化。病初病羊精神沉郁，跛行，共济失调（见图10-16），一侧后肢不敢负重，反射亢进，之后，后肢甚至四肢轻瘫，转圈，头部抽搐和震颤，角弓反张，斜颈，有的还出现四肢划动，有时面神经麻痹，舌咽困难或双目失明。病程半个月至1年。个别耐过病例留有后遗症。少数病例兼有肺炎或关节炎症状。

图 10-16 病羊共济失调

（2）关节炎型　主要发生于1岁以上的成年山羊，病程1～3年。典型症状是腕关节肿大和跛行，即所谓的"大膝病"［见图10-17（左图）］。膝关节和跗关节也可患病。病情逐渐加重或突然发生。病初关节周围软组织水肿、湿热、波动、疼痛，有轻重不一的跛行，进而关节肿大如拳，活动不便，常见前膝跪地爬行［见图10-17（右图）］。有时病羊肩前淋巴结肿大。穿刺检查关节液呈黄色或粉红色。

（3）间质性肺炎型　该类型较少见。无年龄限制，主要见于成年山羊，病程3～6个月。患羊进行性消瘦，咳嗽，呼吸困难，胸部叩诊有浊音，听诊有湿啰音。如无细菌继发感染，则无体温反应。

（4）硬结性乳腺炎型　主要见于哺乳母羊。多发生于分娩后的1～3天，乳房坚实或坚硬、肿胀，少乳或无乳，无全身反应（见图10-18）。采集乳腺炎病例的乳汁经细菌检测无细菌感染。个别羊的产奶量可恢复到正常。

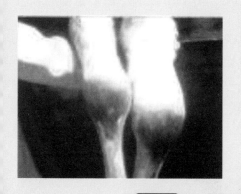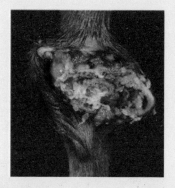

图 10-17 关节炎型病羊临床症状

关节炎型。腕关节肿大和跛行，即所谓的"大膝病"（左图）；

关节周围软组织炎症（右图）

图 10-18 病羊乳房坚硬肿胀，泌乳减少

4. 病理变化

主要病理变化见于中枢神经系统、四肢关节及肺脏，其次是乳腺。脑和脊髓病理变化主要发生于小脑和脊髓的白质，在前庭核部位将小脑与延脑横断，可见一侧脑白质中有 5 毫米大小的棕红色病灶。患病关节周围软组织肿胀，有波动，皮下浆液渗出，关节囊肥厚，滑膜常与关节软骨粘连。关节腔扩张，充满黄色或粉红色液体，其中悬浮纤维蛋白条索或血凝块。滑膜表面光滑，或有结节状增生物。慢性

病例，透过滑膜常可见到软组织中有钙化斑。肺脏轻度肿大，质地坚实，表面散在灰白色小点，切面有大叶性或斑块状实变区。支气管淋巴结和纵隔淋巴结肿大，支气管空虚或充满浆液及黏液（见图10-19）。乳腺在感染初期，血管、乳导管周围及腺叶间有大量淋巴细胞、单核细胞和巨噬细胞浸润，随后出现大量浆细胞，间质常发生局灶性坏死。少数病例，肾脏表面有直径1～2毫米的灰白色小点，镜检可见广泛性的肾小球性肾炎。

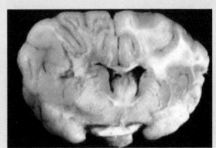

图 10-19 肺脏和支气管病变

5. 诊断

确诊需进行病原分离鉴定和血清学试验。

6. 防制

该病目前尚无疫苗和有效治疗方法。加强进口检疫，禁止从疫区（疫场）引进种羊，引进种羊前，应先做血清学检查，运回后隔离观察1年，其间再做两次血清学检查（间隔半年），均为阴性才可混群。对感染羊群应采取检疫、扑杀、隔离、消毒和培育健康羔羊群的方法进行净化。

七、绵羊肺腺瘤病

绵羊肺腺瘤病（绵羊肺癌或驱赶病）是由绵羊肺腺瘤病病毒引起的一种慢性接触性传染性肺癌。其临诊特征为咳嗽、呼吸困难、消瘦、大量浆液性鼻液、Ⅱ型肺泡上皮细胞和无纤毛细支气管上皮细胞发生肿瘤性增生。

1. 病原

该病的病原为绵羊肺腺瘤病病毒，属于反转录病毒科乙型反转录病毒属，含线性单股负链 RNA，直径为 74 纳米，具有囊膜。该病毒抵抗力不强，56℃ 30 分钟可使其灭活，对氯仿和酸性环境很敏感，普通消毒剂的常规浓度即可将其杀死。该病毒在−20℃条件下可在病肺细胞里存活几年。

2. 流行病学

该病呈散发或呈地方性流行，寒冷季节病情严重，可因放牧中赶路而加重，故称为驱赶病。主要感染成年羊，尤其是 3～5 岁的羊，6 月龄以下的羔羊罕见。感染羊群发病率 2%～4%，死亡率为 100%。几乎所有养羊国家和地区（澳大利亚和新西兰除外）都有该病的发生和流行。病羊是该病的主要传染源。病原主要经呼吸道传染给易感羊，尤其在气喘或咳嗽时，病毒随唾液或气流散布在空气和自然界中，临近的羊只吸入这种感染性气溶胶造成感染。

3. 临床症状

该病潜伏期为 6～9 个月。感染初期，羊只不易发现异常，当剧烈运动或长途驱赶时，羊只呼吸加快。病羊为获得氧气，头伸直，鼻孔扩张。后期经常咳嗽，当患羊低头或将患羊后肢抬高（即手推车试验），可见有大量泡沫状、稀薄的黏液样液体从鼻孔流出。听诊肺区有湿性啰音，叩诊肺区有数量不等的浊音区。个别病例机体衰竭、消瘦、贫血，但仍保持站立姿势，躺卧时呼吸更加困难。病羊体温正常。病程长短不一，几个月或数年。

4. 病理变化

特征性病理变化主要在肺脏。肺泡里出现由立方上皮细胞构成的小结节，质地坚实，是上皮细胞性的腺瘤，常见于肺的前部和腹侧（见图10-20）。密集的结节融合后形成边缘不整的大结节。其次是细支气管周围淋巴结显著肿大。病的后期，肺的切面有水肿液流出。

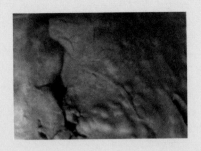

图 10-20 肺脏表面散在许多大小不等的灰白色肺腺瘤结节状病灶

5. 诊断

采集血清进行血清学试验确诊。

6. 防制

该病尚无有效疗法。应严格引种制度，发现该病应立即扑杀病羊、隔离发病羊群、严格消毒等。

八、炭疽

炭疽是由炭疽杆菌引起人畜共患的一种急性、热性、败血性传染病。其临诊特征为突然发病、高热稽留，脾脏显著肿大，皮下及浆膜下结缔组织出血浸润，血液凝固不良、呈煤焦油样。

1. 病原

病原为炭疽杆菌，革兰氏染色阳性，菌体两端平直，无鞭毛。该菌繁殖体抵抗力不强，60℃ 30～60 分钟即可杀死。一旦繁殖体形成芽孢体，则其抵抗力极强，在干燥的土壤中可存活数十年之久，煮沸15～25 分钟或高压灭菌 121℃ 5～10 分钟方可杀死该菌。20％漂白粉、5％～10％福尔马林、0.5％过氧乙酸溶液和 10％氢氧化钠溶液杀灭效果好，该菌对青霉素、四环素类以及磺胺类药物敏感。

2. 流行病学

炭疽常呈地方性流行。该病的发生有一定的季节性，多发生于

6～8月，也可常年发病。特别是在干旱或多雨、洪水泛滥和吸血昆虫滋生等环境下都可促进炭疽暴发。病畜是主要的传染源，主要由消化道、呼吸道及皮肤伤口感染，也可由吸血昆虫的叮咬传染。

3. 临床症状

该病多为最急性，突然发病，患羊昏迷，眩晕，摇摆，倒地，呼吸困难，结膜发绀，全身战栗，磨牙，口、鼻流出血色泡沫，肛门、阴门流出血液，且不易凝固，数分钟即可死亡（见图10-21）。在病情缓和时，羊兴奋不安，行走摇摆，呼吸加快，心跳加速，黏膜发绀，后期全身痉挛，天然孔出血，经数分钟至数小时内即可死亡。

图 10-21 羊突然倒地死亡，口鼻流血

4. 病理变化

炭疽病的病死羊禁止解剖，只有在具备严格的防护、隔离、消毒条件下，方可剖检。尸体迅速腐败而极度膨胀，天然孔流血，血液呈酱油色煤焦油样，凝固不良。可视黏膜发绀或有点状出血，尸僵不全。超急性病例，脾脏不肿大，表面有大量出血点；急性病例脾脏明显肿大，皮下和浆膜下结缔组织呈现出血性胶样浸润；肾脏肿大、出血（见图10-22）。

5. 诊断

可疑炭疽的病羊禁止剖检，病羊生前采取静脉血液（耳静脉），死羊可从末梢血管采血涂片。必要时可做局部解剖，采取小块脾脏，然后将切口用0.2%升汞或5%石炭酸浸透的棉花或纱布塞好。涂片用瑞氏液或亚甲蓝液染色，显微镜下观察发现带有荚膜的单个、成双或短链的粗大杆菌即可确诊。有条件时可进行细菌分离和环状沉淀反应（阿斯卡利试验）。

图 10-22 超急性病例，脾脏表面有大量出血点（左图）；
脾出血，肿大，柔软，切面呈黑色（中图）；
肾肿大，出血，瘀血、变性（右图）

羊炭疽和羊快疫、羊肠毒血症、羊猝狙、羊黑疫在临诊症状上相似，都是突然发病，病程短促，很快死亡，应注意鉴别诊断。

羊快疫用病羊肝被膜触片，亚甲蓝染色，镜检可发现无关节长链状的腐败梭菌；羊肠毒血症在病羊肾脏等实质器官内可见 D 型产气荚膜梭菌，在肠内容物中能检出产气荚膜梭菌 ε 毒素；羊猝狙用病羊体腔渗出液和肝脏抹片，可见 C 型产气荚膜梭菌，从小肠内容物中能检出产气荚膜梭菌 β 毒素；羊黑疫用羊肝脏坏死灶涂片，可见两端钝圆、粗大的 B 型诺维梭菌。

6. 防制

（1）预防措施　在疫区或常发地区，每年对易感动物进行预防注射（羊 1 岁以内不注射），常用的疫苗有无毒炭疽芽孢苗（绵羊 0.5 毫升，皮下注射）和 II 号炭疽芽孢苗（山羊和绵羊 1 毫升，皮下注射），接种 14 天后产生免疫力，免疫期为 1 年。

（2）发病后措施　发现病羊，立即将病羊和可疑羊进行隔离，迅速上报有关部门，尸体禁止剖检和食用，应就地深埋；病死动物躺过的地面应除去表土 15～20 厘米，并与 20% 漂白粉混合深埋，环境严格消毒，污物用火焚烧，相关人员加强个人防护。已确诊的患病动物，一般不予治疗，而应严格销毁。如必须治疗时，应在严格隔离和防护条件下进行。

【处方1】抗炭疽高免血清，预防剂量 16～20 毫升，治疗剂量 50～120 毫升，皮下或静脉注射，每日 1 次，连用 2 次。青霉素 5 万～10 万单位/千克体重、链霉素 10～15 毫克/千克体重、注射用水 10～20 毫升，肌内注射，每日 1～2 次，连用 3～5 日。

【处方2】青霉素 500 万～1000 万单位/只、生理盐水 500 毫升，静脉注射，每日 2 次，连用 3～5 日。庆大霉素注射液 1～1.5 毫克/千克体重，肌内注射，每日 2 次，连用 3～5 日。

【处方3】10％葡萄糖注射液 500 毫升、磺胺嘧啶钠注射液 70～100 毫克/千克体重，静脉注射，每日 2 次，连用 3～5 日。

九、布鲁氏菌病

布鲁氏菌病（布氏杆菌病，简称"布病"）是由布鲁氏菌引起人畜共患的一种慢性传染病。其临床病理特征为生殖器官和胎膜发炎，引起流产、不育和一些器官的局部增生性病变。

1. 病原

布鲁氏菌为革兰氏染色阴性小球杆菌，无鞭毛，不能产生芽孢。羊布鲁氏菌病的病原主要有马耳他布鲁氏菌（又称羊布鲁氏菌，绵羊和山羊易感）、绵羊布鲁氏菌（绵羊易感）和流产布鲁氏菌（又称牛布鲁氏菌，牛易感，羊也有一定易感性）等。该菌的抵抗力较强，在土壤和水中可存活 72～114 天，在乳汁内存活 60 天，在粪尿中存活 45 天，在冷暗处的胎儿体内可存活 6 个月。其对湿热的抵抗力弱，60℃ 30 分钟、70℃ 5～10 分钟即死亡。在 0.1％新洁尔灭溶液 5 分钟，1％～3％石炭酸溶液、2％～3％来苏尔溶液、0.1％升汞溶液、2％氢氧化钠溶液 1 小时，5％新鲜石灰乳 2 小时，2.5％～5％福尔马林 3 小时，均可杀死该菌。该菌对链霉素、卡那霉素、庆大霉素等敏感，但对青霉素不敏感。

2. 流行病学

山羊最易感，母羊比公羊易感，成年羊比幼龄羊易感。传染源为病羊和带菌羊。尤其是患该病的妊娠母羊，在流产时随胎儿、胎衣、羊水和阴道分泌物等排出大量病原菌。在病羊流产的前后随乳汁排菌。病公羊的精液中也含有大量的病原菌，随配种而传播。布鲁氏菌可经消化道、破损皮肤和黏膜侵入机体，也可通过交配经生殖道传染。

3. 临床症状

多数病例为隐性感染。妊娠羊发生流产是该病的主要症状［见图10-23（左图）］，但不是必有的症状。流产多发生在妊娠后的3～4个月内。有时病羊发生关节炎和滑液囊炎而致跛行。公羊可发生化脓性坏死性睾丸炎和附睾炎，睾丸肿大，后期睾丸萎缩［见图10-23（右图）］。少部分病羊发生角膜炎和支气管炎。有的病例出现体温升高和后肢瘫痪。

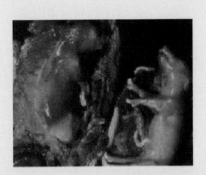

图 10-23 布鲁氏菌病病羊临床症状

妊娠母羊流产（左图）；公羊可发生化脓性坏死性睾丸炎和附睾炎，
睾丸肿大，后期睾丸萎缩（右图）

4. 病理变化

常见胎衣部分或全部呈黄色胶样浸润，其中有部分覆有纤维蛋白和脓液，胎衣增厚并有出血点。流产胎儿主要为败血症病变，浆膜和黏膜有出血点、出血斑，皮下和肌肉间发生浆液性浸润，脾脏和淋巴肿大，肝脏中出现坏死灶。公羊的精索肿胀，阴囊总鞘膜积水，睾丸上移（见图10-24）。

图 10-24 布鲁氏菌病病羊病理变化

母羊流产的胎盘，子叶出血、坏死（左图）；公羊的精索肿胀，
阴囊总鞘膜积水，睾丸上移（右图）

5. 诊断

采集流产材料进行细菌分离鉴定或进行血清学试验诊断。

6. 防制

（1）预防措施

① 创建无病羊群。坚持自繁自养，必须引种时，严格检疫后，隔离饲养 2 个月，确认安全，才可混群。羊群每年检疫 1～2 次，发现带菌羊，及时淘汰（或隔离饲养），培养健康羊群（可从羔羊断奶后开始检疫和淘汰来建立）。做好平时的隔离和消毒工作。

② 免疫接种。布鲁氏菌病活疫苗（S2 株），用于预防山羊、绵羊、猪和牛的布鲁氏菌病。山羊每头 25 亿活菌，绵羊每头 50 亿活菌，皮下或肌内注射；也可口服免疫，山羊和绵羊不论年龄大小，每头一律口服 100 亿活菌，免疫持续期羊为 3 年。布鲁氏菌病活疫苗（M5 株），用于预防牛、羊布鲁氏菌病，羊 10 亿活菌，皮下注射，配种前 1～2 个月进行，孕羊禁用，免疫持续期为 1.5 年。

③ 防止职业人群感染。凡在动物养殖场（特别是接产人员）、屠宰场、动物产品加工厂的工作者，以及兽医、实验室工作人员，必须严格遵守防护制度，防止人感染该病（症状有持续低热、关节炎、生殖器官感染等），必要时可用疫苗皮上划痕接种。

（2）发病后措施　发现疑似病羊，立即向有关部门报告。病羊污染的圈舍等严格消毒，尸体焚烧处理。

【处方1】 20%长效土霉素注射液，0.05~0.1毫升/千克体重，肌内注射，每日或隔日1次，连用7次。链霉素10~15毫克/千克体重、注射用水5~10毫升，肌内注射，每日2次，连用7日。

【处方2】 5%氟苯尼考注射液，5~20毫克/千克体重，每日或隔日1次，连用7次。

【处方3】 复方新诺明片20~25毫克/千克体重、碳酸氢钠片2克，加水灌服，每日2次，连用3~7日。庆大霉素注射液8万~12万单位，肌内注射，每日2次，连用7日。

十、破伤风

破伤风又被称为强直症，俗称锁口风，是由破伤风梭菌经伤口深部感染引起的一种急性中毒性人畜共患病。临诊特征为运动神经中枢兴奋性增高和持续的肌肉痉挛。该病分布广泛，多呈散发。

1. 病原

病原为破伤风梭菌，是一种大型厌氧性革兰氏染色阳性杆菌，多单个存在，两端钝圆，菌体正直或稍弯曲，多数菌株有周身鞭毛，能运动，不形成荚膜。该菌在动物体内和培养基内均可产生几种破伤风毒素，主要是痉挛毒素（是一种神经毒素，毒性强，对热敏感），其次是溶血毒素和非痉挛毒素。该菌繁殖体抵抗力不强，10%碘酊、10%漂白粉及3%双氧水约10分钟可将其杀死。该菌对青霉素敏感，磺胺类药次之，链霉素对其无效。

2. 流行病学

病原在自然界中广泛存在，羊经创伤感染破伤风梭菌后，如果创口内具备缺氧条件，病原就会在创口内生长繁殖产生毒素，作用于中枢神经系统而发病。常见于外伤、阉割和脐部感染。在临诊上有不少病例往往找不出创伤，这种情况可能是在破伤风潜伏期中创伤已经愈合，也可能是经胃肠黏膜的损伤而感染。

3. 临床症状

病初症状不明显，羊只表现起卧困难，精神呆滞。随着病情的发展，四肢逐渐强直，运步困难，头颈伸直，角弓反张，肋骨突出，牙关紧闭、流涎，尾直，常有轻度腹胀，先腹泻后便秘。体温一般正常，仅在临死前上升至 42℃ 以上，死亡率很高。无特征性病理变化。

4. 诊断

可从创伤感染部位取样，进行细菌分离和鉴定，结合动物试验进行诊断。

5. 防制

(1) 预防措施

① 严格处理伤口，防止感染。加强饲养管理，防止发生外伤，如果发生外伤，尽快用 0.1% 新洁尔灭溶液等清洗，然后涂抹 2%～5% 碘酊。羔羊断脐或进行各种手术时，注意消毒，涂抹 2%～5% 碘酊或撒布青霉素粉。母羊产后可用青霉素进行子宫灌注和肌内注射防止产道感染。

② 免疫预防。该病常发的羊场，可注射破伤风类毒素，山羊、绵羊皮下注射 0.5 毫升，平时注射 1 次即可，受伤时再注射 1 次。

(2) 发病后措施　将病羊置于僻静、较暗的圈舍内，避免惊动。给予易消化的饲料和充足的饮水。

【处方】①处理病灶。伤口及时扩创，彻底清除伤口内的坏死组织，用 0.1% 新洁尔灭溶液冲洗干净，注入 3% 双氧水，再用 0.1% 新洁尔灭溶液冲洗，然后灌注 5%～10% 碘酊或 10%～20% 青霉素溶液。也可用 0.1% 高锰酸钾溶液处理伤口。伤口处理后不包扎。②破伤风抗毒素（血清），预防量 1200～3000 单位，治疗量 5000～20000 单位，皮下或肌内注射，也可以配合 5% 葡萄糖氯化钠注射液 100～500 毫升，静脉注射，每日 1 次，连用 2～4 次。③25% 硫酸镁注射液 5～20 毫升，肌肉痉挛时皮下或肌内注射，每日 1～2 次，连用 2～4 日。④丙二醇或甘油 20～30 毫升、维 D_2 磷酸氢钙片 30～60 片、干酵母片 30～60 克，成年羊加水灌服，每日 2 次，连用 3～5 日。羔羊可饮用口服补液盐水。

十一、沙门菌病

羊沙门菌病是由羊流产沙门菌、都柏林沙门菌和鼠伤寒沙门菌引起的传染病。其临床特征为妊娠母羊流产（羊流产沙门菌感染），羔羊发生急性败血症和下痢（都柏林沙门菌和鼠伤寒沙门菌感染）。其主要引发绵羊流产和羔羊副伤寒两种病，有地方流行性。

1. 病原

沙门菌是肠杆菌科中的一个重要成员，是一种革兰氏阴性的小杆菌，两端钝圆。该菌对干燥、腐败、日光等因素具有一定的抵抗力，在水、土壤和粪便中能存活几个月，但不耐热。一般消毒药均能迅速将其杀死。

2. 流行病学

该病无季节性。孕羊流产多发生于晚秋和早春，幼羊比成年羊易感。患病动物和带菌动物为主要传染源，可通过消化道、呼吸道和生殖道感染。

3. 临床症状

（1）下痢型（羔羊副伤寒）　多见于 7～15 日龄的羔羊，也见于 2～3 日龄的羔羊。病羔体温升高达 40～41℃，食欲减退，严重腹泻，排黏性带血稀便、有恶臭，精神委顿，虚弱，低头，拱背，继而倒地，病羔往往死于败血症或严重脱水。有的出现肺炎和关节炎症状。病羔耐过后，生长发育缓慢，甚至变为侏儒羊。发病率约 30%，死亡率约 25%。

（2）流产型　病羊阴唇肿胀，流产前 1～2 天常流出带血黏液，体温升至 40～41℃，厌食，精神委顿，步态僵硬。母羊多在妊娠最后的 4～6 周发生流产，如果不发生产后感染，母羊不表现明显的症状。部分羊有腹泻症状，羊群流产一般在两周以内结束，流产率达 60% 左右。母羊流产以后身体消瘦，阴道常排出有黏性带有血丝或血块的分泌物。有的病羊可产下活羔，但羔羊多衰弱、委顿、卧地，并可有腹泻，粪便气味恶臭，多数羔羊表现拒食，往往于 1～7 天死亡。病母羊也可在流产后或无流产的情况下死亡。

4. 病理变化

下痢型病羔，尸体消瘦，皱胃与小肠黏膜充血、出血，肠道内容物稀薄如水，肠系膜淋巴结肿大，脾脏充血，心外膜与肾皮质有小出血点。流产胎儿和胎盘一般比较新鲜，胎儿皮下水肿，肝、脾肿胀，有灰色病灶，胸腔和腹腔积有大量液体，内脏浆膜有纤维素性渗出，心外膜和肺脏出血。母羊发生急性子宫炎，子宫肿胀，常含有坏死组织、浆液渗出物和滞留的胎盘。

5. 诊断

确诊要进行细菌分离鉴定。

6. 防制

（1）预防措施　定期进行检疫，发现病羊应及时淘汰，注意圈舍、饲料和饮水的卫生消毒工作。羔羊生后及早吃初乳，并注意保暖，发病羊群也可在隔离条件下，全群肌内注射氟苯尼考注射液进行预防。有条件时可注射疫苗。

（2）发病后措施　治疗原则为抗菌及对症治疗。

【处方1】5％氟苯尼考注射液，5～20毫克/千克体重，肌内注射，每日或隔日1次，连用3～5次。

【处方2】20％长效土霉素注射液，0.05～0.1毫升/千克体重，肌内注射，每日或隔日1次，连用3～5次。

【处方3】复方新诺明片20～25毫克/千克体重、碳酸氢钠片0.5～2克、硅炭银片2～10片、次硝酸铋片2～10片、颠茄片2～10毫克，加水内服，每日2次，连用3～5。羔羊配合口服补液盐饮水。

【处方4】环丙沙星注射液2.5～5毫克/千克体重、5％葡萄糖氯化钠注射液100～500毫升，静脉注射，每日1～2次，连用5日。甲硝唑注射液，10毫克/千克体重，母羊产后静脉注射，每日1次，连用3日。青霉素160万单位、链霉素100万单位、蒸馏水20毫升，母羊产后子宫内灌注，每日2次，连用3日。

十二、巴氏杆菌病

巴氏杆菌病又称出血性败血症，是一种主要由多杀性巴氏杆菌引起各种畜禽共患的传染病的总称。羊巴氏杆菌病多见于羔羊，绵羊发病较重。其临诊特征为急性病例发热、流鼻液、咳嗽、呼吸困难、败血症、肺炎、炎症出血和皮下水肿。

1. 病原

病原为多杀性巴氏杆菌或溶血性巴氏杆菌,革兰氏染色阴性。该菌抵抗力不强,在干燥的空气中2～3天死亡,在圈舍内可以存活一个月,易被普通的消毒药或紫外线灭活。3％石炭酸、3％福尔马林、10％石灰乳、0.5％～1％氢氧化钠溶液及2％来苏尔经1～2分钟可将其灭活。

2. 流行病学

该病无明显季节性,多散发,也可呈地方流行性。多发生于羔羊和绵羊,各种年龄的绵羊均易感,山羊也易发生,多呈慢性经过。该病主要经消化道、呼吸道传染,也可通过吸血昆虫叮咬或经皮肤、黏膜的创伤感染。羊群过大、大小混养、饲养不良、忍受饥饿、气候剧变、寒冷、闷热、挨淋、潮湿、通风不良、拥挤、运输、寄生虫病侵袭等因素作用时,机体抵抗力降低,可诱发该病。

3. 临床症状

(1) 绵羊　最急性型多见于哺乳羔羊,1日龄羔羊即可发病,发病突然,表现为寒战、虚弱、呼吸困难,往往呈一过性发作,在数分钟或数小时内死亡。急性型病羊精神极度沉郁,食欲废绝,体温升高至41～42℃。呼吸短促,咳嗽,鼻孔常有出血,并流出黏性分泌物。眼结膜潮红,有黏性分泌物,有时在颈部、胸下部发生水肿。初期便秘,后期腹泻,有时粪便呈血水样。病羊常在严重腹泻后虚脱而死,病程2～5天。慢性型病羊食欲减退,消瘦,咳嗽,流出黏脓性鼻液,呼吸困难。伴发角膜炎。有时在颈部、胸下部发生水肿。病羊腹泻,粪便恶臭。临死前极度衰弱,四肢厥冷,体温下降,病程可达21天。

(2) 山羊　体温轻度升高,食欲不振,流出黏液性鼻液,长期咳嗽,营养不良,如不及时治疗,常发生大叶性肺炎,病程10天左右。

4. 病理变化

最急性型和急性型剖检病羊可见颈部、胸部皮下胶样水肿和出血,全身淋巴结水肿、出血。气管和支气管黏膜充血、出血,含多量粉红色泡沫状液体，肺脏明显淤血、出血和水肿，有时可见多发性的暗红色坏死灶，病灶中心呈灰白色或黄色，胸腔内有淡黄色渗出物。个别羔羊肾脏严重出血，呈黑红色。肝脏也常散在黄色病灶，周围有红晕（见图10-25）。皱胃和盲肠黏膜水肿、出血和溃疡。慢性型颈部、胸部皮下胶样水肿，病变主要在胸腔，呈现纤维素性肺炎变化，常有胸膜炎和心包炎，肺炎区主要发生于一侧或两侧尖叶、心叶和膈叶前缘，炎症区域大小不一，呈灰红色或灰白色，其中散布一些边缘不整齐的坏死灶或化脓灶。

图 10-25 肝周炎

5. 诊断

急性病羊可无菌采取血液及黏液，尸体可取心血、肺脏、肝、肾、脾或体腔渗出物等涂片，染色镜检，可见大量的革兰氏阴性两极着色的小杆菌，则可初步判定为巴氏杆菌病。

6. 防制

（1）预防措施　加强饲养管理，给予全价配合饲料和优质草料，合理分群，不过度放牧，避免各种应激因素的作用，保持圈舍卫生，定期严格消毒，发现病羊立即隔离治疗。引种前后各肌内注射氟苯尼考注射液1～2次，可预防发病。有条件时可注射疫苗。

（2）发病后措施　治疗原则为加强护理，早期诊断和抗菌消炎。

【处方1、处方2】同沙门菌病。

【处方3】酒石酸泰乐菌素注射液，2～10毫克/千克体重，皮下或肌内注射，每日2次，连用3日。

【处方4】青霉素5万～10万单位/千克体重、链霉素10～15毫克/千克体重、注射用水10毫升，肌内注射，每日1～2次，连用3日。

【处方5】环丙沙星注射液，2.5～5毫克/千克体重，肌内注射，每日1～2次，连用3日。

【处方6】磺胺间甲氧嘧啶注射液，50毫克/千克体重，肌内注射，每日2次，连用3日。

十三、链球菌病

羊链球菌病（羊败血性链球菌病）是由C群马链球菌兽疫亚种引起的一种急性、热性、败血性传染病。其临诊特征为全身性出血性败血症、浆液性肺炎与纤维素性胸膜肺炎。该病主要发生于绵羊，其次为山羊。

1. 病原

病原为C群马链球菌兽疫亚种，该菌呈球形，直径小于2.0微米，多排成链状或成双。该菌对外界环境的抵抗力较强，日光直射2小时死亡，0～4℃可存活150天，冷冻6个月其特性不变。但其对热和普通消毒剂抵抗力不强，煮沸可很快被杀死，2%石炭酸、2%来苏尔溶液、0.1%升汞和0.5%漂白粉溶液均可在2小时内杀死该菌。该菌对青霉素和磺胺类药物敏感。

2. 流行病学

该病有明显季节性，多在冬、春季节，气候寒冷和营养不良时发生。新发病区常呈地方性流行，老疫区则多为散发。病羊及带菌羊为主要传染源，该病主要是经呼吸道，其次是经消化道和损伤的皮肤、黏膜传播，另外羊虱等吸血昆虫也可传播。

3. 临床症状

最急性型病羊的初发症状不易被发现，常于24小时内死亡。急性型病羊体温升高到41℃以上，精神沉郁，呆立，拱背，不愿走动。食欲减退或废绝，反刍停止。眼结膜充血，流泪，随后有浆液性分泌物，鼻腔流浆液性、脓性鼻液，咽喉肿胀，颈部和下颌淋巴结肿大，呼吸困难，咳嗽，流涎，粪便稀软、常带有黏液或血液，妊娠母羊阴门红肿，多发生流产。病羊最后衰竭倒地，磨牙，呻吟，抽搐，多窒息死亡，病程 2～3 天。有的头部和乳房肿胀（见图 10-26）亚急性型病羊体温升高，食欲减退，喜卧，不愿走动，步态不稳，咳嗽，鼻流黏性透明鼻液，咳嗽，呼吸困难，粪便稀软、带有黏液或血液。病程 1～2 周。慢性型病羊一般轻微发热，食欲不振，消瘦，腹围缩小，步态僵硬。有的病羊咳嗽，或发生关节炎，病程约 1 个月。

图 10-26 病羊急性乳腺炎（左图）咽喉部组织明显水肿、出血（右图）

4. 病理变化

以败血症变化为主，各脏器广泛出血，网膜、系膜、胸腹膜、心冠状沟以及心、内外膜有出血点。淋巴结肿大、出血，甚至坏死。鼻、咽喉、气管黏膜充血、出血。肺水肿或气肿、出血，出现肝变区，呈大叶性肺炎变化，有时肺脏尖叶有坏死灶，肺脏常与胸壁粘连。心包、胸腔和腹腔有积液，肝脏肿大，呈泥土色，其浆膜下有出血点，胆囊扩张，胆汁外渗。肾脏肿胀、质脆、变软，出血梗死，被膜不易剥离。各脏器浆膜面常覆有黏稠的纤维素样物质（见图 10-27）。

图 10-27 链球菌病病羊病理变化

病羊胆囊肿大（左上图）；肝脏肿大，表面纤维素性渗出（右上图）；
浆液性出血性肺炎，肺充血、出血、水肿，切面有带泡沫的血液，
细支气管明显（左下图）；气管黏膜出血（右下图）

5. 诊断

采取心血或肝脏、脾脏等涂片、染色镜检，发现带有荚膜、呈双球状、偶见 3～5 个菌体相连成短链的革兰氏阳性球菌，即可作出诊断。

6. 防制

（1）预防措施

① 加强饲养管理，坚持自繁自养，饲喂全价日粮，供给优质干草，保持圈舍卫生，做好防寒保暖工作，定期消毒，不从疫区购进羊

及其产品。发现该病立即隔离病羊，在兽医指导下处理病死羊只，环境彻底消毒，同群羊进行紧急免疫接种。

② 定期免疫。羊链球菌氢氧化铝菌苗，绵羊及山羊不论大小，一律皮下注射 5 毫升，2～3 周后重复接种 1 次，免疫期可维持半年以上。该病流行严重地区，绵羊可用羊链球菌弱毒菌苗，成年羊用 1 毫升（含活菌 50 万～100 万个），0.5～2 岁羊用 0.5 毫升，尾根皮下注射，免疫期为 1 年。

（2）发病后措施　治疗原则为早期诊断和抗菌消炎。

【处方 1】①青霉素 5 万～10 万单位/千克体重、5％葡萄糖氯化钠注射液 100～500 毫升、地塞米松注射液 4～12 毫克，静脉注射，也可肌内注射，每日 1～2 次，连用 3～5 日。②30％安乃近注射液 3～10 毫升，肌内注射，或复方氨基比林注射液 5～10 毫升，皮下或肌内注射，每日 1 次，连用 3 日。

【处方 2】5％氟苯尼考注射液，5～20 毫克/千克体重，肌内注射，每日或隔日 1 次，连用 3 次。发病严重时可全群用药。

【处方 3】注射用头孢噻呋钠 2.2 毫克/千克体重、注射用水 5 毫升，肌内注射，每日 1 次，连用 3 日。

【处方 4】磺胺间甲氧嘧啶注射液，50 毫克/千克体重，肌内注射，每日 2 次，连用 3 日。

【处方 5】10％葡萄糖注射液 500 毫升、10％磺胺嘧啶钠注射液 70～100 毫克/千克体重、40％乌洛托品注射液 2～8 克，静脉注射，每日 1～2 次，连用 3～4 日。

十四、副结核病

副结核病（副结核性肠炎）是由副结核分枝杆菌引起的一种慢性细菌性传染病。临床特征为慢性卡他性肠炎、顽固性腹泻和逐渐消瘦。剖检可见肠黏膜增厚并形成皱襞。

1. 病原

病原为副结核分枝杆菌，为革兰氏染色阳性小杆菌，具有抗酸染色的特性。该菌对自然环境的抵抗力较强，但对湿热敏感，60℃ 30 分钟、80℃ 15 分钟即可将其杀死，3％～5％苯酚溶液、5％来苏尔、

4％福尔马林 10 分钟可将其杀死，10％～20％漂白粉乳剂、5％氢氧化钠溶液 2 小时也可杀灭该菌。

2. 流行病学

任何年龄、性别的羊都可感染，幼龄羊易感性大，病羊主要见于成年绵羊，山羊的自然病例较少。该病发展特别缓慢，多为散发，或呈地方流行性。病畜和隐性感染家畜是主要传染源，经消化道感染。

3. 临床症状

感染初期常无临床表现，随着病程的延长，病羊逐渐表现精神不振，被毛粗乱，采食减少，逐渐消瘦、衰弱，间歇性或顽固性腹泻，有的呈现轻微的腹泻或粪便变软。随着消瘦而出现贫血和水肿，最后病羊卧地不起，因衰竭或继发其他疾病如肺炎等而死亡。

4. 病理变化

剖检病变主要在空肠、回肠、盲肠和肠系膜淋巴结，特别是回肠和直肠黏膜显著增厚，并形成脑回样的皱褶，但无结节、坏死和溃疡。肠系膜淋巴结坚硬、苍白、肿大呈索状，有的表现肠系膜淋巴管炎（见图 10-28）。

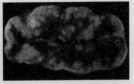

图 10-28 副结核病病羊病理变化

肠黏膜增厚，表面高低不平（左图）；肠黏膜起皱，高低不平（中图）；
肠系膜淋巴结肿大，切面皮质部及部分髓质部有灰白色均质的区域，呈髓样变（右图）

5. 诊断

确诊需通过细菌学试验和变态反应检查。变态反应用副结核菌素或禽分枝杆菌提纯菌素 0.2 毫升，颈侧或尾根皱襞皮内注射，48 小时以后检查结果，凡皮肤局部有弥漫性肿胀、厚度增加 1 倍以上、热而疼痛者，即为阳性。

6. 防制

（1）预防措施 日常应加强饲养管理，搞好环境卫生，不与牛同群饲养或放牧，防止牛将该病传给羊，定期消毒，定期检疫，淘汰病羊。

（2）发病后措施

【处方 1】青霉素 5 万～10 万单位/千克体重、注射用水 10 毫升，肌内注射，每日 2 次，连用 3 日。

【处方 2】10% 磺胺嘧啶钠注射液 70～100 毫克/千克体重、5% 葡萄糖氯化钠注射液 500 毫升，静脉注射，每日 1 次，连用 5 天。

【处方 3】复方新诺明片 20～25 毫克/千克体重、碳酸氢钠片 0.5～2 克、硅炭银片 2～10 片、次硝酸铋片 2～10 片、颠茄片 2～10 毫克、丙二醇或甘油 20～30 毫升，加水内服，每日 2 次，连用 3～5 日。

十五、羔羊大肠杆菌病

羔羊大肠杆菌病是由致病性大肠杆菌引起的羔羊的一种急性传染病，其特征是出现剧烈腹泻或败血症。因病羔羊常排出白色稀便，又名羔羊白痢。该病多见于冬、春舍饲季节。

1. 病原

病原为大肠杆菌，为革兰氏阴性、两端钝圆的中等大小的杆菌，不形成芽孢，多数菌株有周身鞭毛，能运动。对外界不利因素的抵抗力不强，将其加热至 50℃，持续 30 分钟后即死亡，一般常用消毒药均易将其杀死。

2. 流行病学

该病多发于数日龄至 6 周龄内的羔羊，偶有 3～8 月龄的羊发病。该病多发生于冬、春舍饲期间，放牧季节很少发生。气候多变、初乳不足、圈舍潮湿等可促进该病发生，该病常呈地方流行性。病羊和带菌羊是该病的传染源，主要通过消化道感染。

3. 临床症状

（1）败血型　主要发生于 2～6 周龄的羔羊。病初体温升高至 41.5～42℃，病羊精神委顿、四肢僵硬、共济失调、头常弯向一侧、有视力障碍，之后卧地、磨牙、头向后仰、一肢或数肢做划水动作、口吐泡沫、鼻流黏液、呼吸加快、很少或无腹泻，最后昏迷，多于发病后 4～12 小时死亡。有的病羊关节肿胀、疼痛。

（2）肠型　多见于 7 日龄以内的羔羊，病初表现体温升高，随之出现下痢（见图 10-29），体温降至正常，病羔腹痛，拱背，委顿。粪便先呈粥状、黄色，后呈淡灰白色，含有乳凝块，严重时呈水样，含有气泡，有时混有黏液和血液。病羊排便痛苦，甚至里急后重；病羔衰弱，食欲废绝，卧地不起，脱水死亡，病死率 15%～75%。偶见关节肿胀。

图 10-29　羔羊腹泻

4. 病理变化

（1）败血型　胸腔、腹腔和心包有大量积液，混有纤维素。肘关节、腕关节等发生肿大，滑液增多而混浊，含有纤维素性脓性渗出物。脑膜充血、有小点状出血，大脑沟常有脓性渗出物。

（2）肠型 尸体严重脱水，肛门附近及后肢内侧被粪便污染。肠浆膜淤血、暗红色。胃肠发生卡他性或出血性炎症，皱胃、小肠和大肠黏膜充血、出血、水肿，皱胃、小肠和大肠内容物呈灰黄色半液状（见图10-30）。肠系膜淋巴结肿大、发红。有时见纤维素性化脓性关节炎。肺淤血或有轻度炎症。

图 10-30 小肠充血，有气体，与肠系膜连接的肠壁上有小气泡

5. 诊断

确诊需采集血液、内脏、肠黏膜等进行细菌学检查；该病应与B型产气荚膜梭菌引起的初生羔羊痢疾相区别。该病如能分离出纯致病性大肠杆菌，具有鉴别诊断意义。

6. 防制

（1）预防措施 加强饲养管理，改善羊舍环境条件，定期消毒，保持母羊乳头清洁，使羔羊及时吮吸初乳等。有条件的可对妊娠母羊接种大肠杆菌疫苗，可使羔羊获得被动免疫。

（2）发病后措施 治疗原则为加强护理，抗菌消炎和对症治疗。

【处方1、处方2】同沙门菌病。

【处方3】磺胺脒片 0.1～0.2 克/千克体重（有败血症倾向时改为复方新诺明片 20～25 毫克/千克体重）、碳酸氢钠片 0.5～1 克、硅炭银片 2～5 片、次硝酸铋片 2～5 片、颠茄片 2～4 毫克，加水内服，每日 2 次，连用 3～5 日。口服补液盐饮水。

【处方4】白头翁、秦皮、黄连、炒神曲、炒山楂各 15 克，当归、木香、白芍各 20 克，车前子、黄柏各 30 克，加水 500 毫升，煎至 100 毫升，每次 3～5 毫升，灌服，每天 2 次，连用数天。

十六、弯曲菌病

羊弯曲菌病，原名弧菌病，是由胎儿弯曲菌胎儿亚种引起的妊娠母羊流产一种的传染病。其临床特征为暂时性不育、发情期延长、胎儿死亡和早产。

1. 病原

该病病原为胎儿弯曲菌胎儿亚种，为革兰氏染色阴性的细长弯曲杆菌，呈"S"形、撇形和鸥形，有的呈球形或螺旋状长丝（由多个 S 形菌体形成的链）。该菌对干燥、紫外线和一般消毒药均敏感。58℃5 分钟即死亡。在干草、厩肥和土壤中，20～27℃可存活 10 天，6℃可存活 20 天。

2. 流行病学

该菌对人和动物均有易感性，可引起绵羊地方流行性流产。成年母绵羊最易感，未成年羊稍有抵抗力，公羊也可感染，山羊很少发病。该病多呈地方性流行，在传染过程中，常具有在一个地区流行 1～2 年或更长一段时间后，暂时停止，1～2 年后又重新发病的规律。母羊感染、流产后可迅速康复而不带菌。患病动物和带菌者为主要的传染源，可通过被污染的食物、饲料、饮水等经消化道感染，不发生交配传染。

3. 临床症状

怀孕母羊多于预产期前 4～6 周发生流产，有时流产也可从妊娠早期开始。分娩出死羔或弱羔，胎儿通常都是新鲜而没有变化的，有时候也可能发生分解，流产率在 20%～25%，严重者达 70%。多数母羊流产无先兆性症状，有的羊流产前后，精神沉郁，阴户肿胀，并流出带血的分泌物，大多数病羊可迅速恢复，以后继续繁殖时不再发生流产。但有的病羊因死亡的胎儿在子宫内滞留，或继发子宫内膜炎和腹膜炎而死亡，病死率约为 5%。

4. 病理变化

流产的胎儿皮下水肿，呈败血症变化，胎儿皮肤呈暗红色，浆膜上有小出血点，浆膜腔含有大量血样液体，肝脏有很多灰色坏死灶，此病灶容易破裂，使血液流入腹腔（见图 10-31）。母羊常可见有子宫炎、腹膜炎和子宫积脓。

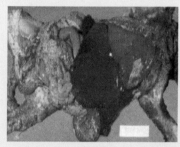

图 10-31 弯曲菌病病羊病理变化

死胎羔羊肝脏中多发性坏死灶（左图）；流产胎儿表现胸膜炎和心包炎（右图）

5. 诊断

可采集胎膜、胎儿等进行细菌分离鉴定，或采用试管凝集试验和荧光抗体技术进行诊断。

6. 防制

（1）预防措施　加强饲养管理，严防引入病羊，产羔季节提高警惕，严格执行检疫、隔离和消毒制度。发现病羊迅速隔离，对排出的胎儿、胎衣和污物等进行深埋或焚烧，彻底消毒被污染的场所，防止该病扩大传染。病羊进行隔离治疗。受该病传染的羊群不应再作为育种繁殖群。

（2）发病后措施 治疗原则为早期诊断，抗菌消炎和对症治疗。

【处方1】庆大霉素注射液 0.5 万单位/千克体重（或链霉素 10～15 毫克/千克体重、注射用水 5～10 毫升），肌内注射，每日 1 次，连用 5 日。严重时可全群注射。

【处方2】①氨苄青霉素 50～100 毫克/千克体重、5％葡萄糖氯化钠注射液 500 毫升，静脉注射，每日 1～2 次，连用 3～5 日。②甲硝唑注射液，10 毫克/千克体重，静脉注射，每日 1 次，连用 3 日。③缩宫素注射液 5～10 单位，发生流产后皮下或肌内注射。④青霉素 160 万单位、链霉素 100 万单位、蒸馏水 20 毫升，发生流产后子宫灌注，每日 1 次，连用 3 日。

【处方3】5％氟苯尼考注射液，5～20 毫克/千克体重，肌内注射，每日或隔日 1 次，连用 3～5 次。

【处方4】20％长效土霉素注射液，0.05～0.1 毫升/千克体重，肌内注射，每日或隔日 1 次，连用 3～5 次。

十七、羊快疫

羊快疫是由腐败梭菌引起的一种急性传染病。其临诊特征为突然发病，病程极短，皱胃黏膜发生出血性炎症。该病主要见于绵羊。

1. 病原

病原为腐败梭菌，为革兰氏阳性的厌氧大杆菌，菌体正直，两端钝圆，不形成荚膜，可产生多种毒素。该菌繁殖体用常规消毒药均可将其杀死，但芽孢的抵抗力较强，在 95℃下需 2.5 小时才可将其杀死，可用 0.2％升汞、3％福尔马林或 20％漂白粉乳剂将其杀死。

2. 流行病学

该病常发生于秋、冬和早春，当气候急变、阴雨连绵时易发，呈地方性流行，发病率 10％～20％，病死率为 90％。绵羊最易感，山羊次之，以 6～18 月龄多发，病羊的营养状况多在中等以上。病羊和带菌羊为该病的主要传染源，主要经消化道感染。腐败梭菌通常以芽孢形式散布于自然界，潮湿低洼的环境可促使羊发病，寒冷、饥饿和抵抗力降低时容易诱发该病。该菌如经伤口感染，则可引起各种家畜的恶性水肿。

3. 临床症状

患羊往往来不及表现临诊症状即突然死亡（见图 10-32），常见在放牧时死于牧场或早晨死于圈舍内。病程稍长者，表现为不愿行走、运动失调、腹痛、腹胀、磨牙、抽搐，最后衰弱昏迷，口流带血泡沫，多于数分钟至几小时内死亡，病程极为短促。

图 10-32 病羊突然死亡

4. 病理变化

尸体迅速腐败、膨胀。剖检可视黏膜充血，呈暗紫色。体腔多有积液。特征性表现为真胃出血性炎症，胃底部及幽门部黏膜可见大小不等的出血斑点及坏死区，黏膜下发生水肿。肠道内充满气体，常有充血、出血、坏死或溃疡。心内外膜可见点状出血。肾、肝等实质器官有不同程度淤血、变性。胆囊多肿胀（见图 10-33、图 10-34）。

5. 诊断

用病羊血液或死羊肝脏的被膜抹片、染色镜检，可见到无关节的长丝状菌体。注意与羊肠毒血症、羊黑疫、羊炭疽进行鉴别诊断（见表 10-5）。

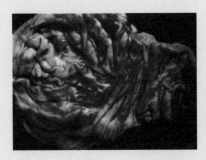

图 10-33 羊快疫病羊病理变化

皱胃和幽门部黏膜出血潮红，被覆较多淡红色黏液（左图）；
腹腔、胸腔和心包腔见积水，胆囊多肿胀（右图）

图 10-34 心脏出血性损伤（左图）和肾淤血（右图）

表 10-5　羊快疫的类症鉴别

名称	羊肠毒血症	羊黑疫	羊炭疽
鉴别要点	羊快疫发病季节常为秋、冬和早春，而羊肠毒血症多在春夏之交抢青时和秋季草籽成熟时发生。羊快疫有明显的真胃出血性炎症损害，而羊肠毒血症仅见轻微病理性损害。羊快疫肝脏被膜触片多见无关节长丝状的腐败梭菌；患羊肠毒血症的病羊的血液及脏器中可检出 D 型产气荚膜梭菌	羊黑疫的发生常与肝片吸虫病的流行有关，其真胃损害轻微。患羊黑疫时，肝脏多见坏死灶，涂片检查，可见到两端钝圆、粗大的诺维梭菌	可用病料组织进行炭疽环状沉淀反应区别诊断

6. 防制

（1）预防措施

① 加强饲养管理。防止羊受寒冷刺激，严禁羊吃霜冻草料，避免在清晨、污染地区和沼泽区域放牧，保持羊舍卫生，定期用 3% 氢氧化钠溶液、20% 漂白粉乳剂、1% 复合酚溶液或 0.1% 二氯异氰尿酸钠溶液对环境消毒。

② 免疫接种。每年定期注射 1～2 次疫苗，可根据当地情况选用，初次免疫后，应间隔 2～3 周加强 1 次。

（2）发病后措施　对病死羊及时焚烧并深埋，防止病原扩散；隔离病羊，抓紧治疗，对环境彻底消毒（20% 漂白粉乳剂、3% 氢氧化钠溶液）；羊群紧急接种疫苗，并迅速将其转移到干燥牧地放牧，减少青饲料，增加粗饲料，注意饮水卫生。治疗原则为早期诊断，早期抗菌治疗。

【处方 1】青霉素 5 万～10 万单位/千克体重、注射用水 5～10 毫升，每日 1～2 次，连用 3～5 日。严重时全群注射。

【处方 2】20% 长效土霉素注射液，0.1 毫升/千克体重，肌内注射，每日或隔日 1 次，连用 3 次。严重时全群注射。

【处方 3】①青霉素 5 万～10 万单位/千克体重、生理盐水 100～500 毫升、10% 安钠咖注射液 5～10 毫升、地塞米松注射液 4～12 毫克，静脉注射。然后再静脉注射 10% 葡萄糖注射液 250～500 毫升、维生素 C 注射液 0.5～1.5 克，每日 1～2 次，连用 3～5 日。②甲硝唑注射液，10 毫克/千克体重，静脉注射，每日 1 次，连用 3 日。

【处方 4】10% 磺胺嘧啶钠注射液 70～100 毫克/千克体重、10% 葡萄糖注射液 250～500 毫升，静脉注射，每日 2 次，连用 3 日。

十八、羊猝狙

羊猝狙又称"C 型肠毒血症"，是由 C 型产气荚膜梭菌的毒素引起的一种毒血症。其临诊特征为突然发病，急性死亡，溃疡性肠炎和腹膜炎。主要发生于成年绵羊。

1. 病原

病原为 C 型产气荚膜梭菌，又称 C 型魏氏梭菌，革兰氏染色阳性，两端钝圆，单个、成双，很少呈短链状，无鞭毛，不能运动，在动物体内能形成卵圆形芽孢，位于菌体中央或一端。该菌在羊体内产生的主要毒素是 β 毒素，另外还产生 α 毒素（这些毒素均为蛋白质，具有酶的活性，不耐热，有抗原性）。该菌的繁殖体常规消毒药均可将其杀死，但芽孢的抵抗力较强，90℃30 分钟、100℃ 5 分钟可将其杀死。

2. 流行病学

该病多发生于冬、春季节，呈地方流行性，常见于低洼、沼泽地区。羊食入带雪水的牧草或寄生虫感染等可诱发该病。该病常与羊快疫合并发生，主要发生于成年绵羊，以 1～2 岁的绵羊最易感。病羊和带菌羊为该病的主要传染源，主要是食入被该菌污染的饲草、饲料及饮水等，经消化道感染。

3. 临床症状

该病病程短促，常未见到症状即突然死亡。有时发现病羊掉队，卧地，体温升高，腹痛不安，衰弱，倒地咬牙，眼球突出，剧烈痉挛，在数小时内死亡。

4. 病理变化

该病主要病变是出血性肠炎，小肠一段或全部呈出血性肠炎变化，有的病例可见糜烂、溃疡。肠系膜淋巴结有出血性炎症（见图10-35）。胸腔、腹腔和心包腔有大量渗出液，浆膜有出血点，肾脏肿大，变性（见图10-36）。死后 8 小时，病菌在肌肉或其他器官继续繁殖，并引起气肿疽的病变，骨骼肌间积聚血样液体，肌内出血，有气性裂孔，似海绵状。

5. 诊断

从体腔渗出液、脾脏取材，做 C 型产气荚膜梭菌的分离和鉴定，也可用小肠内容物的离心上清液静脉接种小鼠，检测有无 β 毒素。

6. 防制

同羊快疫。

图 10-35 羊猝狙病羊病理变化（一）

肠壁潮红膨胀，肠及淋巴结淤血，肠内容物稀薄红色（左图）；
出血性空肠炎，空肠壁明显充血，黏膜出血，肠内容物稀薄红色（右图）

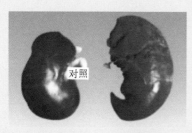
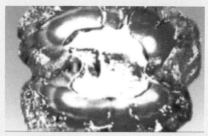

对照

图 10-36 羊猝狙病羊病理变化（二）

肾脏明显软化，被膜不易剥离（左图）；肾皮质部呈"棉毛"状坏死（右图）

十九、羊肠毒血症

羊肠毒血症又称"软肾病"或"类快疫"，是由 D 型产气荚膜梭菌在羊肠道内大量繁殖产生的毒素引起的一种急性毒血症。其临诊特征为急性死亡，肾脏软化，甚至如泥状。

1. 病原

病原为 D 型产气荚膜梭菌，又称 D 型魏氏梭菌，该菌为厌氧性粗大杆菌，革兰氏染色阳性，无鞭毛，不运动，在动物体内可形成荚膜，可形成芽孢。该菌在羊体内产生的主要毒素是 ε 毒素，另外还产生 α 毒素。该菌的繁殖体在 60℃ 15 分钟即可被杀死，常规消毒药均可将其杀死。但芽孢的抵抗力较强，95℃ 2.5 小时方可杀死，3％甲醛溶液 30 分钟也可杀死芽孢。

2. 流行病学

该病有明显的季节性和条件性。春末夏初或秋末冬初饲料改变时常诱发该病，该病多呈散发性，在发病羊群内可流行 1～2 个月。在雨季、气候骤变、低洼地区放牧或缺乏运动等，均可促使该病发生。该病开始来势凶猛，以后逐渐缓和或平息。绵羊和羔羊发生较多，山羊较少，常以 2～12 月龄、膘情较好的羊多发。病羊和带菌羊为该病的主要传染源。本菌为土壤常在菌，也存在于污水中，通常是羊只采食了被芽孢污染的饲草或饮水，经消化道感染。

3. 临床症状

该病突然发生，很快死亡。病羊死前步态不稳，呼吸急促，心跳加快，全身肌肉震颤，磨牙，甩头，倒地抽搐，头颈后仰（见图 10-37），左右翻滚，口鼻流出白色泡沫，可视黏膜苍白，四肢和耳尖发凉，哀鸣，昏迷死亡。体温一般不高，但有血糖、尿糖升高现象。

图 10-37　倒地抽搐、头颈后仰的病牛

4. 病理变化

肾脏软化如泥样，一般认为是一种死后的变化［见图 10-38（左图）］。体腔积液，心脏扩张，心内、外膜有出血点。皱胃内有未消化的饲料，肠道特别是小肠充血、出血，严重者整个肠段的肠壁呈血红色或有溃疡［见图 10-38（中图）］。肺脏出血、水肿，胸腺出血，脑膜血管怒张，脑软化坏死、小脑横切面上脑组织中可见对称性灰黄色软化灶［见图 10-38（右图）］。

5. 诊断

确诊的依据有在肾脏和其他实质脏器内发现 D 型产气荚膜梭菌，在肠道内发现大量该菌，并在小肠内检出 ε 毒素，在尿中发现葡萄糖。

 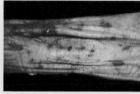 

图 10-38 羊肠毒血症病羊病理变化

软肾病（左图）；出血性肠炎，小肠黏膜充血、出血，并附有少量红色内容物（中图）；脑软化坏死，小脑横切面上脑组织中可见对称性灰黄色软化灶（右图）

6. 防制

（1）预防措施

① 加强饲养管理。夏季避免羊只过食青绿多汁饲料，秋季避免采食过量结籽牧草，注意精料、粗料、青料的搭配，避免突然更换饲料或饲养方式。搞好圈舍卫生，提供良好环境条件，使羊只多运动。

② 免疫接种。每年定期接种羊快疫、羊肠毒血症、羊猝狙三联苗，羊快疫、羊肠毒血症、羊猝狙、羔羊痢疾、羊黑疫五联苗（羊厌气菌五联菌苗，无论大小羊只，均皮下或肌内注射 5 毫升，保护期半年以上），或羊厌氧菌七联干粉苗（稀释后，无论大小羊只，均皮下

或肌内注射 1 毫升，保护期半年以上）。初次免疫后，需间隔 2～3 周再加强 1 次。

（2）发病后措施 病死羊及时焚烧或深埋，防止病原扩散；隔离病羊，抓紧治疗，环境彻底消毒；羊群紧急接种疫苗，并迅速将其转移到高燥牧地放牧，减少青饲料、增加粗饲料，注意饮水卫生。治疗原则为早期诊断，早期抗菌治疗。

【处方1～处方4】参考羊快疫。

【处方5】苍术 10 克、大黄 10 克、绵马贯众 5 克、龙胆草 5 克、槟榔 3 克、甘草 10 克、雄黄（另包）1.5 克，将前六味水煎取汁，混入雄黄，一次灌服，灌药后再加服一些食用植物油。

二十、羊黑疫

羊黑疫又称传染性坏死性肝炎，是由 B 型诺维梭菌引起的绵羊和山羊的一种急性高度致死性毒血症。其临诊特征为突然发病，病程短促，皮肤发黑，肝实质发生坏死病灶。

1. 病原

病原为 B 型诺维梭菌，是革兰氏阳性大杆菌，严格厌氧，可形成芽孢，不产生荚膜，具周身鞭毛，能运动。该菌能产生 5 种（即 ε、β、η、ξ、θ）外毒素。

2. 流行病学

该病主要在春、夏发生于肝片吸虫流行的低洼潮湿地区，冬季很少发生。该病与肝片形吸虫的感染有密切关系。发病羊多为营养良好的羊只。该病能使 1 岁以上的绵羊感染，其中 2～4 岁的绵羊发生最多。山羊也可感染该病。病羊为主要传染源，多通过食入被该菌芽孢污染的牧草、饲料或饮水等，经消化道感染。

3. 临床症状

病羊多突然死亡，因此常常只能发现尸体。如果能看到病羊，其表现为精神不振，掉队，喜卧，1 小时内死亡，死前也不挣扎。部分病例可拖延 1～2 天，病羊食欲废绝，精神沉郁，呼吸困难，体温 41.5℃，常昏睡俯卧，并保持这种状态而毫无痛苦地突然死去。患羊一般都是营养良好的。

4. 病理变化

病羊尸体皮下静脉显著淤血，使羊皮呈暗黑色外观（故称羊黑疫）。胸部皮下常发生水肿，浆膜腔积液，左心室心内膜下常出血，皱胃幽门部和小肠黏膜充血、出血。肝脏充血、肿胀，肝的表面或内面有一个或数个略带圆形的坏死区，界限清楚，颜色黄白，直径为2～3厘米，周围显著充血（见图10-39）。

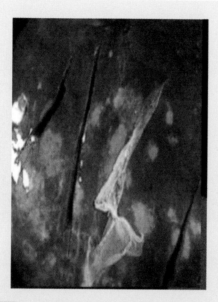

图 10-39 肝表面和实质可见大小不等的坏死灶，界限明显

5. 诊断

可进行细菌分离鉴定，以及卵磷脂酶试验检查毒素，或用荧光抗体技术检查诺维梭菌。

6. 防制

（1）预防措施　流行该病的地区应做好控制肝片吸虫感染的工作

（杀虫灭螺）；在发病地区，定期接种羊厌气菌五联菌苗或羊厌氧菌七联干粉苗，或用羊黑疫、羊快疫二联苗，初次免疫后，需间隔 2～3 周再加强 1 次。

（2）发病后措施　发现病死羊及时焚烧，并深埋，防止病原扩散；隔离病羊，环境彻底消毒。羊群紧急接种疫苗，并迅速将其转移到干燥地区放牧，注意饲料和饮水卫生。治疗原则为早期诊断，抗菌消炎。

【处方 1～处方 4】参考羊快疫。

【处方 5】抗诺维梭菌血清 50～80 毫升，发病早期，静脉或肌内注射，每日 1 次，连用 2 次。

二十一、羔羊痢疾

羔羊痢疾是由 B 型产气荚膜梭菌所引起的初生羔羊的一种急性毒血症。其临诊特征为剧烈腹泻、小肠发生溃疡和羔羊大批死亡。

1. 病原

通常认为其主要病原为 B 型产气荚膜梭菌（B 型魏氏梭菌），革兰氏染色阳性厌氧性杆菌，不运动，在动物体内可形成荚膜，能产生芽孢。该菌在羊体内产生的主要毒素是 β 毒素，另外还产生 α 和 ε 毒素。该菌的繁殖体在干燥土壤中可存活 10 天，在潮湿土壤可存活 35 天，在干燥粪便中可存活 10 天，在湿粪便中可存活 5 天，常规消毒药均可将其杀死。芽孢在土壤中可存活 4 年。

2. 流行病学

病羊主要为 7 日龄以内的羔羊，以 2～3 日龄的发病最多，7 日龄以上很少发病。纯种细毛羊和改良羊的适应性比本地土种羊差，其羔羊的发病率和死亡率都较高。母羊营养不良，产羔季节过于寒冷或炎热等，均可导致该病的发生。病羊及带菌羊是该病的主要传染源。羔羊可通过吮乳，或食入被该菌的芽孢污染的牧草、饲料或饮水等，经消化道感染，也可通过脐带或创伤感染。

3. 临床症状

自然病例潜伏期为 1～2 天，病初羔羊精神沉郁、低头拱背、不想吃奶，随后发生持续性腹泻，粪便呈黄色或带血、恶臭，甚至排便失禁，变为血便，病羔逐渐脱水、虚弱、卧地不起，若不及时治疗，常在1～2天内死亡。有的羔羊，腹胀而不腹泻，或只排少量稀便（也可能带血），四肢瘫软，卧地不起，呼吸急促，口吐白沫，头向后仰，体温降至常温以下，最后昏迷死亡。

4. 病理变化

患病羔羊脱水严重，皱胃内存在未消化的凝乳块，小肠（特别是回肠）发生出血性肠炎，肠黏膜充血、发红，病程稍长可见小肠或结肠黏膜出现直径1～2毫米的溃疡，溃疡周围有一出血带环绕，有的肠内容物呈血色。肠系膜淋巴结肿胀、充血、出血。心包积液，心内膜有出血点，心肌、膈肌出血。肺有充血区或瘀斑（见图10-40、图10-41）。

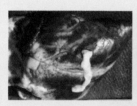

图 10-40 羔羊痢疾病羊病理变化（一）

心肌出血（左图）；膈肌出血（中图）；出血性肠炎，内容物红色（右图）

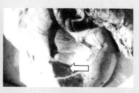

图 10-41 羔羊痢疾病羊病理变化（二）

空肠段出血性肠炎，胃黏膜出血（左图）；肠黏膜有圆形溃疡及坏死灶（中图）；
胃浆膜出血（右图）

5. 诊断

可进行细菌分离鉴定和毒素中和试验。注意与沙门菌病和羔羊大肠杆菌病的鉴别（见表10-6）。

表 10-6　羔羊痢疾鉴别诊断

名称	沙门菌病	羔羊大肠杆菌病
鉴别要点	由沙门菌引起的初生羔羊下痢,粪便也可夹杂有血液,剖检可见皱胃和肠黏膜潮红并有出血点,从心血、肝脏、脾脏和脑可分离到沙门菌	由大肠杆菌引起的羔羊腹泻,用产气荚膜梭菌免疫血清预防无效,用大肠杆菌免疫血清有一定预防作用。在羔羊濒死时或刚死时采集病料进行细菌学检查,可分离出纯培养的致病菌株

6. 防制

（1）预防措施　加强母羊饲养管理，供给配合饲料和优质饲草，保证羊舍舒适卫生，冬季保暖，夏季防暑，产羔前对产房进行彻底消毒（可用1％～2％热的氢氧化钠溶液或20％～30％石灰水），注意接产卫生，脐带严格消毒，辅助羔羊吃奶；每年秋季对母羊注射羔羊痢疾氢氧化铝菌苗或羊厌氧菌七联干粉苗，产前2～3周再加强1次。

（2）发病后措施　治疗原则为早期诊断，抗菌消炎和对症治疗。羔羊饮用口服补液盐。

【处方1】5％氟苯尼考注射液，20毫克/千克体重，肌内注射，每日1次，连用3次。严重时易感羔羊全部注射。

【处方2】20％长效土霉素注射液，0.1毫升/千克体重，肌内注射，每日1次，连用3次。严重时易感羔羊全部注射。

【处方3】磺胺脒片0.1～0.2克/千克体重（或复方新诺明片20～25毫克/千克体重）、碳酸氢钠片0.5～1克、硅炭银片2～4片、次硝酸铋片2～4片、颠茄片2～3毫克，加水内服，每日2次，连用3～5日。

【处方4】①盐酸环丙沙星注射液2.5～5毫克/千克体重、5％葡萄糖氯化钠注射液20～40毫升/千克体重、地塞米松注射液2～5毫克、盐酸消旋山莨菪碱注射液（654-2注射液）3毫克，静脉注射，每日1～2次，连用3日。②甲硝唑注射液，10～15毫克/千克体重，静脉注射，每日1次，连用3日。

二十二、羊支原体性肺炎

羊支原体性肺炎又称羊传染性胸膜肺炎，是由许多支原体所引起的一种高度接触性传染病。其临床特征为高热、咳嗽、肺和胸膜发生浆液性或纤维素性炎症，呈急性或慢性经过，病死率很高。

1. 病原

该病的病原包括丝状支原体山羊亚种、丝状支原体丝状亚种（能自然感染山羊、绵羊）、山羊支原体山羊肺炎亚种（只感染山羊）和绵羊肺炎支原体（可感染绵羊和山羊）。该病病原体对理化作用的抵抗力较弱，50～60℃ 40分钟可被灭活，1%的克辽林溶液可于5分钟内将其灭活，对红霉素（绵羊肺炎支原体有抵抗力）和四环素敏感，对青霉素和链霉素不敏感。

2. 流行病学

该病常呈地方流行性，一年四季均可发生，在冬春枯草季节，以及遭受寒冷、阴雨、拥挤等不良环境因素作用时发病率较高。病羊是主要的传染源，耐过病羊也有传染的危险性，主要通过空气或飞沫经呼吸道传播。

3. 临床症状

该病潜伏期为18～20天。最急性和急性者体温升高到41℃，精神不振，拒食呆立，发抖，咳嗽，呼吸困难，鼻液为黏液性或脓性并呈铁锈色，沾于鼻孔及上唇［见图10-42（左图）］。按压胸部敏感疼痛，听诊有水泡音和摩擦音，叩诊肺部有浊音。最急性者4～5天病情恶化，拱背伸颈，衰弱倒地而亡，死亡前体温降至正常或正常以下。急性者病程多为7～15天，有的转为慢性病例。怀孕母羊可发生流产［见图10-42（中图）］。慢性多见于夏季，病情逐渐好转，全身症状轻微，食欲和精神恢复正常，间有咳嗽、流涕、腹泻、消瘦等症状，生长缓慢［见图10-42（右图）］，如遇饲养管理不善或天气突变，病情可能急剧恶化导致死亡，病程长达数月。

4. 病理变化

病变多局限于胸部。胸腔积液呈淡黄色，最多可达500～2000毫升，暴露于空气中迅速凝固。病肺膨隆，出现不同时期的肝变，质硬，切面平整，结构致密，呈大理石样。肝脾肿大，胆囊肿胀。胸膜变厚，表面粗糙，被覆纤维素薄膜，肺胸膜常与肋膜或心包膜粘连。肺淋巴结肿大，切面多汁，有出血点（见图10-43、图10-44）。

图 10-42 羊支原体性肺炎

病羊精神不振，消瘦，拒食呆立，发抖，咳嗽，呼吸困难，鼻液为黏液性或脓性并呈铁锈色，沾于鼻孔及上唇（左图）；

流产、弱胎、死胎（中图）；头向左边的1周龄病羊体型小，生长缓慢（右图）

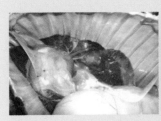
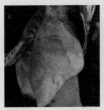

图 10-43 羊支原体性肺炎病理变化（一）

病羊胸腔积液，肺部充血（左图）；病羊心包积液（中图）；

病羊胸腔积液、粘连，严重纤维化（右图）

图 10-44 羊支原体性肺炎病理变化（二）

肺部实变，橡皮肺（左图）；肝脾肿大，胆囊肿胀（右图）

5. 诊断

采集肺组织或胸水涂片，进行染色镜检，革兰氏染色呈阴性，瑞氏染色可见球状、短杆状、丝状等极细小紫色点。在含 10%血清琼脂培养基上 37℃培养 5～6 天，出现细小草帽状湿润透明菌落。取菌落涂片检查，可见革兰氏染色呈阴性，瑞氏染色呈紫色的丝状、球状支原体。

6. 防制

（1）预防措施

① 加强饲养管理。提供良好的营养和环境条件，做好卫生消毒工作，新引进的羊只必须隔离检疫防患于未然，这是最根本的措施。隔离 1 个月以上，确认健康无病方可混入大群。

② 免疫接种。该病流行地区，应根据当地病原体的分离结果，选择使用疫苗。如用山羊传染性胸膜肺炎氢氧化铝苗注射预防，半岁以下山羊皮下或肌内注射 3 毫升，半岁以上山羊注射 5 毫升，免疫期为 1 年。或用绵羊肺炎支原体灭活苗免疫。

（2）发病后措施　发生该病时，应对疫点及时封锁，对全群逐头检查，对病羊、可疑羊、假定健康羊分群隔离和治疗，对可疑羊和假定健康羊紧急免疫接种，对被污染的羊舍、场地、用具，以及粪便、尸体等，进行彻底消毒和无害化处理。治疗原则是早期杀菌消炎和对症治疗。

【处方 1、处方 2】同沙门菌病。

【处方 3】酒石酸泰乐菌素注射液，2～10 毫克/千克体重，皮下或肌内注射，每日 2 次，连用 3 日。

【处方 4】①环丙沙星注射液 2.5～5 毫克/千克体重、5%～10%葡萄糖注射液 500 毫升，地塞米松注射液 4～12 毫克、盐酸消旋山莨菪碱注射液（654-2 注射液）5～10 毫克，静脉注射，每日 1～2 次，连用 3 日。②复方氨基比林注射液 5～10 毫升，皮下或肌内注射，每日 1 次，连用 2～3 日。

二十三、钩端螺旋体病

钩端螺旋体病（黄疸血红蛋白尿，简称钩体病）是由钩端螺旋体引起的一种重要而复杂的人兽共患病和自然疫源性疾病。其临床特征为发热、黄疸、血红蛋白尿、流产、皮肤和黏膜出血与坏死。全年均可发病，以夏、秋放牧期间更为多见。

1. 病原

病原为钩端螺旋体科钩端螺旋体属的似问号钩端螺旋体。革兰氏染色阴性，常不易着色，用镀银染色和吉姆萨染色较好。钩端螺旋体对外界抵抗力较强，在水田、池塘、沼泽中可以存活数月或更长时间，适宜的酸碱度为 pH7.0～7.6；对热、日光、干燥和一般消毒剂均敏感。

2. 流行病学

该病在夏、秋季多见（每年 7～9 月为流行的高峰期），一般呈散发。各种家畜均可发病，幼畜发病较多，绵羊和山羊均易感。传染源主要是病畜和鼠类，病畜和鼠类从尿中排菌，污染饲料和水源，可以通过皮肤、黏膜和消化道传给健康羊，有时也可通过交配和菌血症期间吸血昆虫叮咬等传播。

3. 临床症状

潜伏期为 4～5 天，通常表现为隐性感染，有些羊仅出现短暂的体温升高。少数病例表现为体温升高，呼吸和心跳加速，食欲减退，反刍停止，可视黏膜黄染，口、鼻黏膜坏死，消瘦，血红蛋白尿，腹泻，粪便带血，衰竭死亡。孕羊多发生流产。

4. 病理变化

尸体消瘦，口腔黏膜有溃疡，黏膜及皮下组织黄染，有时可见浮肿，浆膜和肠黏膜有大量出血，淋巴结肿大，胸、腹腔内有黄色液体。肺脏、心脏、肾脏、脾脏等实质器官有出血斑点。肝脏肿大、质地松软、发黄，肾脏稍肿大，皮质部散在有灰白色病灶［见图 10-45（左图）］。膀胱黏膜出血，内有红色或黄褐色尿液。脑室中聚积大量液体，脑及脑膜血管损伤［见图 10-45（右图）］。

5. 诊断

在病羊发热初期，采集血液，在无热期采集尿液，死后立即取肾脏和肝脏，直接离心或制成匀浆后离心，取沉渣，在暗视野显微镜下检查，或进行镀银染色和吉姆萨染色，查找钩端螺旋体。

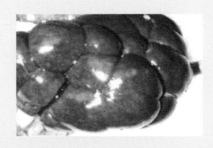

图 10-45　钩端螺旋体病病羊病理变化

慢性型和轻型病例，肾脏出现钩体间质性肾炎（左图）；
脑及脑膜血管损伤及炎症浸润（右图）

6. 防制

（1）预防措施

① 严格检疫隔离。坚持自繁自养，不要从场外引进羊只，必须引种时要隔离观察 1 个月确认无病后才能混群；避免去低湿草地、死水塘、水田、淤泥沼等有水（如呈中性或微碱性则危险性大）的地方和被带菌的鼠类、家畜的尿污染的草地放牧；避免猪、牛等家畜进入羊舍或混牧；发现病羊立即隔离，严防其尿液污染周围环境，并用 2% 氢氧化钠溶液，10%～20% 生石灰水，1% 石炭酸，0.5% 甲醛溶液等消毒。

② 加强卫生管理。搞好羊舍内外的环境卫生和消毒工作，尤其要将羊舍及运动场内的污水及时排除；做好羊舍灭鼠工作。

③ 常发地区使用疫苗和药物预防。有计划接种钩端螺旋体菌苗或多价苗，免疫保护期 1 年。对于疑似病羊在饲料中混入 0.05%～0.1% 的四环素，连喂 14 天。

④ 做好人员个人防护。由于该病为人畜共患病，所以，羊场的饲养员及工作人员一定要做好个人防护工作，避免人员感染。

（2）发病后措施　治疗原则为早期诊断，抗菌消炎和对症治疗。

【处方1】青霉素5万～10万单位/千克体重、链霉素15～25毫克/千克体重、注射用水5～10毫升，每日2次，连用3～5日。严重时全群注射。

【处方2】20%长效土霉素注射液0.05～0.1毫升/千克体重，肌内注射，每日或隔日1次，连用3～5次。严重时全群注射。

【处方3】①庆大霉素注射液0.5万单位/千克体重（或氨苄青霉素50～100毫克/千克体重）、5%葡萄糖氯化钠注射液500毫升、10%安钠咖注射液5～20毫升；10%葡萄糖注射液500毫升、维生素C注射液0.5～1.5克。依次静脉注射，每日1次，连用3～5日。②30%安乃近注射液3～10毫升，肌内注射，或复方氨基比林注射液5～10毫升，皮下或肌内注射。

二十四、衣原体病

衣原体病是一种由衣原体引起的传染病，衣原体可使多种动物发病，人也有易感性。羊衣原体病的临床症状可表现为发热、流产、结膜炎和多发性关节炎等。

1. 病原

羊衣原体病的主要病原为衣原体科衣原体属的鹦鹉热衣原体。鹦鹉热衣原体抵抗力不强，对热敏感，感染胚卵黄囊中的衣原体在−20℃可保存数年。0.1%福尔马林、0.5%石炭酸、70%酒精、3%氢氧化钠溶液均能将其灭活。其对四环素、红霉素等抗生素敏感，而对链霉素、磺胺类药物有抵抗力。

2. 流行病学

该病多呈地方性流行。密集饲养、营养缺乏、长途运输、寄生虫侵袭等可促进该病的发生和流行。患病动物和带菌者是该病的主要传染源。动物感染后可通过粪便、尿液、乳汁、泪液、鼻分泌物以及流产的胎儿、胎衣、羊水排出病原体，污染水源及环境。该病经消化道、呼吸道及眼结膜传播，也可通过生殖道传播，有人认为厩蝇、蜱等也可传播该病。

3. 临床症状

（1）流产型（地方流行性流产）　主要发生于牛、羊、猪。感染羊时，潜伏期为 50～90 天，流产通常发生于妊娠的最后 1 个月，一般观察不到征兆，临诊表现主要为流产、死产或产弱羔（图 10-46）。流产后往往胎衣滞留，流产羊阴道可连续数日排出分泌物。有些病羊可因继发感染细菌性子宫内膜炎而死亡。羊群首次发生流产，流产率可达 20%～30%，以后则流产率下降。流产过的母羊，一般不再发生流产。在该病流行的羊群中，可见公羊患有睾丸炎、附睾炎等疾病。

图 10-46　病母羊产下弱小的羔羊

（2）结膜炎型（滤泡性结膜炎）　主要发生于绵羊，特别是育肥羔羊和哺乳羔羊。病羊可一只眼患病或双眼均患病，眼结膜充血、水肿，大量流泪。病后 2～3 天，角膜发生不同程度的混浊，出现血管翳、糜烂、溃疡或穿孔。混浊和血管形成最先从角膜上缘开始，其后在其下缘也有发生，最后可扩展到角膜中心。数天后，在瞬膜、眼结膜上形成直径 1～10 毫米的淋巴样滤泡（滤泡性结膜炎）。病程 6～10 天，角膜溃疡者，病期可达数周。某些病羊可伴发关节炎，发生跛行。发病率高，一般不引起死亡。

（3）关节炎型（多发性关节炎）　主要发生于羔羊。羔羊病初体温升高达 41～42℃，食欲废绝，掉队离群，肌肉僵硬，肢关节（尤其腕关节、跗关节）肿胀、疼痛，一肢或四肢跛行，之后病羔拱背站立，或长期卧地，体重减轻，生长发育受阻。绝大多数羔羊同时发生滤泡性结膜炎。发病率高，病死率低，病程2～4周。

4. 病理变化

（1）流产型（地方流行性流产）　流产母羊胎膜水肿、增厚，子叶呈黑红色或土黄色，胎膜周围的渗出物呈棕色（见图10-47）。流产胎儿水肿，腹腔积液，血管充血，皮肤、皮下组织、胸腺及淋巴结等处有点状出血，肝脏充血、肿胀，表面可能有针尖大小的灰白色病灶。

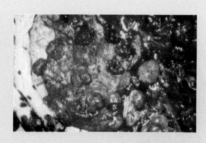

图 10-47　流产型病羊病理变化

病母羊胎盘的子叶和绒毛膜呈各期坏死，子叶呈黑红色或土黄色（左图）；
病母羊流产后的病变胎盘子叶出血、坏死，呈黑色（右图）

（2）结膜炎型（滤泡性结膜炎）　结膜充血、水肿。角膜发生水肿、糜烂和溃疡。瞬膜、眼结膜上可见大小不等的淋巴样滤泡。

（3）关节炎型（多发性关节炎）　关节囊扩张，发生纤维素性滑膜炎。关节囊内积聚有炎性渗出物，滑膜附有疏松的纤维素性絮片，从纤维层到邻近的肌肉发生水肿、充血和小点状出血，关节软骨一般正常。患病数周的关节滑膜层由于绒毛样增生而变粗糙。两眼呈滤泡性结膜炎。肺脏有粉红色萎陷区和轻度的实变区。

5. 诊断

采集血液、脾脏、肺脏、关节液、流产胎儿及流产分泌物等作病料，涂片染色镜检查找病原，也可将病料接种于5～7天的鸡胚卵黄囊或无特定病原的小鼠等，进行衣原体的分离鉴定。

6. 防制

（1）预防措施 禁止羊群与其它易感动物接触，严格检疫、隔离和消毒，消除各种诱发因素，防止寄生虫侵袭，增强羊群体质。流行该病的地区，每年定期用羊流产衣原体灭活疫苗对母羊和种公羊进行免疫接种，皮下注射3毫升，保护期在半年以上。

（2）发病后措施 发生该病时，流产母羊及其所产弱羔应及时隔离，排出的胎衣、死羔和污物等应予以销毁。污染的环境用2%氢氧化钠溶液、2%来苏尔溶液等进行彻底消毒。治疗原则为早期诊断，抗菌消炎和对症治疗。流产型用处方6。

【处方1】硫氰酸红霉素注射液2毫克/千克体重，肌内注射，每日2次，连用3日。

【处方2】盐酸多西环素注射液1～3毫克/千克体重，每日或隔日1次，连用3次。

【处方3】20%长效土霉素注射液0.05～0.1毫升/千克体重，肌内注射，每日或隔日1次，连用3～5次。严重时全群注射。

【处方4】5%氟苯尼考注射液5～20毫克/千克体重，肌内注射，每日或隔日1次，连用3次。

【处方5】可配合处方1～处方4。红霉素眼膏，涂于眼睑，每日2～3次。

【处方6】①缩宫素注射液5～10单位，流产后皮下或肌内注射。②土霉素0.5～1.0克、生理盐水5～10毫升，子宫灌注，每日1次，连用3日。③盐酸环丙沙星注射液2.5～5毫克/千克体重、5%葡萄糖氯化钠注射液500毫升，静脉注射，每日1～2次，连用3日。④甲硝唑注射液10～15毫克/千克体重，静脉注射，每日1次，连用3日。

二十五、传染性角膜结膜炎

传染性角膜结膜炎（红眼病）是由多种微生物引起的危害牛、羊的一种急性传染病。其临床特征为患病动物眼结膜和角膜发生明显的炎症变化，眼睛流出大量的分泌物，其后角膜混浊或呈乳白色、溃疡，甚至失明。

1. 病原

羊传染性角膜结膜炎是一种多病原的疾病，目前认为其病原体主要是鹦鹉热衣原体和结膜支原体，立克次体、奈瑟氏球菌、李氏杆菌等也可能参与感染。

2. 流行病学

该病多发生在蚊蝇较多的炎热季节，一般是在5～10月夏秋季，以放牧期发病率最高，进入舍饲期也有少数发病的，多为地方性流行。该病主要侵害反刍动物，特别是山羊。病羊和隐性感染羊是主要传染源，病羊的分泌物，如鼻涕、泪、奶及尿等，均能传播该病，羊通过直接接触或者间接接触而感染，蝇类或某种飞蛾可机械传递该病。

3. 临床症状

该病潜伏期一般为3～7天，主要表现为结膜炎和角膜炎。多数病羊先一眼患病，然后波及另一眼，有时一侧发病较重，另一侧较轻。发病初期呈结膜炎症状，流泪，羞明，眼睑半闭，眼内角流出浆液或黏液性分泌物，不久则变成脓性，使睫毛粘连、眼睑闭合。上、下眼睑肿胀、疼痛，结膜潮红，并有树枝状充血，个别病例的结膜上发生出血斑，其后发生角膜炎，结膜上的血管伸向角膜，在角膜边缘形成红色充血带，或在角膜上发生白色或灰色小点（见图10-48）。由于炎症的蔓延，可继发虹膜炎。1～2天后，角膜出现混浊，甚至发生溃疡，形成角膜瘢痕。有时可波及全眼球组织，导致眼前房积脓或角膜破裂，晶状体可能脱落，造成永久性失明。病羊食欲减退，生长发育受阻，母羊拒绝哺乳。由衣原体致病的羊，还可见到角膜和结膜上的淋巴样滤泡、关节炎等。

4. 防制

（1）预防措施　加强饲养管理，供给充足的营养，圈养时创造良好的环境条件，减少饲养密度，夏季注意灭虫和遮阴，施行严格的检疫、隔离和消毒制度，有条件的种羊场，应建立健康群，引入的羊只，至少需隔离60天，方能允许与健康者合群。发现病羊立即隔离，环境彻底消毒，防止疫情扩大传播。一般病羊若无全身症状，在半个月内可以自愈。

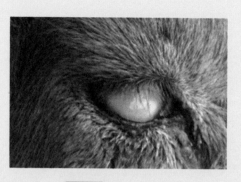

图 10-48 角膜出现白色

（2）发病后措施　治疗原则为早发现，早隔离，以及早抗菌消炎。

【**处方 1**】1％～2％硼酸液洗眼，拭干后再用 3％～5％弱蛋白银溶液滴入结膜囊中，每日 2～3 次。

【**处方 2**】在地塞米松眼药水中加入青霉素（0.5 万单位/毫升），点眼，每日 2～3 次。

【**处方 3**】1％～2％黄降汞软膏，角膜混浊或角膜翳时眼内涂抹，每日 1～2 次。

【**处方 4**】红霉素眼膏，涂于眼睑，每日 2～3 次。

第二节　寄生虫病与诊治技术

一、捻转血矛线虫病

捻转血矛线虫病又称捻转胃虫病，是由毛圆科血矛线虫属的捻转血矛线虫寄生于反刍动物皱胃和小肠引起的疾病。其临床特征为放牧掉队、食欲减退、异食、贫血、衰弱、消瘦、下颌或颜面水肿、便秘或腹泻，肥壮羔羊常因极度贫血而突然死亡。多发生于未驱虫或驱虫程序不科学的放牧羊群、超载牧地和炎热多雨季节。该病常导致羊群发生持续感染，给养羊业带来致命打击。

1. 病原及感染过程

病原为毛圆科血矛线虫属的捻转血矛线虫，虫体呈毛发状，因吸血使虫体显现淡红色。虫卵呈灰白色，椭圆形，卵壳壁薄而光滑，新鲜虫卵内含胚细胞 16～32 个。成虫寄生于皱胃，偶见小肠。虫卵随粪便排出体外，经过第一、二幼虫期，至第三期幼虫成为感染性幼虫，被羊摄食后，在瘤胃中脱鞘，到皱胃钻入黏膜的上皮突起之间，开始摄食。经第三次脱皮，形成第四期幼虫。感染后 12 天，虫体进入第五期，即内部各种器官发育起来的时期。感染后 18～21 天，宿主粪便中出现虫卵。总之，就是卵发育至感染性幼虫，附着于青草，羊采食时食入，进入皱胃发育为成虫。

2. 临床症状

一般羔羊感染初期出现食欲降低、下痢。严重感染时，特别是伴有继发病时，会表现明显临床症状：食欲不振，常下痢，腹痛，粪便带有白色的孕卵节片，可视黏膜苍白，消瘦。病的末期，患羊常因衰弱而卧地不起，抽搐，头部向后仰或经常做咀嚼运动，口周围留有许多泡沫。

3. 病理变化

剖检病羊尸体营养良好（急性型）或消瘦（亚急性或慢性），皮肤表面、皮下及肌肉苍白。血液稀薄，颜色为淡红色，不易凝固。心包积水，腹腔内有腹水，胃肠道内容物很少。皱胃内有大量淡红色或红白相间的毛发状线虫，长度为 15～30 毫米，吸着在胃黏膜上或游离于胃内容物中，还会慢慢蠕动。皱胃黏膜水肿，有严重的大面积出血症状（多为出血点）（见图 10-49）。

4. 诊断

在患羊粪球表面有黄白色的孕卵节片，形似煮熟的米粒。将孕节做涂片检查时，可见到大量灰白色、特征性的虫卵。用饱和盐水漂浮法检查粪便时，可发现虫卵。

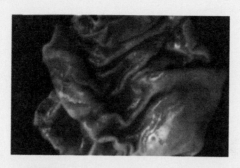

图 10-49 捻转血矛线虫所致的卡他性胃炎

5. 防制

（1）预防措施

① 坚持定期驱虫。多采用春秋两次或每年三次驱虫。对外地引进的羊必须驱虫后再合群。放牧羊群在秋季或入冬、开春和春季放牧后4～5周各驱虫一次，炎热多雨季节，可适当增加驱虫次数，一般2个月一次，如牧地过度放牧、超载严重，捻转血矛线虫发生持续感染，建议1个月驱虫一次，或投服抗寄生虫缓释药弹（丸）进行控制。羔羊在2月龄进行首次驱虫，母羊在接近分娩时进行产前驱虫，寄生虫污染严重地区在母羊产后3～4周再驱虫一次。

② 加强饲养管理。备足全年草料，合理补充精料，实行圈养，增强抗病力，注意放牧和饮水卫生，应尽量不在潮湿低凹地点放牧，也不要在清晨、傍晚或雨后放牧，避免吃露水草，尽量避开幼虫活动的时间，减少感染机会。

③ 加强粪便管理。驱虫应在有隔离条件的场所进行，驱虫后排出的粪便应统一集中，用生物发酵法进行无害化处理。日常的粪便也要生物发酵处理，消灭虫卵和幼虫。

（2）发病后措施 治疗原则为积极驱虫，对症治疗。

【处方1】盐酸左旋咪唑注射液5～6毫克/千克体重，全群皮下注射，或盐酸左旋咪唑片 8 毫克/千克体重，双羟萘酸噻吩嘧啶片 25～40 毫克/千克体重，全群内服。

【处方2】依维菌素注射液 0.2 毫克/千克体重，全群皮下注射，或依维菌素预混剂 0.2 毫克/千克体重，全群内服，泌乳母羊慎用。

【处方3】①丙硫咪唑片（即阿苯达唑、抗蠕敏），5～15 毫克/千克体重，全群内服，母羊妊娠前期禁用，或丙氧苯咪唑片 10 毫克/千克体重，芬苯达唑片（苯硫苯咪唑）20 毫克/千克体重，全群内服。②10%葡萄糖注射液 100～500 毫升、维生素 C 注射液 0.5～1.5 克、10%安钠咖注射液 10 毫升，静脉注射，每日 1～2 次，连用 3～5 日。③丙二醇或甘油 20～30 毫升、维 D_2 磷酸氢钙片 30～60 片、干酵母片 30～60 克、西咪替丁片 5～10 毫克/千克体重，加水灌服，每日 2 次，连用 3～5 日。④维生素 B_{12} 注射液 0.3～0.4 毫克，肌内注射，每日 1 次，连用 3～5 日（实践检验效果良好）。

【处方4】鹤虱 30 克、使君子 30 克、槟榔 30 克、芜荑 30 克、雷丸 30 克、绵马贯众 60 克、干姜（炒）15 克、附子（制）15 克、乌梅 30 克、诃子 30 克、大黄 30 克、百部 30 克、木香 15 克、榧子 30 克，共为末（驱虫散加减），每次 30～60 克，开水冲候温灌服。

二、食道口线虫病

食道口线虫病是由毛线科食道口属多种线虫的幼虫和成虫寄生于肠壁和肠腔引起的疾病。有些食道口线虫的幼虫阶段可使肠壁发生结节，故又称结节虫病。其临床特征为持续性腹泻，粪便呈暗绿色，含有黏液或血液，不同程度消瘦和下颌水肿。该病在我国各地普遍存在。

1. 病原及感染过程

病原为毛线科食道口属的哥伦比亚食道口线虫、微管食道口线虫、粗纹食道口线虫和甘肃食道口线虫。成虫寄生于结肠。虫卵随粪便排出体外，在适宜条件下（25～27℃），经 10～17 小时孵出第一期幼虫，经 7～8 天蜕化 2 次变为第三期幼虫（即感染性幼虫）。羊摄入被感染性幼虫污染的青草和饮水而感染。

该病主要侵害羔羊，多发生于春、秋季节（气温低于9℃时虫卵不发育，35℃以上时所有幼虫迅速死亡）和没有进行驱虫的放牧羊群。

2. 临床症状

轻度感染不显症状。重度感染，特别是羔羊，可引起典型的顽固性下痢（在感染后第 6 天开始腹泻），粪便呈暗绿色、含有许多黏液、有时带血，病羊拱腰，后肢僵直有腹痛感。严重时可因机体脱水、消瘦、衰竭死亡。慢性病例是便秘与腹泻交替发生，进行性消瘦，下颌水肿，最后虚脱死亡。

3. 病理变化

病理变化主要表现为结肠的结节性病变和炎症。幼虫阶段在肠壁上形成结节（微管食道口线虫的幼虫不在肠壁上产生结节），结节在浆膜面破溃时引起腹膜炎，结节在黏膜面破溃时引起溃疡性和化脓性结肠炎，某些结节可发生钙化变硬（见图 10-50）。成虫吸附在黏膜上虽不吸血，但分泌有毒物质加剧结节性肠炎的发生，毒素还可以引起造血组织某种程度的萎缩，因而导致红细胞减少、血红蛋白下降和贫血。

4. 诊断

通过虫卵检查法如粪便直接涂片法、饱和盐水漂浮法和改良斯陶尔氏虫卵计数法可以进行初步了解食道口线虫感染的情况，但不能确诊。

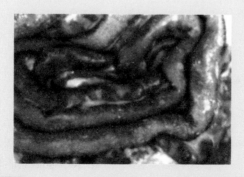

图 10-50 藏羊食道线虫严重感染后，肠壁中形成的密发性结节

5. 防制

（1）预防措施

① 定期驱虫。实行春、秋两季各进行 1 次驱虫，采用广谱、高效、低毒的驱虫药，如丙硫咪唑、阿维菌素等，可取得良好效果。

② 加强饲养管理。合理补充精料，实行圈养，保持饮水清洁，增强抗病力，应尽量不在潮湿低凹地点放牧，也不要在清晨、傍晚或雨后放牧，尽量避开幼虫活动的时间，减少感染机会。

③ 加强粪便管理。将粪便集中堆放进行生物发酵处理，消灭虫卵和幼虫。

（2）发病后措施　治疗原则为积极驱虫，抗菌消炎，对症治疗。

【处方 1、处方 2】同捻转血矛线虫病。

【处方 3】①丙硫咪唑片（即阿苯达唑、抗蠕敏）5～15 毫克/千克体重，全群内服，母羊妊娠前期禁用，或丙氧苯咪唑片 10 毫克/千克体重，芬苯达唑片（苯硫苯咪唑）20 毫克/千克体重，全群内服。②生理盐水 500～1000 毫升、氨苄青霉素 50～100 毫克/千克体重、10％安钠咖注射液 10 毫升；10％葡萄糖注射液 500 毫升、10％葡萄糖酸钙注射液 10～50 毫升、维生素 C 注射液 0.5～1.5 克。静脉依次注射，每日 1～2 次，连用 2～3 日。③甲硝唑注射液 10 毫克/千克体重，静脉注射，每日 1 次，连用 2～3 日。④12.5％止血敏注射液 0.25～0.5 克，肌内或静脉注射，每日 2～3 次，连用 1～3 日。⑤1％福尔马林溶液 1000～1500 毫升，深部灌肠。

三、仰口线虫病

仰口线虫病又称钩虫病，羊仰口线虫病是由钩口科仰口属的羊仰口线虫寄生于羊的小肠引起的以贫血为主要症状的寄生虫病。

1. 病原及感染过程

病原是钩口科仰口属的羊仰口线虫。虫体乳白色或淡红色，它是中等大小的线虫，头端向背面弯曲，故称仰口线虫。虫卵无色，壳厚，两端钝圆，内含 8～16 个胚细胞。成虫寄生于小肠。虫卵随宿主粪便排出体外，在适宜温度和湿度条件下，经 4～8 天形成幼虫，幼虫从卵内逸出，经 2 次蜕化，变为第三期幼虫（感染性幼虫）。感染性幼虫可经两种途径进入羊体内，一是感染性幼虫经皮肤钻入，进入血液循环，随血流到达肺脏，再由肺毛细血管进入肺泡，在此进行第 3 次蜕化发育为第四期幼虫，然后幼虫上行到支气管、气管、咽，返回小肠，进行第 4 次蜕化，发育为第五期幼虫，再发育为成虫，此过程需要 50～60 天，经皮肤感染时可以有 85％ 的幼虫得到发育。二是感染性幼虫污染的饲草、饮水等经羊的消化道感染（或经口感染），感染性幼虫在小肠内直接发育为成虫，此过程约需 25 天，但经消化道感染时只有 10％～14％ 的幼虫得到发育。

2. 流行病学

该病多发于炎热的夏、秋季节，未驱虫或驱虫程序不科学的放牧羊群也多发。

3. 临床症状

病羊精神沉郁，进行性贫血，消化紊乱，顽固性腹泻，粪便带黑色，严重消瘦，有时下颌及颈下水肿。羔羊发育不良，生长缓慢，还有神经症状如后驱软弱无力和进行性麻痹等，死亡率很高。死亡时红细胞数下降，血红蛋白降至 30％～40％。轻症放牧后症状逐渐减轻，甚至消失。

4. 病理变化

尸体消瘦、贫血、水肿，皮下有胶冻样浸润，浆膜腔积液。血液色淡，清水样，凝固不全。肺脏有淤血性出血和小点状出血。心肌松软，冠状沟有水肿。十二指肠和空肠有大量乳白色或淡红色虫体，虫体游离于肠内容物中或附着在黏膜上，肠黏膜发炎，有出血点和小齿痕，肠内容物呈褐色或血红色。

5. 诊断

用粪便直接涂片法或饱和盐水漂浮法检查粪便中的虫卵，虫卵大小为（79～97）微米×（47～50）微米。或剖检发现虫体时，即可确诊。

6. 防制

（1）预防措施 定期驱虫，保持圈舍干燥清洁，饲料和饮水应不受粪便污染，改善牧场环境，注意排水，不在湿地放牧。

（2）发病后措施　治疗原则是积极驱虫，抗菌消炎，对症治疗。

【处方1、处方2】同捻转血矛线虫病。

【处方3】①丙硫咪唑片（即阿苯达唑、抗蠕敏）5～15毫克/千克体重，全群内服，母羊妊娠前期禁用，或丙氧苯咪唑片10毫克/千克体重，芬苯达唑片（苯硫苯咪唑）20毫克/千克体重，全群内服。②生理盐水500～1000毫升、氨苄青霉素50～100毫克/千克体重，10%安钠咖注射液10毫升；10%葡萄糖注射液500毫升、10%葡萄糖酸钙注射液10～50毫升、维生素C注射液0.5～1.5克。静脉依次注射，每日1～2次，连用2～3日。③甲硝唑注射液，10～20毫克/千克体重，静脉注射，每日1次，连用2～3日。④12.5%止血敏注射液0.25～0.5克，肌内或静脉注射，每日2～3次，连用1～3日。⑤维生素B_{12}注射液0.3～0.4毫克，肌内注射，每日1次，连用3～5日。⑥磺胺脒0.1～0.2克/千克体重、小苏打片5～10克、安络血片5～10毫克、次硝酸铋片2～4克、丙二醇或甘油20～30毫升、维D_2磷酸氢钙片30～60片，加水灌服，每日2次，连用3～5日（实践检验效果良好）。

四、肺线虫病

肺线虫病（网尾线虫病或羊肺丝虫病）是由网尾属丝状网尾线虫寄生于绵羊和山羊的气管和支气管内引起的寄生虫病，多见于潮湿地区，常呈地方性流行，主要危害羔羊。

1. 病原及感染过程

病原为丝状网尾线虫，虫体呈细线状、乳白色，肠管很像一条黑线穿行于体内，口囊小而浅，口缘有4个小唇片。虫卵呈椭圆形，卵内含有已发育的第一期幼虫（卵胎生）。雌虫产卵于羊的支气管，当羊咳嗽时，卵随溅出液进入口腔，大部分卵被咽下进入消化道，并在其中孵化为第一期幼虫，又随粪便排出体外，在潮湿的环境和适宜的温度（21～28℃）条件下，经2次蜕皮变为感染性幼虫。当羊吃草或饮水时，摄入感染性幼虫，幼虫在小肠内脱鞘，进入肠系膜淋巴结蜕化变为第四期幼虫。继之幼虫随淋巴或血液流经心脏到肺脏，最后行至肺泡、细支气管和支气管，经8天后并在该处完成最后一次蜕化。感染后经18天到达成虫阶段，至第26天开始产卵。成虫在羊体内的寄生期限，随羊的营养状况而变，营养良好的羊只抵抗力强，幼虫的发育受阻。当宿主的抵抗下降时，幼虫可以恢复发育。

2. 流行病学

该病多发生于冬季和潮湿牧地，成年羊和没有进行驱虫的放牧羊群感染率高。

3. 临床症状

羊群遭受感染时，首先个别羊干咳，继而成群咳嗽，运动时和夜间更为明显，此时呼吸声亦明显粗重，如拉风箱。在频繁而痛苦的咳嗽时，常咳出含有成虫、幼虫及成卵的黏液团块。咳嗽时伴发啰音和呼吸急促，鼻孔中排出黏稠分泌物，干涸后形成鼻痂，从而使呼吸更加困难。病羊常打喷嚏，逐渐消瘦，贫血，头、胸及四肢水肿，被毛粗乱。羔羊症状严重，死亡率也高。羔羊轻度感染或成年羊感染时的症状表现较轻。小型肺线虫单独感染时，病情表现比较缓慢，只是在病情加剧或接近死亡时，才明显表现为呼吸困难、干咳或呈暴发性咳嗽。

4. 病理变化

尸体消瘦，贫血。支气管中有黏液性、黏液脓性、混有血丝的分泌物团块，团块中有成虫、虫卵和幼虫。支气管黏膜肿胀、充血，并有小出血点，支气管周围发炎。病羊有不同程度的肺脏膨胀不全和肺气肿。有虫体寄生的部位，肺脏表面稍隆起，呈灰白色，触诊时有坚硬感，切开时常可见到虫体（见图10-51）。

5. 诊断

当患羊打喷嚏或阵发性咳嗽时，常咳出黏液团块，显微镜涂片检查可见有虫卵和幼虫。

6. 防制

（1）预防措施　在放牧前后各进行一、二次驱虫，放牧季节根据情况再适当进行普遍驱虫，驱虫治疗后，应将粪便堆积，进行生物发酵处理。成年羊与羔羊分群放牧，有条件的地方可实行轮牧，避免在低湿的沼泽地放牧。保持圈舍和饮水卫生，喂足草料，增强羊体质。有条件的可用虫苗预防。

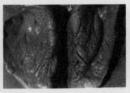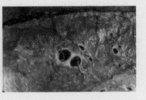

图 10-51 肺线虫病病羊病理变化

肺气肿病变（左图）；两侧肺膈叶背缘有几个椭圆形结节，其中一个已切开。
结节灰色或灰黄，质地坚实柔软，常可从侧面挤出小线虫（中图）；
肺切面、支气管中有许多大型肺线虫寄生，黏膜发炎，附有黏液（右图）

（2）发病后措施　治疗原则是正确诊断，积极驱虫，抗菌消炎。

【处方 1、处方 2】同捻转血矛线虫病。

【处方 3】①丙硫咪唑片（即阿苯达唑、抗蠕敏）5～15 毫克/千克体重，全群内服，母羊妊娠前期禁用，或丙氧苯咪唑片 10 毫克/千克体重，芬苯达唑片（苯硫苯咪唑）20 毫克/千克体重，全群内服。②青霉素 5 万单位/千克体重、地塞米松注射液 4～12 毫克、注射用水 5 毫升，或 5% 氟苯尼考注射液 5～20 毫克/千克体重，肌内注射，每日 1 次，连用 3 日。

五、鞭虫病

鞭虫病是由毛首科毛首线虫属的毛首鞭形线虫寄生于羊的大肠（主要是盲肠），所引起的寄生虫病。其临床特征为间歇性下痢，便中带黏液和血液，贫血，消瘦，食欲减退，发育障碍。我国各地的猪、羊多有发生，其主要危害幼畜，严重时可引起死亡。

1. 病原及感染过程

羊鞭虫病的病原有绵羊毛首线虫和球鞘毛首线虫。虫体呈乳白色，前部细长、呈毛状，为食道部，由一串单细胞排列构成，后为体部，短粗，内有肠管和生殖器官。虫卵为腰鼓状，棕黄色，两端有塞状构造，壳厚（对外界不良环境抵抗力强），光滑，内含有未发育的卵胚。成虫寄生于盲肠。虫卵随粪便排出体外，在适宜条件下经两周或数月发育为感染性虫卵（内含第一期幼虫，既不蜕皮，也不孵化），被羊吞食感染性虫卵后，第一期幼虫在小肠内孵出，钻入肠绒毛间发育，之后移行至盲肠内，以前端埋入盲肠黏膜，依次蜕化形成第二、第三、第四期幼虫，在盲肠内约经12周发育为成虫。

2. 流行病学

虫卵在外界和体内发育的时间较长，主要寄生于羔羊，多为夏季放牧时感染，秋、冬季出现临床症状。

3. 临床症状

轻度感染时，有间歇性腹泻，轻度贫血，因而影响生长发育。严重感染时，病羊食欲减退，消瘦，贫血，腹泻，死前数日排水样血色便，并有黏液，用抗菌药治疗不能根治。

4. 病理变化

盲肠发生慢性卡他性肠炎。严重感染时，盲肠黏膜有出血性坏死、水肿和溃疡。还有和结节虫相似的结节。结节有两种：一种质地软有脓，虫体前部埋入其中；另一种在黏膜下，呈圆形包囊物。

5. 诊断

用粪便直接涂片法或饱和食盐水漂浮法检查粪便中的虫卵，虫卵形态有特征性，容易识别，或剖检时发现虫体即可做出诊断。

6. 防制

（1）预防措施　在春、秋季全群各进行一次驱虫，药物选用左旋咪唑、丙硫咪唑、依维菌素内服或肌注。将粪便进行生物发酵处理。注意放牧和饮水卫生，避免在污染严重的超载牧地放牧，定期打扫、冲洗、消毒圈舍，注意水槽和料槽卫生，不饮脏水和污水。

（2）发病后措施　治疗原则是正确诊断，积极驱虫，抗菌消炎，对症治疗。

【**处方1、处方2**】同捻转血矛线虫病。

【**处方3**】①丙硫咪唑片（即阿苯达唑、抗蠕敏）5～15毫克/千克体重，全群内服，母羊妊娠前期禁用，或丙氧苯咪唑片10毫克/千克体重，芬苯达唑片（苯硫苯咪唑）20毫克/千克体重，全群内服。②磺胺脒0.1～0.2克/千克体重、小苏打片5～10克、安络血片5～10毫克、次硝酸铋片2～4克、丙二醇或甘油20～30毫升、维D_2磷酸氢钙片30～60片，加水灌服，每日2次，连用3～5日。③生理盐水500～1000毫升、氨苄青霉素钠50～100毫克/千克体重（或硫酸庆大霉素注射液20万单位）、10%安钠咖注射液10毫升，静脉注射，每日1～2次，连用2～3日。④甲硝唑注射液，10毫克/千克体重，静脉注射，每日1次，连用2～3日。⑤5%碳酸氢钠注射液50～100毫升，静脉注射，每日1次，连用3～5次。

六、脑脊髓丝虫病

脑脊髓丝虫病（腰痿病）是由寄生于牛腹腔中的指形丝状线虫和唇乳突丝状线虫的幼虫侵入羊的脑或脊髓的硬膜下或实质中而引起的一种寄生虫病。该病以脑脊髓炎和脑脊髓实质被破坏为病理特征。羊患病后往往遗留后躯歪斜、行走困难，甚至卧地不起等症状，最后因褥疮、食欲下降、消瘦和贫血死亡。在我国长江流域和华东沿海地区发生较多，东北、华北等地区也有发生。

1. 病原及感染过程

病原是寄生于牛腹腔的指形丝状线虫和唇乳突丝状线虫的晚期幼虫（童虫）。其多寄生于脑底部、颈椎和腰椎膨大部的硬膜下腔、蛛网膜下腔或蛛网膜与硬膜下腔之间。虫体为乳白色小线虫，外有囊鞘，虫体能在鞘膜内活动，其形态已接近成虫，体态弯曲自然，多呈S形、C形或其它形状的弯曲，也有扭成一个结或两个结的。

寄生于牛腹腔内的指形丝状线虫产出初期幼虫（微丝蚴），初期幼虫在牛（终末宿主）外周血液中，当蚊子（中间宿主）吸血时，将幼虫吸入体内经15天左右发育为感染性幼虫，集中到蚊子的胸肌和口器内，当带有该虫的蚊子到马、羊（非固有宿主）吸血时，将感染性幼虫注入马、羊体内，感染性幼虫经淋巴循环侵入脑脊髓表面或实质内，发育为童虫，童虫长 1.5～5.8 厘米，该童虫在其发育过程中引起马、羊的脑脊髓丝虫病，童虫形态结构类似成虫，但不发育至成虫。

2. 流行病学

该病多发生于夏末秋初季节，特别是蚊子大量滋生时，容易感染。

3. 临床症状

（1）急性型　病羊突然卧倒，不能起立。眼球上旋，颈部肌肉强直或痉挛，或歪斜。病羊呈现兴奋、骚乱及鸣叫等神经症状。病羊倒地抽搐，致使眼球受到摩擦而充血，眼眶周围的皮肤被磨破，呈现显著的结膜炎，甚至发生外伤性角膜炎。急性兴奋过后，如果将羊扶起，可见四肢张直，向两侧叉开，步态不稳，如醉酒状。当颈部痉挛严重时，病羊向一侧转圈。

（2）慢性型　此型多见，病初患羊腰部无力、步态跟跄，多发生于一侧后肢，也有的两后肢同时发生。此时病羊体温、呼吸和脉搏均无变化，但多遗留臀部歪斜及斜尾等症状。容易跌倒，但可自行起立，故病羊仍可随群放牧。母羊产奶量仍不降低。病情严重时两后肢完全麻痹，呈犬坐姿势，或横卧地上不能起立，但食欲及精神正常。时间久，会发生褥疮，病羊食欲下降、逐渐消瘦、衰竭死亡。

4. 病理变化

脑脊髓的硬膜、蛛网膜有浆液性、纤维素性炎症和胶样浸润灶，以及大小不等的红褐色、暗红色出血灶，在其附近可发现虫体。脑脊髓实质病变明显，有大小不等的斑点状、条纹状的褐色坏死性病灶，以及形成大小不等的空洞和液化灶。

5. 诊断

国内用牛腹腔丝虫提纯抗原进行皮内注射，成功用于马脑脊髓丝虫病的早期诊断。羊可以试用。

6. 防制

（1）预防措施

① 控制传染源。羊舍要设置在干燥、通风、远离牛舍 1～1.5 千米处，在蚊虫出现的季节尽量避免与牛接触。普查病牛并治疗（海群生注射液 10 毫克/千克体重，皮下注射，每日 3 次，连用 2 日）。

② 切断传播途径。搞好羊舍及周围环境卫生，铲除蚊虫滋生地，用药物或灭蚊灯驱蚊、灭蚊、杀虫，防止蚊虫叮咬。

③ 药物预防。在该病流行季节对羊群定期驱虫，每月 1 次，连用 4 次。

（2）发病后措施　治疗原则是早诊断，早治疗。

【处方 1】海群生片（乙胺嗪）100 毫克/千克体重，内服，连用 2～5 日，对轻症病羊有良好效果。必要时配合乙酰水杨酸片和抗过敏药物，以减轻虫体死亡带来的不良反应。

【处方 2】盐酸左旋咪唑注射液 10 毫克/千克体重，肌内注射，每日 1 次，连用 7 日。

【处方 3】丙硫咪唑片 20～30 毫克/千克体重，内服，每日 1 次，连用 3～5 日，对轻症病羊有良好效果。

七、片形吸虫病

片形吸虫病（肝蛭病）是由片形科片形属的肝片吸虫和大片吸虫寄生于反刍动物的肝脏和胆管中所引起的一种寄生虫病。临床特征为急性死亡，以及贫血、消瘦和水肿。该病是羊最主要的寄生虫病之一，主要危害绵羊，特别是羔羊，山羊也有发生。

1. 病原及感染过程

病原为肝片吸虫和大片吸虫。肝片吸虫呈背腹扁平的柳叶状，体表有许多小刺，新鲜虫体为红褐色，固定以后呈灰白色。肝片吸虫虫卵呈椭圆形，黄褐色。大片吸虫呈长叶状，没有明显的肩部。大片吸虫虫卵金黄色，呈椭圆形，一端有卵盖。

成虫寄生于羊的肝脏胆管和胆囊中，虫卵可随胆汁进入消化道，随粪便排至体外。卵在水中孵出毛蚴后，钻入椎实螺体内（中间宿主），发育成尾蚴，尾蚴离开螺体，随处漂游，附着在水草上，变成囊蚴，羊吞食含有囊蚴的水草而感染。囊蚴进入动物的消化道，在十二指肠内形成童虫脱囊而出。童虫穿过肠壁，进入腹腔，经肝包膜至肝实质，再进入胆管，发育成成虫。

2. 流行病学

该病呈地方性流行，多发生于温暖多雨的夏、秋季，特别是在低洼潮湿和椎实螺滋生的牧地多发。绵羊最敏感，最常发生，死亡率也高。

3. 临床症状

患羊常引起肝炎和胆囊炎。临床常见急性型，多发生在夏末和秋季。严重感染者，体温升高、食欲废绝、腹胀、腹泻、贫血，几日内死亡。慢性型，多发生消瘦、黏膜苍白、贫血、被毛粗乱，眼睑、颌下、腹下出现水肿（见图10-52）。一般经1～2个月后，发展成恶病质，迅速死亡。亦见有拖到次年春季，饲养条件改善后逐步恢复，形成带虫者。

图 10-52 片形吸虫病临床症状

肝片吸虫病引起绵羊颌下水肿（左图）；肝片吸虫引起绵羊腹肿（右图）

4. 病理变化

肝脏肿大和出血，胆管像绳索样凸出于肝脏表面，胆管内壁有盐类沉积，胆管内膜粗糙，刀切时有沙沙声。在胆管中可发现虫体，常引发慢性胆管炎、慢性肝炎、贫血和黄疸。肺脏有时出现局限性的硬固结节（见图10-53）。

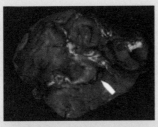
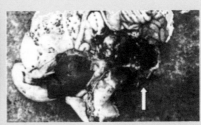
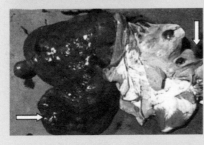

图 10-53 片形吸虫病病羊病理变化

肝片吸虫寄生的肝脏。肝表面高低不平，有索状或结节状突起，胆管被肝片吸虫充塞（上左图）；肝片吸虫引起绵羊肝脏大出血（上右图）；肝片吸虫引起的肝脏和肺病变（下左图）；肝片吸虫寄生的肝脏切面，胆管壁明显增厚，管腔内有肝片吸虫（下右图）

5. 诊断

用反复水洗沉淀法或尼龙筛淘洗法检查虫卵，如发现大量虫卵，结合症状，即可作出诊断。急性病例通常查不到虫卵，可进行剖检，在肝脏或其它器官内找到幼虫进行诊断。

6. 防制

（1）预防措施

① 加强饲养管理。注意饮水和饲草卫生，增强羊只抗病能

力，搞好环境卫生，消灭中间宿主椎实螺（1：50000 硫酸铜溶液喷洒灭螺）。放牧应选坡地，避免在低湿牧地放牧，防止羊群被感染。

② 定期驱虫。一般每年要进行三次。在春季螺活动以前，用杀成虫的药物进行第一次驱虫，驱虫后粪便要进行生物发酵处理；在 7～9 月用杀幼虫的药物进行第二次驱虫，以杀死侵入体内的多数幼虫，减少或阻止其发育为成虫；在 11～12 月，用杀成虫和幼虫都有效的药物进行第三次驱虫，以保护羊群安全过冬。

（2）发病后措施　治疗原则为正确诊断，积极驱虫，对症治疗。

【处方1】三氯苯唑（肝蛭净）片 5～10 毫克/千克体重，内服，对成虫和童虫有效，急性病例 5 周后应重复给药一次，泌乳羊禁用。

【处方2】丙硫咪唑片（即阿苯达唑、抗蠕敏）5～15 毫克/千克体重，内服。母羊妊娠期禁用。

【处方3】氯氰碘柳胺片，10 毫克/千克体重，内服，或氯氰碘柳胺注射液 5～10 毫克/千克体重，深部肌内注射。

【处方4】溴酚磷（蛭得净）片，12～16 毫克/千克体重，内服，对成虫和童虫有效。

【处方5】硝碘酚腈（虫克清）片，30 毫克/千克体重，内服，或硝碘酚腈注射液 10～15 毫克/千克体重，皮下注射，对幼虫作用不佳，内服不如注射有效。

【处方6】必要时用，并配合处方 1～处方 5。①甘油 20～30 毫升、维 D_2 磷酸氢钙片 30～60 片、干酵母片 30～60 克、安络血片 5～10 毫克、健胃散 30～60 克，加水灌服，每日 2 次，连用 3～5 日。②生理盐水 500 毫升，氨苄青霉素 10～20 毫克/千克体重；10% 葡萄糖注射液 100～500 毫升、10% 葡萄糖酸钙注射液 10～50 毫升、维生素 C 注射液 0.5～1.5 克、10% 安钠咖注射液 10 毫升。依次静脉注射，每日 1～2 次，连用 3～5 日。③维生素 B_{12} 注射液 0.3～0.4 毫克，肌内注射，每日 1 次，连用 3～5 日。④呋塞米注射液（速尿针）0.5～1 毫克/千克体重，水肿时肌内注射，每日 1～2 次，连用 3 日。

八、双腔吸虫病

双腔吸虫病（复腔吸虫病）是由双腔属的矛形双腔吸虫寄生于动物（牛、羊、猪、骆驼、马属动物和兔）的胆管和胆囊中引起的寄生虫病。该病主要危害反刍动物，严重感染时会造成牛、羊死亡。

1. 病原及感染过程

病原是矛形双腔吸虫或中华双腔吸虫。矛形双腔吸虫虫体棕红色，体扁平而透明，呈柳叶状。卵为暗褐色，卵内含有毛蚴。中华双腔吸虫的形态与矛形双腔吸虫相似。

虫体寄生于羊的胆管和胆囊中。该虫在发育过程中需要两个中间宿主。虫卵被螺蛳（第一中间宿主）吞吃后，毛蚴从卵内孵出，从螺蛳的消化道移到肝脏内，经母蚴及子胞蚴的发育而产生尾蚴。尾蚴在螺蛳的呼吸腔又形成尾蚴囊，其后被黏性物质包裹，形成黏液球。在下雨后，通过螺蛳呼吸孔排出体外，附在植物上。这一过程 82～150 天方能完成。黏液球被蚂蚁（第二中间宿主）吞吃后，在蚂蚁体内形成囊蚴。羊吃了含有囊蚴的蚂蚁而受感染，囊蚴在羊的肠道脱囊而出，经十二指肠到达胆管内寄生。

2. 流行病学

该病多见于未驱虫的放牧羊群，有在低洼潮湿牧地放牧的病史。

3. 临床症状

轻度感染时，通常无明显症状。严重感染的病羊可见到黏膜黄染，逐渐消瘦，下颌水肿，消化紊乱，腹泻与便秘交替出现，最后因极度衰竭引起死亡。

4. 病理变化

虫体寄生在胆管，引起胆管炎和管壁增厚，肝脏肿大，肝被膜肥厚。

5. 诊断

采集粪便，用反复水洗沉淀法进行粪便检查，发现虫卵。或剖检病羊，用手将肝脏撕成小块，置入水中搅拌，沉淀，细心倾去上清

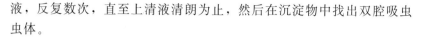

液，反复数次，直至上清液清朗为止，然后在沉淀物中找出双腔吸虫虫体。

6. 防制

（1）预防措施 每年秋末和冬季进行全群驱虫。本区羊群如果能坚持数年，可达到净化草场的目的。采取措施，改良牧地，除去杂草、灌木丛等，以消灭其中间宿主——螺蛳，也可人工捕捉或在草地养鸡进行控制。

（2）发病后措施 治疗原则为正确诊断，积极驱虫，对症治疗。

【处方1】 硝氯酚片，5 毫克/千克体重，内服。

【处方2】 丙硫咪唑片（即阿苯达唑、抗蠕敏）5～15 毫克/千克体重，内服。母羊妊娠期禁用。

【处方3】 吡喹酮片 60～70 毫克/千克体重，全群一次内服。

【处方4】 配合处方1～处方3。①甘油 20～30 毫升、维 D_2 磷酸氢钙片 30～60 片、干酵母片 30～60 克、健胃散 30～60 克，加水灌服，每日 2 次，连用 3～5 日。②10% 葡萄糖注射液 100～500 毫升、10% 葡萄糖酸钙注射液 10～50 毫升、维生素 C 注射液 0.5～1.5 克、10% 安钠咖注射液 10 毫升，静脉注射，每日 1～2 次，连用 3～5 日。③维生素 B_{12} 注射液 0.3～0.4 毫克，肌内注射，每日 1 次，连用 3～5 日。④呋塞米注射液（速尿针）0.5～1 毫克/千克体重，水肿时肌内注射，每日 1～2 次，连用 3 日。

九、日本血吸虫病

日本血吸虫病（日本分体吸虫病）是由日本血吸虫寄生于动物和人的门静脉和肠系膜静脉内所引起的一种人畜共患寄生虫病。其主要引起贫血、消瘦与营养障碍等疾患。

1. 病原及感染过程

病原为日本血吸虫，虫体白色，雄虫粗短，雌虫细长，雌雄常呈合抱状态。虫卵椭圆形或接近圆形，淡黄色，卵壳较薄，无盖。在卵壳的上侧方有一个小刺，卵内含有一个活的毛蚴。寄生于羊、牛肠系膜静脉内的成虫产出的虫卵，从血管壁到肠壁，随粪便排出，落入水中，孵出毛蚴，毛蚴侵入钉螺（中间宿主）变成胞蚴，胞蚴在钉螺体内发育成尾蚴，尾蚴离开钉螺进入水中。尾蚴经过皮肤、口腔黏膜感染羊、牛或人，尾蚴脱尾随血流到心脏和肺脏，进入体循环经主动脉再进入肠系膜动脉，通过毛细血管到达肠系膜静脉发育成成虫。成虫也可寄生于肝脏。

2. 流行病学

该病主要发生在钉螺滋生和钉螺阳性率高的地区，羊只多在夏、秋季节，通过接触含有尾蚴的疫水感染。

3. 临床症状

患羊体温升高 40℃ 以上，表现为贫血，反复发生腹泻，极度消瘦、黏膜苍白、脱毛，母羊发生不孕或流产。感染虫体的羔羊，虽然不死亡，但生长和发育受阻。

4. 病理变化

受虫体代谢产物的作用，患羊发生肝炎、肝硬化、肠溃疡，故粪便常常带黏液和血液。在肝脏和肠道有数量不等的灰白色虫卵结节，肠系膜淋巴结及脾变形、坏死（见图 10-54）。

图 10-54 日本血吸虫病病羊病理变化

肠黏膜血管内的幼虫，局部黏膜坏死（左图）；肝小管内的虫卵（右图）

5. 诊断

（1）虫卵检查　清晨从直肠采取粪便，经直接涂片法、集卵法和孵化法检出虫卵即可确诊。粪便沉淀孵化法最利于诊断，取粪 30 克，

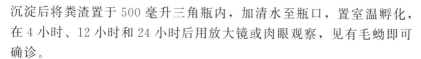

沉淀后将粪渣置于 500 毫升三角瓶内，加清水至瓶口，置室温孵化，在 4 小时、12 小时和 24 小时后用放大镜或肉眼观察，见有毛蚴即可确诊。

（2）虫体鉴定　剖检病羊，从肠系膜静脉收集虫体进行鉴定，可以确诊，日本血吸虫雌雄异体，在肠系膜小血管中寄生时呈雌雄合抱状态。

6. 防制

（1）预防措施　参见片形吸虫病。

（2）发病后措施

【处方 1】吡喹酮片 20 毫克/千克体重，一次内服。可达 99.3%～100% 的治疗效果。

【处方 2】结合处方 1。①生理盐水 500 毫升、氨苄青霉素 10～20 毫克/千克体重；10% 葡萄糖注射液 100～500 毫升、维生素 C 注射液 0.5～1.5 克、10% 安钠咖注射液 10 毫升，依次静脉注射，每日 1～2 次，连用 3～5 日。②甘油 20～30 毫升、维 D_2 磷酸氢钙片 30～60 片、干酵母片 30～60 克、健胃散 30～60 克，加水灌服，每日 2 次，连用 3～5 日。

十、反刍兽绦虫病

反刍兽绦虫病是由裸头科莫尼茨属、曲子宫属和无卵黄腺属的各种绦虫寄生于绵羊、山羊和牛的小肠中引起的寄生虫病。该病常危害 1.5～7 个月大的羔羊和犊牛，使其生长发育受阻，甚至大批死亡。

1. 病原及感染过程

反刍兽绦虫病由多种绦虫引起，寄生在绵羊及山羊的小肠中的绦虫，共有四种，即扩展莫尼茨绦虫、贝氏莫尼茨绦虫、盖氏曲子宫绦虫和无卵黄腺绦虫，比较常见的是前两种。莫尼茨绦虫（见图 10-55）发育需要中间宿主地螨参与，盖氏曲子宫绦虫和无卵黄腺绦虫的发育史尚不清楚。莫尼茨绦虫成虫寄生于反刍兽小肠。成虫脱卸的孕节或虫卵随终末宿主的粪便排出体外，虫卵散播，被地螨（中间寄主）吞食，六钩蚴在其消化道内孵出，穿出肠壁，入血腔发展为似囊尾蚴，成熟的似囊尾蚴开始有感染性。终末宿主采食时将含有似囊尾蚴的地螨吞入，地螨即被消化而释放出似囊尾蚴，似囊尾蚴吸附于肠壁上，在小肠内发育为成虫。所需时间为 45～60 天。成虫在羊体内的生活时间一般为 3 个月。

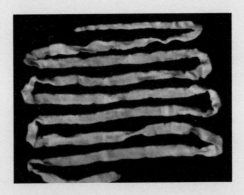

图 10-55　经固定的莫尼茨绦虫标本

2. 流行病学

该病多见于 1.5～7 月龄的羔羊，感染高峰在 5～8 月，多雨的季节，以及有不科学驱虫和放牧的病史的羊群易发。

3. 临床症状

病羊食欲减退，饮欲增加，精神沉郁，营养不良，发育受阻，消瘦、贫血，颌下、胸前水肿，腹泻，或便秘与腹泻交替发生，有时随粪便排出孕节片或链体，严重者虫体寄生过多或成团，可导致肠狭窄、肠阻塞、腹围增大、腹痛，甚至发生肠破裂或恶病质死亡。虫体分泌、代谢产物可致神经中毒，后期有神经症状。

4. 病理变化

可在小肠中发现虫体，数量不等，其寄生处有卡他性炎症。有时可见肠壁扩张、肠套叠乃至肠破裂，肠管、淋巴结、肠系膜和肾脏发生增生和变性，体腔积液。

5. 诊断

（1）虫卵检查 绦虫并不由节片排卵，除非含卵体节在肠中破裂，才能排出虫卵。因此一般不容易从粪便检查出来。扩展莫尼茨绦虫的虫卵近乎三角形，贝氏莫尼茨绦虫的虫卵近乎正方形。卵内都含有一个梨形构造的六钩蚴。

（2）体节检查 成熟的含卵体节经常会脱离下来，随着粪便排出体外。清晨在羊圈里新排出的羊粪便中看到的混有黄白色扁圆柱状的东西，即为绦虫节片，长约1厘米，两端弯曲，很像蛆，开始还会蠕动。有时可排出长短不等、呈链条状的数个节片。压破孕卵节片镜检可发现多量虫卵。

6. 防制

（1）预防措施 定期驱虫，管好粪便。成年羊定期驱虫。羔羊在开始放牧的第30～35天之间进行绦虫成熟期前驱虫，10～15天后，再驱虫一次，第二次驱虫后1个月再进行第三次驱虫，粪便集中进行生物发酵处理。杀灭土壤螨，勤耕翻牧地，改良牧草。科学放牧，不在清晨、傍晚或雨天放牧，避免在低湿地放牧，牧地严重污染应转移牧地。

（2）发病后措施

【处方1】吡喹酮片10～20毫克/千克体重，内服。

【处方2】硫双二氯酚（别丁）片80～100毫克/千克体重，内服。

【处方3】氯硝柳胺（灭绦灵）片60～70毫克/千克体重，内服。

【处方4】丙硫咪唑片（即阿苯达唑、抗蠕敏）5～15毫克/千克体重，内服。

【处方5】鹤虱30克、使君子30克、槟榔30克、芜荑30克、雷丸30克、绵马贯众60克、干姜（炒）15克、附子（制）15克、乌梅30克、诃子30克、大黄30克、百部30克、木香15克、榧子30克，共末（驱虫散加减），每次30～60克，开水冲候温灌服。

十一、细颈囊尾蚴病

细颈囊尾蚴病是由带科带属的泡状带绦虫的中绦期幼虫——细颈

囊尾蚴寄生于多种家畜和野生动物的肝脏浆膜、网膜及肠系膜等处所引起的一种绦虫蚴病。

1. 病原及感染过程

病原为细颈囊尾蚴，俗称"水铃铛"，呈囊泡状，囊壁薄，呈乳白色，内含透明液体，囊体由黄豆大到鸡蛋大，肉眼可见囊壁上有一个向内生长具细长颈部的头节，故名细颈囊尾蚴。泡状带绦虫寄生于犬、狼等肉食动物小肠内，发育成熟的孕节或虫卵随粪便排到体外，污染草场、饲料或饮水，若被羊只（中间宿主）误食，可在胃肠道内孵出六钩蚴，钻入肠壁血管内，随血液到达肝脏，并向肝脏表面移行，寄生于肝表面或大网膜、肠系膜及腹腔的其他部位。犬类动物吞食了含有细颈囊尾蚴的脏器后，其在小肠内发育为成虫。

2. 流行病学

该病的流行与养犬有关，且犬有采食生肉和未进行驱虫的病史。

3. 临床症状

成年羊症状表现不明显，而羔羊常有明显的症状。表现为生长缓慢，日渐消瘦，体毛粗糙，精神不振；有急性腹膜炎时，体温升高，腹水增加，按压腹壁有痛感。已经长成的囊尾蚴不产生损伤，也不引起症状，对羊没有危害。

4. 病理变化

急性病例，可见到肝肿大，肝脏表面有很多小结节和出血点，肝实质中能找到虫体移行的虫道，初期虫道内充满血液，然后逐渐变为黄灰色。有时腹腔内有大量带血色的渗出液和幼虫。慢性病例，在网膜、肠系膜和肝脏表面发现有黄豆大到鸡蛋大的细颈囊尾蚴，肝脏局部组织色泽变淡、呈萎缩现象，肝浆膜层发生纤维素性炎症。也有引起支气管炎、肺炎和胸膜炎的报道。

5. 防制

（1）预防措施　加强饲养管理，保持牧场清洁干燥，注意饮水卫生。

（2）发病后措施

【处方1】吡喹酮片70毫克/千克体重，内服。

【处方2】丙硫咪唑20毫克/千克体重，内服，隔日1次，连用3次。

十二、脑多头蚴病

脑多头蚴病又叫脑包虫病，是由带科多头属的多头绦虫的中绦期幼虫——脑多头蚴，寄生于绵羊、山羊及牛的脑部和脊髓所引起的一种绦虫蚴病。该病主要危害两岁以下的幼龄绵羊，人偶尔也可感染。

1. 病原及感染过程

病原是多头绦虫的中绦期幼虫——脑多头蚴。脑多头蚴呈囊泡状、圆形、直径20～37微米，囊体由豌豆大到鸡蛋大，囊内充满透明液体，囊壁外膜为角质层，内膜为生发层，囊内膜附许多原头蚴。多头绦虫寄生于犬、狼、狐狸（终末宿主）的小肠内，孕节片脱落随粪便排到体外，节片与虫卵散布于草场，污染的饲草料、饮水，被羊只（中间宿主）吞食而进入胃肠道。六钩蚴逸出，钻入肠黏膜血管内，其后随血液被带到脑脊髓中，经2～3个月发育成多头蚴。六钩蚴在羔羊体内，发育较快，感染后两周发育至粟粒大小，6周后囊体为2～3厘米。含有多头蚴的脑被犬类动物吞食后，多头蚴头节吸附于小肠壁，发育为成虫。

2. 流行病学

该病的流行与养犬有关，且犬有采食生肉和未进行驱虫的病史。

3. 临床症状

多头蚴寄生于羊脑及脊髓部，可引起脑膜炎，羊只表现出采食减少，流涎，磨牙，垂头呆立，运动失调及做特异转圈运动。

急性型表现体温升高，脉搏加快，呼吸急促，出现回旋、前冲、退后运动等，似有兴奋表现。慢性型多发生在发病后期，在2～6个月时，多头蚴发育至一定大小，病羊呈慢性经过。典型症状为随虫体寄生部位的不同，病羊转圈的方向和姿势不同。虫体大多寄生在大脑半球表面，病羊做转圈运动时，多向寄生部一侧转动，而对侧视力发生障碍以至失明，病部头骨叩诊呈浊音，局部皮肤隆起、压痛、软化，对声音刺激反应很弱。若寄生于大脑正前部，病羊头下垂，向前做直线运动，碰到障碍物头抵住呆立。若寄生在大脑后部，病羊仰头或做后退状，直到跌倒卧地不起。若寄生于小脑，病羊易惊，运动失衡，易摔倒。若寄生于脊髓部，病羊步态不稳，转弯时最明显，后肢麻痹，小便失禁。

4. 病理变化

急性死亡的羊见有脑膜炎和脑炎病变，还可见到六钩蚴在脑膜中移行时留下的弯曲伤痕。慢性期的病例则可在脑、脊髓的不同部位发现一个或数个大小不等的囊状多头蚴，在病变或虫体相接的颅骨处，骨质松软、变薄，甚至穿孔，致使皮肤向表面隆起，病灶周围脑组织或较远的部位发炎，有时可见萎缩变性和钙化的多头蚴（见图10-56）。

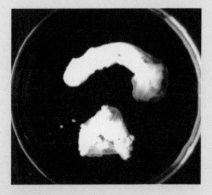

图 10-56 脑多头蚴病病羊病理变化

右侧大脑半球有一个脑多头蚴（左图）；两个分离出的脑多头蚴，
下面一个的头节已被翻出（右图）

5. 诊断

可用变态反应诊断法，即用多头蚴的囊壁和原头蚴制成乳剂变应原，注入羊的眼睑内，如果是患羊，注射1小时左右，则皮肤出现直径1.75～4.2厘米的肥厚肿大，并保持6小时左右。

6. 防制

(1) 预防措施　对患羊的头、脑和脊髓应焚毁，禁止给犬吃。对牧区所养的犬进行定期驱虫（吡喹酮片，5 毫克/千克体重，一次内服），阻断成虫感染。对牧地附近的野犬、豺、狼、狐狸等终末宿主应予捕杀。

(2) 发病后措施　治疗原则为诊断准确，早期驱虫。

【处方 1】吡喹酮片，50 毫克/千克体重，内服，每日 1 次，连用 5 日，或 70 毫克/千克体重，内服，每日 1 次，连用 3 日。

【处方 2】手术疗法。多用于价值较高的慢性型病羊，但囊泡处在脑部较深处时，手术后果不良。

以病羊的特异运动姿势，确定虫体大致的寄生部位，用镊子或手术刀柄压迫头部脑区，寻找压痛点，再用手指压迫，感觉到局部骨质松软处，多为寄生部位，再施叩诊术，病变部多为浊音。或用 X 线或 B 超检查确定手术部位。

在病部区剪毛消毒，用手术刀切开拇指头大小、半月形的皮瓣（或作十字形切口），分离皮下组织，将头骨膜分离至一侧，用圆锯或小外科刀除去露出的颅骨一块，用剪刀剪开脑硬膜，看到多头蚴后，用镊子慢慢牵引出来。或用注射针头刺入囊腔内，徐徐抽出囊液，如果看不到脑多头蚴，可以插入细胶皮管，沿脑回向周围探索，用注射器多次抽吸，便可将虫囊吸在胶皮管口上，然后抽回胶皮管，即可拉出脑多头蚴。然后给囊腔部注入含有青霉素的生理盐水 3～5 毫升，盖上脑硬膜及骨膜，撒布少量青霉素粉，缝合皮肤。并以火棉胶或绷带保护术区。手术中要严防局部血管破裂。术后注意抗菌消炎，加强护理。

十三、巴贝斯虫病

羊巴贝斯虫病（蜱热、红尿病，旧称焦虫病）是巴贝斯科巴贝斯属的莫氏巴贝斯虫、绵羊巴贝斯虫等寄生于羊血液红细胞而引起的疾病。其临床特征为发热、贫血、血红蛋白尿和黄疸，是由蜱传播的一种寄生虫病。

1. 病原及感染过程

病原为两种，即莫氏巴贝斯虫和绵羊巴贝斯虫。莫氏巴贝斯虫的毒力较强，虫体在红细胞内单独或成对存在，占据细胞中央，成对者呈锐角，长度大于红细胞半径。绵羊巴贝斯虫在红细胞内单独或成对存在，占据细胞周边，成对者呈钝角。巴贝斯虫的生活史尚不完全了解，但已知绵羊巴贝斯虫病的主要传播者为扇头蜱属的蜱。病原在蜱体内经过有性的配子生殖，产生子孢子，当蜱吸血时即将病原注入羊体内，病原寄生于羊的红细胞内，并不断进行无性繁殖。当硬蜱吸食羊血液时，病原又进入蜱体内发育。如此周而复始，流行发病。

2. 流行病学

6～12月龄的羊发病率高，以夏秋季多发，从无蜱区引入有蜱区的羊易感，在羊体、圈舍及牧草上有蜱存在。

3. 临床症状

一部分羊染虫而不显症状。患羊精神沉郁，食欲减退或废绝，反刍减少或停止，体温升高至41～42℃，呈稽留热型，可视黏膜苍白，偶尔可见黄染现象，常排出黑褐色带黏液的粪便。尿液由清转黄，甚至呈棕红色或酱油色。呼吸加快，迅速消瘦，若治疗不及时，多因全身衰竭而死亡。有的病例出现精神兴奋，无目的奔跑，突然倒地死亡。

4. 病理变化

尸体消瘦，血液稀薄如水，血凝不全，皮下组织苍白、黄染，心肌柔软、呈黄红色，心内膜有出血点。肝脏、脾脏肿大，表面有出血点。胆囊肿大2～4倍，充满浓稠胆汁。瓣胃塞满干硬的胃内容物。肾脏肿大，呈淡红黄色，有点状出血。膀胱膨大，内有多量红色尿液。

5. 诊断

从高热期典型病羊的耳静脉采血，涂片，瑞氏染色或吉姆萨染色，镜检，在红细胞内发现有一定数量的虫体即可确诊。血液检查可发现红细胞大小不均，红细胞数减少[减少至$(2\sim4)\times10^{12}$个/升]，血红蛋白减少，血清黄疸指数升高，间接胆红素含量升高等。

6. 防制

(1) 预防措施

① 做好灭蜱工作。可用依维菌素注射液 0.2 毫克/千克体重，全群皮下注射，或全群进行药浴，对圈舍进行彻底清扫、消毒，做好环境灭蜱工作。

② 药物预防。对场内未见症状羊，普遍使用 5% 三氮脒 5 毫克/千克体重，分点深部肌内注射 1 次，进行预防。或采用咪唑苯脲进行预防注射。

③ 加强管理。在有蜱季节不引进羊只，不从有蜱区引进羊只。

(2) 发病后措施 治疗原则为及早确诊，杀虫和对症治疗。

【处方1】①依维菌素注射液 0.2 毫克/千克体重，全群皮下注射，10～15 天后再注射 1 次。②注射用三氮脒（贝尼尔、血虫净）3～5 毫克/千克体重，配成 5% 水溶液，分点深部肌内注射，隔日 1 次，连用 2～3 次。或硫酸喹啉脲（阿卡普林）注射液 2 毫克/千克体重，配成 0.5% 水溶液，皮下注射，隔日 1 次，连用 2～3 次。③复方氨基比林注射液 5～10 毫升，皮下或肌内注射，每日 1 次，连用 3 日。

【处方2】①依维菌素注射液 0.2 毫克/千克体重，全群皮下注射，10～15 天后再注射 1 次。②注射用咪唑苯脲 1～3 毫克/千克体重，配成 10% 水溶液，肌内注射，隔日 1 次，连用 2～3 次。③30% 安乃近注射液 3～10 毫升，皮下或肌内注射，每日 1 次，连用 3 日。

【处方3】严重时，配合【处方1】、【处方2】。①10% 葡萄糖注射液 100～500 毫升、维生素 C 注射液 0.5～1.5 克、10% 安钠咖注射液 10 毫升，静脉注射，每日 1～2 次，连用 3～5 日。②甘油 20～30 毫升、维 D_2 磷酸氢钙片 30～60 片、干酵母片 30～60 克、健胃散 30～60 克，加水灌服，每日 2 次，连用 3～5 日。

十四、泰勒虫病

泰勒虫病是由泰勒科泰勒属的羊泰勒虫寄生于羊红细胞、巨噬细胞和淋巴细胞内所引起的寄生虫病。其临床特征是发热，体表淋巴结肿大、疼痛，贫血，黄疸和血红蛋白尿。

1. 病原及感染过程

病原为山羊泰勒虫和绵羊泰勒虫。绵羊泰勒虫形状与大小多样，多为圆形或卵圆形，少数为逗点形、十字形、边虫形及杆形等，在一个红细胞内可寄生1～4个，一般为1个。羊泰勒虫病的主要传播者为血蜱属的蜱，我国常见山羊泰勒虫，传播者为青海血蜱，病原在蜱体内经过有性的配子生殖，并产生子孢子，当蜱吸血时，即将病原注入羊体内。羊泰勒虫在羊体内首先侵入网状内皮系统细胞，在肝、脾、淋巴结和肾脏内进行裂体繁殖（石榴体或柯赫氏蓝体），继而进入红细胞内寄生。当蜱吸食羊的血液时，泰勒虫又进入蜱体内发育。如此周而复始，继续引起发病，扩大流行。

2. 流行病学

该病发生于4～6月，1～6月龄羔羊发病率高，从无蜱区引入有蜱区的羊易感，在羊体、圈舍及牧草上有蜱存在。

3. 临床症状

潜伏期为4～12天，病羊病初精神沉郁，食欲减退，体温升高到40～42℃，稽留4～7天，呼吸急促，心跳加快，心音亢进，多卧少动，反刍及胃肠蠕动减弱或停止，便秘或腹泻，粪便中带有黏液或血液，个别羊尿液混浊或呈淡红色或棕红色，可视黏膜充血，继而苍白，轻度黄染，有痛感。耳静脉采血，血液稀薄。有的羔羊四肢发软，卧地不起。病程为6～12天。

4. 病理变化

尸体消瘦，血液稀薄，皮下脂肪呈胶冻样，有点状出血。全身淋巴结有不同程度的肿大，尤以肩前、肠系膜、肺脏、肝脏等处淋巴结更为显著，淋巴结切面多汁、充血，有一些淋巴结呈灰白色，有时表面有颗粒状突起。肝脏和脾脏肿大。肾脏呈黄褐色，表面有结节和小出血点。皱胃黏膜发生溃疡斑，肠黏膜上有少量出血点。

5. 诊断

早期进行淋巴结穿刺检查或剖检后取淋巴结、脾脏、肝脏等涂片，染色镜检，发现石榴体，即可确诊。后期可采集外周血做涂片，

染色镜检，查找红细胞内的典型虫体（见图 10-57）。采集时最好用
处在高热期的典型病羊，并且未用药治疗过。

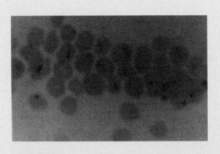

图 10-57 血液涂片，红细胞中的泰勒虫

6. 防制

同巴贝斯虫病防制措施。

十五、球虫病

　　球虫病是由艾美耳科艾美耳属的球虫寄生于羊肠道所引起的一种
原虫病。其临床特征为下痢、消瘦、贫血、发育不良，严重者导致死
亡。该病主要危害羔羊和山羊，成年羊多为带虫者。

1. 病原及感染过程

　　寄生于绵羊和山羊体内的艾美耳球虫有多种，其中致病力较强的
有雅氏艾美耳球虫、浮氏艾美耳球虫、阿氏艾美耳球虫、错乱艾美耳
球虫等。球虫卵囊形成后随羊的粪便排至体外，刚排出的卵囊没有发
生孢子化也没有感染性，在外界温暖潮湿的环境下，经 1～6 天完成
孢子化过程，形成孢子化卵囊。当孢子化卵囊被羊摄入消化道后，从
卵囊中释放出子孢子。在一定的温度和空气条件下，子孢子进入小肠
上皮细胞，然后穿过细胞质移行到细胞核附近，一些重的子孢子甚至
能使核膜形成凹陷，然后逐渐变为圆形的滋养体，滋养体的细胞核进
行数次的无性的复分裂，然后细胞质向核周围集中，分裂中的虫体称
为裂殖体，产生的后代称为裂殖子，一个裂殖体内含有数十个或更多

的裂殖子。第一代裂殖子从裂殖体释放出来时，常使肠上皮细胞受到破坏，裂殖子又进入新的未感染的肠上皮细胞内，进行第二代裂殖生殖。如此反复，使上皮细胞遭受严重破坏，引起疾病的发作。

2. 流行病学

该病多发于春、夏、秋三季，温暖潮湿的环境易造成该病流行。冬季气温低时，不利于球虫卵囊的发育，发病率较低。1岁以内的羔羊症状较为明显。

3. 临床症状

急性经过为2～7天，慢性者可延至数周。病羊精神不振，食欲减少或废绝，饮水量增加，被毛粗乱，可视黏膜苍白，腹泻，粪便中常混有血液、黏膜和脱落的上皮，粪便恶臭，并含大量的卵囊。有时可见病羊肚胀，被毛脱落，眼和鼻的黏膜有卡他性炎症。病羊多因迅速消瘦而死亡，死亡率通常在10%～25%，有时高达80%。

4. 病理变化

小肠黏膜上有淡白色或黄色圆形或卵圆形结节，如粟粒至豌豆大，常成簇分布，从浆膜面也能看到，十二指肠和回肠有卡他性炎症，有点状或带状出血（见图10-58）。

图 10-58 球虫病病羊病理变化

小肠解剖开后黏膜上可见密布的灰白色病灶，这种病灶也可以从浆膜面看到

5. 诊断

用粪便直接涂片法或饱和盐水漂浮法检查粪便中的卵囊。因为带虫现象在羊群中极为普遍，所以，单凭粪检发现球虫卵囊而进行确诊是不可靠的。而应在粪检的同时根据动物的年龄、发病季节、饲养管理条件、发病症状、剖检变化等因素进行综合判定。

6. 防制

（1）预防措施　加强饲养管理，做好圈舍、饲草、饲料、饮水的卫生工作，羔羊及时断奶和分群，防止羔羊摄入大量卵囊而发病，感染严重时，可全群内服抗球虫药物进行预防。羊受过感染可产生免疫力，让羔羊在放牧过程中逐渐与球虫接触，获得抗球虫能力，也是一种办法。

（2）发病后措施

【处方1】氨丙啉可溶性粉5毫克/千克体重，混饲或混饮，每日2次，连用3日。或莫能菌素预混剂2～3克，拌料100千克。

【处方2】磺胺喹恶啉预混剂12.5克，拌料100千克，连用3日。

【处方3】磺胺脒片0.1～0.2克/千克体重、次硝酸铋片2～6克、硅炭银片5～10克，碳酸氢钠片5～10克、维D_2磷酸氢钙片30～60片、干酵母片30～60克、丙二醇20～30毫升，加水内服，每日2次，连用3～5日。

十六、弓形虫病

弓形虫病是由真球虫目肉孢子虫科弓形虫属的刚地弓形虫寄生于人和多种动物引起的一种人畜共患寄生虫病。羊弓形虫病的临床特征为发热，呼吸困难，中枢神经功能障碍，以及流产、死胎和产出弱羔。

1. 病原及感染过程

病原为刚地弓形虫。弓形虫属于原生动物，它是一种细胞内寄生虫，在巨噬细胞、各种内脏细胞和神经系统内繁殖。根据弓形虫发育的不同阶段，将虫体分为速殖子、包囊、裂殖体、配子体和卵囊5种类型。前两种类型在中间宿主体内发育，后三种类型在终末宿主体内发育。弓形虫的终末宿主是猫。猫体内的弓形虫在小肠上皮细胞内进行有性繁殖，最后形成卵囊。随着猫粪便排出的卵囊，在适宜条件下于数日内完成孢子化。人、多种哺乳动物及禽类是中间宿主，当中间宿主吞食孢子化卵囊后，卵囊中的子孢子即在其肠内逸出，侵入血流，分布到全身各处，钻入各种类型的细胞内进行繁殖。中间宿主也可因吃到动物肉或乳中的滋养体（速殖子）而感染。当猫吃到卵囊或其他动物肉中的滋养体时，在猫肠内逸出的子孢子或滋养体一部分进入血流，到猫体各处进行无性繁殖。

2. 流行病学

该病的感染与季节有关，7～9月检出的阳性率较3～6月高。因为7、8、9三个月的气温较高，适合弓形虫卵囊的孵化，这就增加了感染的可能性。羊只多通过消化道食入孢子化卵囊（被猫粪便污染的饲料、饲草、饮水等）而感染，也可通过胎盘感染，另外还可以经过有损伤的皮肤和黏膜发生感染。职业人群在进行屠宰、手术、接产和剖检等工作时，要佩戴手套，注意卫生防护。

3. 临床症状

急性病羊表现为精神沉郁，体温升高到41～42℃，呈稽留热，食欲减退或废绝，眼结膜潮红，有多量脓性分泌物，不愿走动，叫声嘶哑，呼吸急速，常张口呼吸，咳嗽，流出脓性鼻液，有的听诊肺部有湿性啰音，发生腹泻，有的病羊运动失调，走路不稳，转圈，昏迷等。

成年绵羊多呈隐性感染，仅有少数有呼吸系统症状和中枢神经系统症状，有的母羊没有明显症状而发生流产，流产常出现于正常分娩前的4～6周，或产出死胎和弱羔。

4. 病理变化

剖检可见脑脊髓炎和轻微的脑膜炎，颈部和胸部的脊髓严重受损。淋巴结肿大，边缘有小结节，肺表面有散在的小出血点，胸、腹腔有积液。绵羊胎盘病变明显，绒毛叶呈暗红色，胎盘子叶肿胀，在绒毛间有直径为 1～2 毫米的白色坏死灶，其中含有大量滋养体。产出的死羔羊皮下水肿，体腔积液，小脑前部有广泛性小坏死灶（见图 10-59）。

图 10-59 产出的死羔羊皮下水肿，体腔积液，小脑前部有广泛性小坏死灶

5. 诊断

可采集肺脏、肝脏、淋巴结、血液、淋巴结穿刺液等，涂片或触片，瑞氏或吉姆萨染色后镜检，如果发现滋养体或包囊即可确诊。为提高检出率，可取肺脏或肺门淋巴结研碎后加入 10 倍的生理盐水过滤，滤液 500 转/分离心 3 分钟，取上清液再 1500 转/分离心 10 分钟，取沉渣涂片、染色、镜检。也可将新鲜的脊髓液离心沉淀后进行涂片、染色、镜检。

6. 防制

（1）预防措施　加强饲养管理，清洁羊舍，改善卫生条件，定期消毒，防止饲草、饲料和饮水被猫粪便污染；对流产的胎儿及其他排泄物要进行无害化处理，流产的场地亦应严格消毒，死羊要严格处理，以防污染环境或被猫及其他动物吞食；羊场禁止养猫，捕杀野猫，或对猫定期口服磺胺嘧啶片（0.1 克/千克体重，每日 2 次，连用 3 日），进行杀虫。

（2）发病后措施　治疗原则为正确诊断，对因治疗。

【处方 1】 磺胺间甲氧嘧啶钠注射液 25～50 毫克/千克体重，肌内注射，每日 1 次，首次量加倍，连用 3～5 日。

【处方 2】 ①10％葡萄糖注射液 500 毫升、10％磺胺嘧啶钠注射液 70～100 毫升/千克体重、40％乌洛托品注射液 2～8 克，静脉注射，每日 1～2 次，连用 3～4 天。②5％碳酸氢钠注射液 50～100 毫升，静脉注射，每日 1 次，连用 3～4 日。③30％安乃近注射液 3～10 毫升，皮下或肌内注射，每日 1 次，连用 3 日。

十七、疥螨病

疥螨病（疥癣、疥疮、癞等）是由疥螨科疥螨属的疥螨寄生于家畜体表和皮内而引起的慢性寄生虫病。其特征是皮肤发生炎症、脱毛、奇痒，具有高度传染性。羔羊症状最为严重，尤其是绵羔羊，往往可导致死亡。

1. 病原及感染过程

病原为疥螨，寄生在各种动物体表的疥螨形态相似。疥螨虫体小，呈龟形，浅黄色，背面隆起，腹面扁平，假头短粗，咀嚼式口器，腹面有 4 对短粗的足。疥螨的全部发育过程均在动物体上，包括卵、幼虫、若虫、成虫 4 个阶段。疥螨在宿主的表皮内挖掘隧道，以角质层组织和渗出的淋巴液为食，在隧道内发育和繁殖。

2. 流行病学

该病多发生于秋末、冬季、初春。日光照射不足，家畜被毛增厚、绒毛增多、皮肤温度增高，尤其是畜舍潮湿、阴暗、拥挤及卫生条件差的情况下极易造成疥螨病流行。传染途径为直接接触传播。

3. 临床症状和病理变化

（1）山羊　一般始发于被毛短且皮肤柔软的部位，如嘴唇、嘴角、鼻面、眼圈、耳根等处的皮肤。羊只表现奇痒，不断地在围墙、栏杆等处摩擦，皮肤发红增厚，随着病情的加重，病羊的痒感表现更为剧烈，继而皮肤出现丘疹、结节、水疱，甚至脓疱，以后形成痂皮，皲裂多出现于嘴唇、口角、耳根和四肢弯曲部。严重时病羊消瘦，放牧时落后于羊群，虫体迅速蔓延至全身，食欲废绝，最终因衰竭而死亡。

（2）绵羊 患疥螨病时，开始通常发生于嘴唇上、口角附近、鼻边缘及耳根部，严重时蔓延至整个头、颈部，病变呈现干涸的石灰样，故有"石灰头"之称（有人称为干瘯）。初期有痒感，继而发生丘疹、水疱和脓疱，以后形成坚硬的灰白色橡皮样痂皮，嘴唇、口角附近或耳根部往往发生皲裂，可达皮下，裂隙常被污染而化脓。病灶扩散到眼睑时，发生肿胀、羞明、流泪，甚至失明。

4. 诊断

疥螨大多寄生于羊的体表或皮内，应刮取皮屑，置于显微镜下，寻找虫体或虫卵。选择患病皮肤与健康皮肤交界处的皮屑，这里螨较多。刮取时先剪毛，取小刀，在酒精灯上消毒，然后使刀刃与皮肤表面垂直，刮取皮屑，直到皮肤轻微出血。然后将刮下的皮屑放于载玻片上，滴加煤油，覆以另一张载玻片。搓压玻片使病料散开，分开载玻片，置显微镜下检查，煤油有透明皮屑的作用，使其中虫体易被发现，但虫体在煤油中容易死亡，如欲观察活螨，可用10%氢氧化钠溶液、液体石蜡或甘油水溶液滴于病料上，在这些溶液中，虫体短期内不会死亡，可观察到其活动。

5. 防制

（1）预防措施

① 加强管理。圈舍保持干燥，光线充足，通风良好，密度不宜过大。引进羊只时，应进行严格临床检查，严禁病畜或带螨畜进场（必要时先进行药浴，并以7～10天的间隔连续皮下注射2次依维菌素注射液），在羊群中发现疑似病畜时，应及早确诊，将病畜和可疑病畜隔离治疗，被污染的畜舍用具要杀螨处理（1%～2%敌百虫溶液喷洒）。

② 药物预防。坚持"预防为主"的方针，有计划地进行药浴，保证每年2次以上，或皮下注射依维菌素。

（2）发病后措施 治疗原则为正确诊断，杀除螨虫，斩草除根

（关键是种羊除螨）。

【处方 1】 依维菌素注射液，0.2 毫克/千克体重，皮下注射，8～14 天后再注射 1 次。

【处方 2】 ①0.5％～1％敌百虫液或 0.05％双甲脒溶液或 0.05％辛硫磷乳油水溶液或 0.005％溴氰菊酯或 0.025％～0.075％螨净，全群药浴或喷洒，第 1 次药浴后 8～14 天应进行第 2 次药浴。②1％～2％敌百虫溶液环境喷洒。

十八、痒螨病

羊痒螨病是由痒螨科痒螨属的痒螨寄生于动物体表而引起的慢性外寄生虫病。其临床特征为皮肤发生炎症、脱毛、奇痒。秋冬季多发，以绵羊受害最为严重。

1. 病原及感染过程

病原为痒螨，痒螨属中寄生于各种动物体的痒螨形态极为相似，都被认为是马痒螨的变种。痒螨虫体呈长圆形，比疥螨大。虫卵灰白色，呈椭圆形。痒螨为刺吸式口器，寄生于皮肤表面，以口器刺穿皮肤，以组织细胞和体液为食。痒螨经卵、幼虫、若虫和成虫 4 个发育阶段，终生在绵羊的皮肤表面、被毛稠密处和长毛处寄生，然后蔓延全身。

2. 流行病学

该病多发于秋末、冬季、初春。日光照射不足，家畜被毛增厚、绒毛增多、皮肤温度增高，尤其是畜舍潮湿、阴暗、拥挤及卫生条件差的情况下极易造成痒螨病流行。

3. 临床症状

病变先发生于长毛处，以后很快蔓延于体侧，表现奇痒，羊常在槽柱、墙角擦痒，皮肤先有针尖大小结节，继而形成水疱和脓疱，患部渗出液增加，皮肤表面湿润。随后有黄色结痂，皮肤变厚硬，形成皲裂。毛束大批脱落，甚至全身脱光。病羊贫血，高度营养障碍，在寒冬可大批死亡（见图 10-60）。

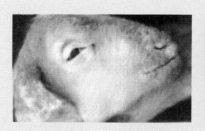

图 10-60 痒螨病病羊临床症状

绵羊唇、鼻与耳部的痒螨病变（左图）；绵羊背部皮肤的痒螨病变，
皮肤粗糙，有渗出物和被毛粘连（右图）

4. 诊断

用经过火焰消毒的凸刃小刀，涂上 6％甘油水溶液或煤油，在皮肤的患部与健康部的交接处刮取皮屑，要求一直刮到皮肤轻微出血为止；刮取的皮屑放入 10％氢氧化钾或氢氧化钠溶液中煮沸，待大部分皮屑溶解后，经沉淀，取其沉渣镜检虫体。无此条件时，亦可将刮取物置于平皿内，把平皿在热水上稍微加热或在日光下暴晒后，将平皿放在白色背景上，用放大镜仔细观察有无螨虫在皮屑间爬动。

5. 防制

（1）预防措施　同疥螨病。

（2）发病后措施　治疗原则为正确诊断，杀除螨虫，斩草除根（关键是种羊除螨）。

【处方 1】依维菌素注射液 0.2 毫克/千克体重，皮下注射，8～14 天后再注射 1 次。1％～2％敌百虫液少许，山羊痒螨病时除去耳中痂皮，滴入。

【处方 2】同疥螨病处方 2。

十九、羊鼻蝇蛆病

羊鼻蝇蛆病（羊狂蝇蛆病）是由狂蝇科狂蝇属羊狂蝇（又称羊鼻蝇）的幼虫寄生在绵羊、山羊的鼻腔及其附近的腔窦内引起的疾病。

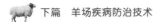

临床主要呈慢性鼻炎症状。

1. 病原及感染过程

成虫为羊狂蝇，是一种中型蝇类，比家蝇大。羊狂蝇出现于春季到秋季，以夏季最多，其既不采食也不营寄生生活。雌雄交配后，雄蝇即死亡。雌蝇生活至体内幼虫形成后，在炎热晴朗无风的白天活动，遇羊时即突然冲向羊鼻，将幼虫产于羊的鼻孔或鼻孔周围，一次能产下 20～40 个幼虫。刚产下的第一期幼虫以口钩固着于鼻黏膜上，爬入鼻腔，并逐渐向深部移行，在鼻腔、额窦或鼻窦内经 2 次蜕化变为第三期幼虫。幼虫在鼻腔和鼻窦等处寄生 9～10 个月（见图10-61）。

图 10-61　不同阶段狂蝇蛆的形态

2. 流行病学

该病发生于每年的 5～9 月，尤其 7～9 月较多，主要寄生于绵羊，也可寄生于山羊。

3. 临床症状

成虫产幼虫时，侵袭羊群，羊表现不安，骚动，互相拥挤，摇头，喷鼻，或低头或鼻端接着地面行走。有时羊只听到蝇声，则将头藏入其他羊只的腹下，因而影响羊只的采食和休息。最严重的危害是幼虫在鼻腔内移行会损伤鼻黏膜，使其肿胀、出血、发炎，鼻腔流出浆液性、黏液性或脓性鼻液，有时带血，鼻液在鼻孔周围干涸，形成鼻痂，堵塞鼻腔，造成呼吸困难，病羊打喷嚏，在地上磨鼻尖，摇头，逐渐消瘦。仔细观察，可以看到病羊喷出幼虫。个别幼虫可进入颅腔，损伤脑膜，或因鼻窦发炎而危及脑膜，引起神经症状，即"假旋回症"患羊表现出运动失调、转圈、头弯向一侧，甚至导致死亡。

4. 病理变化与诊断

剖检时，可见鼻黏膜发生炎症和肿胀，严重时发生脑膜炎，在鼻腔、额窦或鼻窦等处发现幼虫（见图10-62）。早期诊断时，可用药液喷入鼻腔，收集用药后的鼻腔喷出物，发现死亡幼虫，即可确诊。

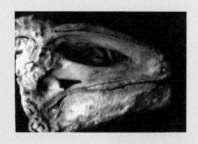

图 10-62 羊鼻蝇蛆病病羊病理变化

羊鼻腔纵切面，鼻腔内有不少狂蝇蛆寄生，鼻黏膜潮红，有小溃疡，被覆黏液（左图）；羊鼻窦中寄生有大量的羊狂蝇蛆（右图）

5. 防制

（1）预防措施　尽量避免在夏季中午放牧。夏季羊舍墙壁常有大批成虫，在初飞出时，翅膀软弱，可进行捕捉，消灭成虫。冬春季注意杀死从羊鼻内喷出的幼虫。羊舍场地要硬化，羊舍经常打扫、消毒和杀虫，羊粪便等污物集中进行生物发酵。在成虫活动季节，定期检查羊的鼻腔，用药物杀死幼虫（皮下注射依维菌素等）。

（2）发病后措施

【处方 1】依维菌素0.2毫克/千克体重，皮下注射。

【处方2】氯氰柳胺钠片 10 毫克/千克体重，一次量，内服，或氯氰柳胺钠注射液 5 毫克/千克体重，一次量，皮下注射，可杀死各期幼虫。

【处方3】敌百虫粉 75 毫克/千克体重，加水内服，或以 2%溶液喷入鼻腔。

第三节　营养代谢病与诊治技术

一、绵羊妊娠毒血症

绵羊妊娠毒血症又名双羔病，是怀孕后期母羊由于碳水化合物和挥发性脂肪酸代谢障碍而发生的亚急性代谢病。以低血糖、高血脂、酮血、酮尿、虚弱和失明为主要特征，临床表现为精神沉郁、食欲减退或废绝、黏膜黄染、运动失调、呆滞凝视、卧地不起，甚至昏迷死亡。

1. 病因

该病发生的主要原因是营养不足，妊娠至后期胎儿相对发育较快，母体代谢丧失平衡，引起脂肪代谢障碍，脂肪代谢氧化不完全，形成中间产物。从自然分布分析，多见于缺乏豆科牧草的荒漠和半荒漠地带，尤其是前一年干旱，次年更易发病。此外，也见于种羊精饲料供给量较大，而缺乏维生素 A 和矿物质盐类的情况。

2. 临床症状

该病主要见于冬春季节，怀羔过多、体质瘦弱或怀孕早期过肥的母羊，以及杂交母羊和第二胎次及以后的母羊，该病的死亡率可达 70%～100%，山羊也可发生。发病早期，怀孕后期的母羊出现精神沉郁，食欲差，不喜走动，离群呆立，瞳孔散大，视力减退，角膜反射消失，出现意识紊乱。病羊精神极度沉郁，食欲减退或废绝，反刍停止，黏膜黄染，体温正常或下降，脉搏快而弱，呼吸浅而快，呼出气体有烂苹果味，粪便小而硬、被覆黏液，甚至带血，小便频繁，之后出现神经症状如运动失调、以头抵物、转圈运动、不断磨牙、视觉降低或消失、肌纤维震颤或痉挛、头向后仰或弯向侧方、卧地不起，常在 1～3 日内死亡，死前昏迷，全身痉挛，四肢做游泳状运动。

3. 病理变化

黏膜黄染，肝脏肿大变脆，色泽微黄，肝细胞发生明显的脂肪变性，有些区域呈颗粒变性及坏死，肾脏亦有类似病变，肾上腺肿大，皮质变脆，呈土黄色。

4. 诊断

根据低血糖（血糖由正常的 3.33～4.99 毫摩尔/升下降到 1.4 毫摩尔/升）、高血酮（血清酮体由正常的 5.85 毫摩尔/升升高到 547 毫摩尔/升或以上，β-羟丁酸由正常的 0.06 毫摩尔/升升高到 8.5 毫摩尔/升）、尿酮呈强阳性反应、血浆游离脂肪酸增多、血液总蛋白含量减少、淋巴细胞及嗜酸性粒细胞减少可诊断。后期血清非蛋白氮含量升高，有时可发展为高血糖。

5. 防治

（1）预防措施　加强饲养管理，在分娩前 2 个月调整饲料的质量，冬季设置防寒棚舍，春季补饲青干草，适当补饲精料（豆类）、骨粉、食盐等。冬季补饲甜菜根、胡萝卜。对多羔妊娠的易感母羊，从分娩前 10～20 天开始饲喂丙二醇，用量为每日 20～30 毫升。

（2）发病后措施　治疗原则为补糖抗酮保肝，纠正酸中毒，对症治疗，必要时引产。

【处方 1】①10% 葡萄糖注射液 100～500 毫升、维生素 C 注射液 0.5～1.5 克、10% 安钠咖注射液 5～20 毫升、10% 葡萄糖酸钙注射液 50～150 毫升，静脉注射，每日 1～2 次，连用 3～5 日。②胰岛素注射液 10～50 单位，静脉补糖后皮下或肌内注射。

【处方 2】丙二醇 20～30 毫升（或丙酸钠 15～25 克，或丙酸钙 15～25 克，或甘油 20～30 毫升）、维 D_2 磷酸氢钙片 30～60 片、干酵母片 30～60 克、健胃散 30～60 克，加水灌服，每日 2 次，连用 3～5 日。

【处方 3】5% 碳酸氢钠注射液 50～100 毫升，静脉注射，每日 1 次，连用 3～5 次。

【处方4】必要时进行人工引产（用开膣器打开阴道，在子宫颈口或阴道前部放置纱布块，也可用地塞米松注射液 10 毫克，或氯前列烯醇 0.2 毫克，肌内注射）或实施剖宫产手术，分娩出胎儿，可减轻症状。

二、羔羊低血糖症

羔羊低血糖症（初生羔羊体温过低、新生羔羊发抖）是羔羊血糖浓度降低的一种糖代谢障碍性疾病。该病多发生于冬春季节，以绵羊较为多发。临床上以平衡失调和昏迷为特征。

1. 病因

该病主要由于哺乳母羊的营养状况较差，泌乳量不足，乳汁营养成分不全，使羔羊形成缺乳；或者羔羊较弱，跟不上放牧羊群而受饿；也常见于由羔羊患有消化不良，营养性衰竭，严重的胃肠道寄生虫病等引起。总之，该病发生的根本原因是羔羊饥饿。

2. 临床症状

该病多发于出生后 5 日龄以内的羔羊，有缺乳或受寒的病史。羔羊精神沉郁，不活泼，体温下降，皮温降低，黏膜苍白，呼吸微弱，但呼吸次数增加，肌肉紧张性降低，行走无力，侧卧着地，脱水，消瘦。严重时空口咀嚼，口流清涎，角弓反张，眼球震颤，四肢挛缩，嗜睡，甚至昏迷死亡。

3. 诊断

根据血糖水平下降，血糖水平由正常的 2.8～3.9 毫摩尔/升下降到 1.7 毫摩尔/升甚至以下或血中非蛋白氮升高可诊断。病羊对葡萄糖反应良好，可治疗性诊断。

4. 防治

（1）预防措施　加强饲养管理，在母羊妊娠后期和哺乳时，供给全价配合饲料，补充优质干草，产房注意保暖，防止羔羊受冻，使其吃足初乳，提前补饲精料，防止羔羊发生消化不良、肺炎、肝病、脐带炎和羔羊痢疾等疾病。

（2）发病后措施 治疗原则为补糖，保暖，加强营养。

【处方】①辅助羔羊吃奶，早期补料，必要时进行寄养或人工哺乳。②10%～20%葡萄糖注射液 20 毫升，静脉注射、腹腔注射或口服，每日 2 次。

三、绵羊脱毛症

绵羊脱毛症是指非寄生虫性及皮肤无病变的情况下被毛发生脱落，或是被毛发育不全的总称。

1. 病因

多数学者认为，该病与缺乏硒、锌和铜等元素有关。病区外环境缺硫，导致牧草含硫量不足也是该病的原因之一。长期饲喂块根类饲料的羊群也见有发病者。

2. 临床症状

成年羊被毛无光泽，暗灰，营养不良。表现不同程度的贫血，出现异食癖，易相互舐毛，喜吃塑料袋、地膜等异物。严重脱毛时腹泻，偶见视物模糊。体温、脉搏正常，有时整片脱毛，以背、颈、胸、臀部最易发生，羔羊初期啃食母羊被毛，有异食癖，喜食粪便或舔土。

3. 防治

饲料、饲草要多样，在饲料中添加维生素、无机盐或微量元素，改换放牧地；补饲家畜生长素和饲料添加剂，增喂精料。饲料中加 0.02%（即每吨加 0.2 千克）碳酸锌，绵羊每月口服硫酸铜 0.5 克，足以预防该病。

四、羔羊佝偻病

佝偻病是羔羊在生长发育期，因维生素 D 不足、钙磷代谢障碍所致骨变形的疾病。该病临床上以消化紊乱、异食癖、跛行及骨骼变形为特征，多发生在冬末春初季节。

1. 病因

该病主要见于饲料中维生素 D 含量不足及日光照射不够，以致哺乳羔羊体内维生素 D 缺乏；妊娠母羊或哺乳羔羊饲料中钙、磷比例不当。圈舍潮湿，污浊阴暗，羊只消化不良，营养不佳，可成为该病的诱因。放牧母羊秋膘差，冬季未补饲，春季产羔，更易发病。

2. 临床症状和病理变化

病羊轻者主要表现为生长缓慢、异食、呆滞、喜卧，卧地起立缓慢，四肢负重困难，行走步态摇晃，出现跛行。触诊关节有疼痛反应。病程稍长者，则关节肿大，以腕关节、系关节较为明显。长骨弯曲，腕关节有时可向后弯曲，跗关节向前弯曲，四肢可以展开，呈"八"字形叉开站立。后期，病羔以腕关节着地爬行，后躯不能抬起，重症者卧地。

3. 防治

（1）预防措施 改善和加强母羊的饲养管理，加强运动和放牧，多给青饲料，补喂骨粉，增加幼羔的日照时间。

（2）发病后措施

【处方 1】维生素 A、维生素 D 注射液 3 毫升肌内注射；或精制鱼肝油 3 毫升灌服或肌内注射，每周 2 次。为了补充钙制剂，用 10% 葡萄糖酸钙注射液 5～10 毫升静脉注射或维丁胶性钙注射液 2 毫升，肌内注射，每周 1 次，连用 3 次。或神曲 60 克、焦山楂 60 克、麦芽 60 克、蛋壳粉 120 克、麦饭石粉 60 克，混合后每只羔羊 12 克，连用 1 周。

【处方 2】①维丁胶性钙注射液 1 毫升，皮下或肌内注射，每日 1 次，连用 3～5 次，或维生素 D_3 注射液，0.15 万～0.3 万单位/千克体重，肌内注射，每日 1 次，连用 3～5 次。②丙二醇 10 毫升或甘油 10 毫升，维生素 AD 丸 1 丸，维 D_2 磷酸氢钙片 1 片，干酵母片 10 片，加水内服，每日 1 次，连用 3～5 日。

腿部变形严重的可用小夹板固定法纠正（用于佝偻病）。

五、羔羊摆腰病

羔羊摆腰病是由于某些必需微量元素的缺乏或不足，而引起的羔羊体位和各种运动的异常，即所谓共济失调和摆腰。

1. 病因

目前认为该病是一种条件性铜、硒缺乏综合征。由于饲料或牧草中铜、硒含量不足引起。而饲料中这些微量元素不足是由于土壤中缺乏所致，因而该病的发生具有明显的地区性。

2. 临床症状

该病主要发生于初生羔羊，绵羊和山羊均可发生。羔羊主要发生在 1～3 月龄，若耐过 3～4 月龄时，病羔可以存活，但常留有摆腰的后遗症。

病羔体弱消瘦，被毛粗乱、缺乏光泽，食欲、饮欲正常或减少。精神沉郁，可视黏膜苍白或稍淡。被毛焦燥，皮肤缺乏弹性。舌苔薄白，口腔不臭，有少许分泌物。心搏动增强，或呈现心音分裂。瘤胃蠕动 2 次/分，持续 15～20 秒，力量弱。网胃、瓣胃、皱胃蠕动和肠音减弱。病羔后躯肌肉紧张性降低，羔羊举步跨越障碍，负重困难。重力压迫后躯，无反抗行为。

3. 防治

（1）预防措施　可以采取轮流放牧，补饲豆科牧草，增加添加剂等措施。对妊娠母羊饲喂全价营养饲料，补饲胡萝卜、青干牧草，以保证母羊产后在哺乳期给羔羊有足够的乳汁。

（2）发病后措施

【处方】供给缺乏的微量元素，做到定时、定量。硫酸铜（分析纯），配成 10% 的溶液，每只羔羊按 15 毫克/千克体重，灌服或拌入饲料中喂，每 15 天 1 次。或亚硒酸钠（分析纯），配成 0.1% 的溶液，每只羔羊按 5 毫升/千克体重，皮下注射，每月 1 次。或维生素 E 油剂注射液，每只羔羊按 5 毫升/千克体重，皮下注射，每月 1 次。亦可应用家畜生长素，按 2% 的饲料量，加入精料中，喂养母羊群。

六、羔羊白肌病

羔羊白肌病（肌营养不良症）是伴有骨骼肌和心肌组织变性，并发生运动障碍和急性心肌坏死的一种代谢障碍性疾病。其以患病羔羊拱背、四肢无力、运动困难、喜卧地为主要特征。

1. 病因

该病主要是由于饲料中缺乏硒和维生素 E 所致，或饲料中钴、银、锌、钒等微量元素含量过高，影响动物机体对硒的吸收。此外，该病的发生与含硫氨基酸及维生素 A、维生素 B、维生素 C 缺乏等因素有关。

2. 临床症状和病理变化

病羔精神沉郁，运动无力，站立困难，卧地不起；心跳加快，心律不齐；呼吸急促，可视黏膜苍白；四肢及胸腹下水肿，尿液往往呈红褐色；有时呈现强直性痉挛状态，随即出现麻痹、血尿。也有羔羊病初不见异常，往往于放牧时由于惊动而剧烈运动或过度兴奋而突然死亡。越肥大的羔羊越容易发病，且死亡越快。该病常呈地方性流行。病死羔羊剖检表现肌肉颜色苍白，营养不良，心肌有灰白色条纹状斑。肝脏肿大，呈土灰色。

3. 防治

（1）预防措施　加强母畜饲养管理，供给豆科牧草，母羊产羔前补硒。对缺硒地区的新生羔羊，在出生后 20 天左右用 0.2%亚硒酸钠溶液 1 毫升肌内注射 1 次，间隔 20 天用 1.5 毫升再注射 1 次，均可收到良好效果。

（2）发病后措施

【处方 1】0.2%亚硒酸钠溶液 2 毫升，每月肌内注射 1 次，连用 2 次。内服氯化钴 3 毫克、硫酸铜 8 毫克、氯化锰 4 毫克、碘盐 3 克，加水适量，灌服，并辅以维生素 E 注射液 5～10 毫升/千克体重，每日肌注 1 次，效果更佳。

【处方 2】0.1%亚硒酸钠注射液，羔羊 2～3 毫升，成年羊 5 毫升，肌内注射，间隔 1～3 日注射 1 次，连用 2～4 次。醋酸生育酚注射液（醋酸维生素 E 注射液），羔羊 0.1～0.5 克，成年羊 5～20 毫克/千克体重，肌内注射，间隔 1～3 日注射 1 次，连用 2～4 次。

【处方 3】亚硒酸钠维生素 E 注射液，羔羊 1～2 毫升，肌内注射，或亚硒酸钠维生素 E 预混剂（亚硒酸钠 0.4 克、维生素 E 5 克、碳酸钙加至 1000 克）500～1000 克，加 1000 千克饲料混饲。

第四节　中毒病与诊治技术

一、硝酸盐和亚硝酸盐中毒

硝酸盐和亚硝酸盐中毒是由于动物采食了富含硝酸盐或亚硝酸盐的饲料或饮水，引起的高铁血红蛋白血症，而导致血液运输氧功能障碍和组织缺氧的一种急性、亚急性中毒病。其临床特征为黏膜发绀、血液褐变、呼吸困难和胃肠道炎症。

1. 病因

（1）摄入富含硝酸盐的饲料和饮水　植物中硝酸盐的含量与植物的种类（青菜类、青绿饲料和干草中含量较高）、部位（根、茎＞叶＞花＞种子）和耕作环境有关（干旱、旱后降雨、重施氮肥、喷洒除草剂可使硝酸盐含量升高）；饮用高硝酸盐水（如田水、深井水和污水等）。

（2）硝酸盐还原酶活力增强　植物和硝酸盐还原菌体内含有硝酸盐还原酶，在一定条件下（20～40℃、一定的湿度、pH6.3～7.0）硝酸盐还原酶活力增强，可以将硝酸盐转化成亚硝酸盐。在动物体外，如饲料遭受雨淋、堆放、文火焖煮等可使硝酸盐还原酶活力增强。反刍动物瘤胃内含有大量的硝酸盐还原菌，并有适宜的温度和湿度，可以把硝酸盐还原为亚硝酸盐，其转化的量取决于瘤胃的 pH 值，饲料中含糖（碳水化合物）量少时，瘤胃 pH 升高至 7.0 以上，可使亚硝酸盐产生增多，如饲料中含糖量多，则瘤胃 pH 下降，可使硝酸盐还原为氨。

2. 临床症状

（1）急性中毒　有些病羊没有任何症状，突然死亡。大部分病羊精神沉郁，流涎，腹痛，腹泻，粪便中偶有带血，黏膜发绀，眼球下陷，呼吸极度困难，心跳加快，肌肉震颤，步态蹒跚，很快卧地，四肢泳动，全身痉挛，挣扎死亡。

（2）慢性中毒　病羊增重缓慢，泌乳减少，发生前胃弛缓，腹泻，跛行，体质下降，甲状腺肿，母羊流产、不孕。

3. 病理变化

可视黏膜、肌肉呈蓝紫色或紫褐色，血液凝固不良，呈酱油色，在空气中长期暴露也不变红，并伴有肺充血、出血、水肿。胃肠黏膜充血、出血，易脱落。胃内容物有硝酸盐气味。

4. 诊断

病羊有采食含有硝酸盐或亚硝酸盐过多的饲料或饮水的历史；采集可疑的饲料、饮水和胃肠内容物，进行亚硝酸盐的定性或定量分析；采集血液进行变性血红蛋白试验。中毒早期用小剂量亚甲蓝治疗效果良好。

5. 防治

（1）预防措施 科学存放和调制饲料，防止亚硝酸盐产生。青绿饲料在近收获期禁施氮肥。实施检测，对可疑饲料和饮水进行亚硝酸盐的检验。

（2）发病后措施 治疗原则为排出毒物，解毒和对症治疗。

【处方1】①温水洗胃，尽早进行。②石蜡油300～500毫升，内服。③10％葡萄糖注射液500毫升、1％亚甲蓝注射液8毫克/千克体重，静脉注射，2小时不见好转再用1次，好转后4小时再用1次。④樟脑磺酸钠注射液0.25～1克，呼吸困难时皮下或肌内注射，必要时间隔2小时重复1次。

【处方2】①洗胃、泻下。②10％葡萄糖注射液500毫升、维生素C注射液0.5～1.5克，静脉注射，每日2次，连用3日。或5％甲苯胺蓝注射液5毫克/千克体重，肌内注射，也可配合葡萄糖注射液，静脉注射。③尼可刹米注射液0.25～1克，呼吸困难时皮下或肌内注射，必要时间隔2小时重复1次。④有条件的可进行吸氧，或用新鲜抗凝血200～400毫升，静脉注射。

二、氢氰酸中毒

氢氰酸中毒是由于动物采食了富含氰苷的植物或被氰化物污染的饲料、饮水后，在体内产生氢氰酸，导致组织呼吸窒息的一种急剧性中毒病。其临床特征为发病急促，黏膜鲜红，呼吸困难，肌肉震颤和惊厥。

1. 病因

(1) 采食了富含氰苷的植物　如高粱和玉米的幼苗，尤其是再生幼苗，亚麻（主要是亚麻叶、亚麻籽和亚麻饼），木薯的嫩叶和根皮，蒙古扁桃的幼苗，桃、李、杏、梅、枇杷、樱桃的叶和核仁（入药时用量过大），各种豆类（如蚕豆、豌豆等），牧草（如苏丹草、甜荸草、约翰逊草和三叶草等）。

(2) 采食被氰化物污染的饲料或饮水　如被氰化物农药或冶金厂、电镀厂、化工厂等排出的工业三废污染的饲料或饮水。

2. 临床症状

采食含有氰苷的饲料后 15～20 分钟，病羊表现腹痛不安，呼吸加快，可视黏膜鲜红，呼吸极度困难，甚至张口喘气，口、鼻中流出白色泡沫，肌肉痉挛，角弓反张或后弓反张，很快死亡。有的先兴奋，然后很快转入沉郁状态，随之出现极度衰弱，步态不稳或倒地，体温下降，后肢麻痹，肌肉痉挛，瞳孔散大，全身反射减弱或消失，心动徐缓，脉搏细弱，呼吸浅表，直至昏迷死亡。病程一般不超过1～2 小时，严重者数分钟即可死亡。

3. 病理变化

尸体营养良好，黏膜鲜红，血液鲜红色、凝固不良，尸僵缓慢，体腔有浆液性渗出液，胃肠道黏膜和浆膜出血，实质器官变性，肺水肿。气管和支气管内有大量泡沫液体，或呈粉红色。胃内容物充满，有苦杏仁味。

4. 诊断

必要时在死后 4 小时内采取剩余饲料、饮水，胃内容物，肝脏，肌肉等进行氢氰酸的定性或定量检验。

5. 防治

(1) 预防措施　禁止在生长有氰苷作物的地方放牧；用含有氰苷的饲料喂羊时，宜先加工调制，如流水浸渍 24 小时。

(2) 发病后措施　治疗原则为立即解毒，排出毒物和对症治疗。

【处方】①温水洗胃。②硫代硫酸钠 3 克，加水内服或瘤胃注射，1 小时后重复 1 次。③芒硝或硫酸镁 1 克/千克体重，配成 5％溶液内服。④5％～10％葡萄糖注射液 500 毫升、3％亚硝酸钠注射液 0.1～0.2 克、注射用硫代硫酸钠 1～3 克，静脉注射。或 10％对二甲氨基苯酚注射液 10 毫克/千克体重，静脉注射。

三、食盐中毒

食盐中毒是动物对食盐或含钠物质摄入过多，特别是在限制饮水时，所引起的以消化功能紊乱和神经症状为特征的中毒性疾病。其病理特征为脑组织水肿、变性、坏死和消化道炎症。有人用碳酸氢钠、乳酸钠等也复制出所谓的食盐中毒，故食盐中毒的实质是钠离子中毒。

1. 病因

食盐摄入过多是引起该病的主要原因。如饲料中食盐添加过多或搅拌不匀；饲喂含食盐较高的泔水、酱渣、咸菜及腌咸菜水；用 10％氯化钠注射液治疗前胃弛缓或用食盐作泻剂时，用量过大；有的地区用含食盐多的咸水作饮水等；均可导致中毒。饮水不足是引起该病的决定性因素。

2. 临床症状

病羊主要表现为口渴贪饮，同时多伴有腹泻和神经症状。急性中毒时，病羊出现食欲减退或停止，饮欲增加，反刍减少或停止，瘤胃蠕动消失，常伴有瘤胃臌气，口腔流出大量泡沫，结膜发绀，瞳孔散大或失明，腹痛，腹泻，甚至便中含血。严重时兴奋不安、磨牙、肌肉震颤、盲目行走、转圈，之后，后肢拖地、行走困难、倒地、痉挛、头向后仰、四肢泳动，发作后转为沉郁，甚至发生昏迷，窒息死亡。慢性中毒多由饮用咸水导致，表现为食欲减退，体重减轻，体温下降，衰弱，腹泻，多因衰竭死亡。

3. 病理变化

胃肠黏膜充血、出血、脱落，心内外膜及心肌有出血点，肝脏肿

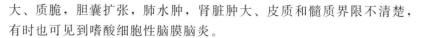

大、质脆，胆囊扩张，肺水肿，肾脏肿大、皮质和髓质界限不清楚，有时也可见到嗜酸细胞性脑膜脑炎。

4. 诊断

可通过血清中钠离子含量升高，胃肠内容物、肝脏中钠离子含量升高进行诊断。

5. 防治

（1）预防措施 加强饲养管理，正确调配饲料。应用含食盐多的饲料时应提高警惕，防止食盐摄入过多，应用含有氯化钠的药物时，应防止过量或超量应用。不饮用咸水，并提供充足优质的饮水。

（2）发病后措施 治疗原则是停喂多盐饲料，严格控制饮水，促进食盐排出，恢复阳离子平衡，对症治疗。

【处方】①饮水。发病早期，立即提供充足的饮水，以降低消化道内食盐的浓度。但出现症状时应少量多次地提供饮水，防止食盐吸收过多。②石蜡油 100～300 毫升，灌服。③5% 葡萄糖注射液 500～1000 毫升、10% 葡萄糖酸钙注射液 10～50 毫升、25% 硫酸镁注射液 10～20 毫升、10% 葡萄糖注射液 500 毫升，静脉注射，每日 1～2 次，连用 2～3 日。④呋塞米注射液（速尿针）0.5～1 毫克/千克体重，肌内注射，每日 1 次，连用 3 日。⑤25% 甘露醇注射液 100～250 毫升，静脉注射（极度兴奋时）。⑥5% 葡萄糖氯化钠注射液 500 毫升、10% 氯化钾注射液 10 毫升、10% 安钠咖注射液 5～10 毫升，静脉注射（治疗后期）。

四、瘤胃酸中毒

羊瘤胃酸中毒是因采食了过多的含碳水化合物丰富的谷物饲料，引起瘤胃内乳酸增多，进而导致以前胃功能障碍和循环衰竭为特征的疾病。

1. 病因

饲喂过量或肉羊偷吃大量谷物精料，如玉米、小麦、面粉等而发病，食后又大量饮水可加重病理过程。有学者用小麦片试验表明，营养差的绵羊每千克体重喂给 50～60 克，营养良好的绵羊每千克体重喂给 75～80 克可致死亡。

2. 临床症状

一般在采食谷物类精料后 24 小时内发病，病情急剧。病羊精神沉郁，食欲废绝，反刍停止，瘤胃蠕动停止，体温正常或偏低，少数羊体温升高，心跳加快，黏膜发绀，眼球下陷，目光呆滞，粪便稀软、酸臭，排尿减少。腹部触诊瘤胃充满内容物，黏硬或稀软，冲击式触诊，有时有振水音，严重病羊极度痛苦、呻吟、卧地不起、昏迷死亡。有的出现蹄叶炎，发生跛行，采食较少的可以耐过，采食较多的，常于 4～6 小时内死亡。

3. 病理变化

尸体脱水，血液黏稠、颜色发暗，甚至呈黑红色。瘤胃内容物充满，有时稀薄呈粥状，有明显酸臭味。瘤胃和网胃黏膜脱落、出血，甚至呈黑色。皱胃和小肠黏膜出血，心肌扩张柔软。肝脏淤血，质脆，有时有坏死灶。

4. 诊断

可根据红细胞数升高，红细胞压积容量升高，血液 pH 下降，尿液 pH 下降，血液中乳酸含量增加，血浆二氧化碳结合力下降，瘤胃 pH 下降，瘤胃液检查无纤毛虫，正常瘤胃中的革兰氏阴性细菌丛（细菌构成的群落）被革兰氏阳性细菌丛所替代等进行诊断。

5. 防治

（1）预防措施　加强饲养管理，适当限制饲喂谷物精料，严防羊只偷食谷物精料。病羊食欲减退、不吃粗料、只吃精料时，应及时请兽医诊治。

（2）发病后措施　治疗原则是彻底清除有毒的瘤胃内容物，及时纠正脱水和酸中毒，逐步恢复胃肠功能，加强护理和对症治疗。

【处方 1】①护理。防止病羊群再次接近谷物。初期禁止饮水，可给予少量青草，勤检查，多运动，一般每小时 1 次。治疗后如果羊能吃干草，瘤胃稍动，则病情好转，如精神明显沉郁，无力躺卧，瘤胃内充满液体，预示病情恶化。

② 洗胃。用于急救，常立竿见影。用 1‰ 碳酸氢钠溶液或 1∶5 石灰水上清液进行，将粗胃管经口投入，先导出瘤胃液，再灌入配好的液体，直至左侧肷窝部变大（灌到八成饱），利用虹吸法导出液体，不让瘤胃内的液体流完，再次灌入和导出，反复多次，直到瘤胃液变清、呈碱性、无酸臭味为止。

③ 石蜡油 100～300 毫升、鱼石脂 4 克、酒精 20 毫升、1∶5 石灰水上清液 500～1000 毫升，灌服。1∶5 石灰水上清液也可以用氧化镁、或氢氧化镁、碳酸氢钠 50 克、常水 500～1000 毫升代替。

④ 5% 葡萄糖氯化钠注射液 500～1000 毫升、10% 安钠咖注射液 5～10 毫升；5% 碳酸氢钠注射液 250～500 毫升。依次静脉注射，每日 1～2 次，连用 3 日。

⑤ 健胃散 50 克，在恢复期加水内服。

【处方 2】瘤胃切开术。主要用于严重病例，早期进行效果较好，瘤胃切开后，把内容物全部清除，用 1‰ 碳酸氢钠溶液或 1∶5 石灰水上清液冲洗，再放入铡碎的干草或健康羊的瘤胃内容物。术后注意补液补碱（参考处方 1）、抗菌消炎（用庆大霉素或氨苄青霉素）和对症治疗。

五、疯草中毒

疯草中毒是动物长期采食了棘豆属和黄芪属中的有毒植物（统称疯草）所引起的以神经功能紊乱为主的慢性中毒疾病。其临床特征为头部震颤，后肢麻痹，主要发生于冬春季节，山羊、绵羊和马多发。

1. 病因

（1）饲养管理不当 疯草在我国主要分布于西北、华北、东北及西南的高山地带，其毒性成分主要是苦马豆素和氧化氮苦马豆素等。疯草在结籽期相对适口性较好，如果羊大量采食疯草（如黄花棘豆、甘肃棘豆、小花棘豆、冰川棘豆、急弯棘豆、茎直黄芪和变异黄芪等）可造成慢性中毒。

（2）牧草缺乏 疯草抗逆性、抗干旱、耐寒等特性强，适于生长在植被破坏的地方，在牧草充足时，牲畜并不采食，但当可食牧草耗尽时羊会被迫采食。因此，常在每年春、冬发生中毒，干旱年份有暴发的倾向。

2. 临床症状

（1）山羊　病初食欲减退，精神沉郁，目光呆滞，反应迟钝，呆立不动。中期，头呈水平震颤或摇动，呆立时仰头缩颈，步态蹒跚，后躯摇摆，被毛逆立，没有光泽，放牧掉队，追赶时极易摔倒。后期出现腹泻，脱水，被毛粗乱，腹下被毛极易脱落，后躯麻痹，起立困难，多伴有心律不齐和心杂音，最后衰竭死亡（见图10-63）。

图 10-63 疯草中毒病羊临床症状

病羊右后肢外展（左图）；患病严重时，羊卧地、起立困难（右图）

（2）绵羊　症状与山羊相似，但出现较晚，中毒羊在安静状态下可能看不出症状，但在应激时，如用手提耳便立即出现摇头、转圈、突然倒地等典型中毒症状。妊娠母羊易流产，产下畸形羔羊，或羔羊弱小（见图10-64）。公羊性欲降低，或无交配能力。

3. 病理变化

羊尸极度消瘦，血液稀薄，腹腔内有多量清亮液体，口腔及咽部有溃疡灶，皮下及小肠黏膜有出血点，胃及脾与横膈膜粘连，肾脏呈土黄、灰白相间。有些病例心脏扩张，心肌柔软。病理组织变化为神经及内脏组织细胞泡沫样空泡变性。

4. 诊断

可根据红细胞数减少、呈现大红细胞性贫血，血清谷草转氨酶和碱性磷酸酶活性明显升高，血清α-甘露糖苷酶活性降低，尿液低聚糖含量增加，尿低聚糖中的甘露糖含量也明显升高进行诊断。

图 10-64 中毒孕羊的流产胎儿，有出血、水肿、畸形等病变

5. 防治

（1）预防措施

① 合理轮牧。即在有疯草的草场上放牧 10 天，或在观察到第一头牲畜轻度中毒时，立即将羊转移到无疯草的草场放牧 10～12 天或更长一段时间，以利毒素排泄和畜体恢复。或在棘豆生长茂密的牧地，限制放牧易感的山羊、绵羊和马，而改为放牧或饲养对棘豆反应迟钝的动物如牛和家兔。

② 日粮控制。疯草中毒主要发生在冬季枯草季节，所以冬季应备足草料，加强补饲，可以减少该病的发生。或在冬季采用饲草加 40％疯草饲喂，每喂疯草 15 天，停 15 天。

③ 化学除草。对疯草污染严重的草场，在保证不使生态退化的前提下，利用除草剂选择性地杀除棘豆。

④ 药物预防。有人用 0.29％工业盐酸对小花棘豆进行集中脱毒后搭配饲喂，资料研究出提高 α-甘露糖苷酶活性及可破坏苦马豆素结构的药物"棘防 E 号"，均对该病的预防有较好效果。

（2）发病后措施　目前，该病尚无有效治疗方法。对轻度中毒羊，及时转移到无疯草的草场放牧，调配日粮，加强补饲，一般可不治而愈。

【处方】5%～10%葡萄糖注射液 500 毫升、注射用硫代硫酸钠 0.1 克/千克体重，静脉注射。

六、有机磷农药中毒

有机磷农药中毒是由于动物接触、吸入或误食某种有机磷农药所引起的以体内胆碱酯酶活性受到抑制和乙酰胆碱蓄积，导致胆碱能神经效应增强为特征的中毒病。

1. 病因

羊采食喷洒过有机磷农药的植物，且在残效期内，或误食了拌过有机磷农药的种子，饮用了被有机磷农药污染的水；有时为恶意投毒；用有机磷制剂内服或药浴治疗体表寄生虫病时，剂量过大、疗程过长或浓度过高，导致中毒。

2. 临床症状

羊在 48 小时内有接触过量有机磷农药的历史。

（1）轻度中毒　主要以毒蕈碱样症状（M 样症状）为主。主要使分布于内脏平滑肌、腺体、虹膜括约肌和一部分汗腺的胆碱能神经纤维发生兴奋，引起胃肠道、支气管、胆管、泌尿道的平滑肌收缩，唾液腺、支气管腺、汗腺分泌增多。故病羊临床表现为流涎（或口角流出白色泡沫），出汗，排尿失禁，肠音增强，腹痛，腹泻，瞳孔缩小如线状，黏膜苍白，心跳迟缓，呼吸困难，严重时可引发肺水肿（呼吸困难，鼻孔流出粉红色泡沫状鼻液，肺部听诊有湿性啰音），导致死亡。

（2）中度中毒　除有毒蕈碱样症状外，还会出现烟碱样症状（N 样症状）。此时主要使分布于横纹肌的胆碱能神经纤维发生兴奋，兴奋过度，转为麻痹。病羊表现为肌纤维痉挛和颤动，轻者震颤，重者发生抽搐，严重时发生呼吸肌麻痹，窒息死亡。

（3）重度中毒　往往以中枢神经中毒症状为主。病羊主要表现为兴奋不安，盲目奔跑，抽搐，全身震颤，精神高度沉郁，甚至倒地昏睡；严重时发热，大小便失禁，心跳加快，最后因呼吸中枢麻痹和循环衰竭死亡。

（4）迟发性神经中毒综合征　有些有机磷农药如马拉硫磷，在急性中毒 8～15 天后，可以再出现中毒症状，主要表现为后肢软弱无力、共济失调，最后发展为后肢麻痹。其病理变化为神经脱髓鞘。该病变与胆碱酯酶活性无关，用阿托品治疗无效，在诊疗中应引起足够的重视。

3. 诊断

血液、组织中胆碱酯酶活性降低，指标是其活性小于 50%（此法对诊断所有的有机磷农药中毒都适用）。也可采取胃内容物、可疑的饲料、饮水等，做有机磷农药的检验（一定要结合病史调查等内容进行，多用于事后检验）。用有机磷农药中毒的特效解毒剂进行治疗，有效时可以做出诊断，但无效时，不一定能排除该病。

4. 防治

（1）预防措施　防止羊误食各种有机磷农药；用有机磷制剂治疗疾病时，注意用量、浓度等，防止中毒。

（2）发病后措施　立即注射特效解毒剂，尽快除去未吸收的毒物和对症治疗。

【处方】肥皂水适量，经皮肤中毒时，清洗皮肤。温水适量，洗胃，经消化道食入时，要尽早进行，并且一定要彻底。芒硝或硫酸镁 1 克/千克体重，配成 5% 溶液内服。

阿托品注射液 5～10 毫克/次，皮下或肌内注射，也可以稀释后静脉注射，经 1～2 小时未见好转，可减量再用，直到出现"阿托品化"，并一直维持"阿托品化"。阿托品化是指用阿托品在治疗急性有机磷农药中毒的过程中，大剂量应用阿托品，但又不至于导致阿托品中毒，其指标为大（瞳孔散大到边缘不再缩小）、红（颜面或黏膜潮红）、快（心率加快）、干（口干，皮肤干燥）、净（肺部湿啰音减少或消失）。

解磷定注射液 15～30 毫克/千克体重（或氯磷定注射液 5～10 毫克/千克体重）、5%～10% 葡萄糖注射液 500 毫升，静脉注射，3～4 小时 1 次，中毒过久无效。或双复磷注射液 0.4～0.8 克、5%～10% 葡萄糖注射液 500 毫升，静脉注射（对中枢神经中毒症状

有效，5％双复磷注射液也可肌内注射），以后每 2 小时重复用药 1
次，剂量减半。

第五节　普通病与诊治技术

一、口炎

口炎又称口膜炎、口疮、烂嘴等，是口腔黏膜炎症的总称。口炎
按病变部位可分为舌炎、腭炎、唇炎和齿龈炎，按炎症性质可分为卡
他性、水疱性、溃疡性、脓疱性、蜂窝织炎性和丘疹性口炎。其临床
特征为流涎，采食、咀嚼障碍，口臭，口腔黏膜红、肿、热、痛，甚
至出血、糜烂、溃疡和坏死。

1. 病因

（1）理化性损伤　如尖锐牙齿、口腔检查粗暴、佩戴劣质开口
器、采食粗硬饲料，或异物、热水与熟食、稀酸、稀碱和高浓度的盐
类等均可损伤口腔黏膜。

（2）继发因素　继发于舌体损伤、咽炎、维生素 A 缺乏症、维
生素 B_2 缺乏症、维生素 B_5 缺乏症、维生素 C 缺乏症、锌缺乏症、
汞中毒、铅中毒，或采食锈病菌、黑穗病菌等污染的霉败饲料等，也
常继发于某些传染病如口蹄疫、传染性脓疱、羊痘、坏死杆菌病、蓝
舌病等。

2. 临床症状

口炎的共同症状为流涎（口腔周围有白色泡沫，严重时口中流出
牵丝状液体），采食、咀嚼障碍，口臭，有舌苔，吐草团，体温、脉
搏数和呼吸数等全身症状一般不明显。口腔检查，口腔黏膜出现炎症
变化如口腔黏膜潮红、肿胀，有的出现水疱或溃疡，口中不洁，口
温高。

（1）卡他性口炎　最初症状为口干，口腔黏膜感觉敏感，采食咀
嚼缓慢。轻症病羊口腔干燥，发热敏感，口腔黏膜充血，有灰白舌
苔，吐草团；重症病羊唇、齿龈、腭部黏膜充血、肿胀，甚至糜烂、

流涎。

（2）水疱性口炎　特征是黏膜下层有透明的浆液潴留而形成水疱。口腔黏膜发生散在或密集的水疱，一般 3～4 天水疱破溃，露出鲜红色糜烂面。病羊食欲减退、体温升高，5～6 天痊愈。

（3）溃疡性口炎　口腔黏膜发生以坏死和溃疡为特征的炎症。主要表现为齿龈肿胀、出血、坏死、溃疡，口腔恶臭，并流出恶臭唾液，严重时牙齿松动或脱落，常发生败血症，病羊脱水、腹泻，甚至衰竭死亡。

3. 诊断

根据临床症状可以初步确诊。注意与传染病如口蹄疫、传染性脓疱、羊痘、坏死杆菌病、蓝舌病等引起的口炎区别。

4. 防治

（1）预防措施　加强饲养管理，供给青绿多汁饲料，防止营养缺乏，防止理化因素或有毒物质的刺激，口腔检查时禁止粗暴操作，正确预防和治疗传染病引起的口炎。

（2）发病后措施　治疗原则为消除病因，加强护理，净化口腔，收敛和消炎。

【处方 1】0.1% 高锰酸钾溶液（或 1% 食盐水、1% 明矾溶液、2%～3% 硼酸、0.5% 双氧水）50～100 毫升，冲洗口腔，每日 1～2 次，连用 3～5 日。

【处方 2】碘甘油（或 2% 碘酊、碘蜂蜜、龙胆紫溶液、1% 磺胺甘油混悬液）10～20 毫升，涂抹口腔患处，每日 1～2 次，连用 3～5 日（碘甘油：碘片 5 克，碘化钾 10 克，甘油 200 毫升，蒸馏水加至 1000 毫升）。

【处方 3】青黛 15 克、黄连 10 克、黄柏 10 克、薄荷 5 克、桔梗 10 克、儿茶 10 克（青黛散加减）。共为细末，装入布袋，热水湿润，口内衔之，每日 1 次，连用 3～5 日。

【处方 4】冰片 50 克、朱砂 60 克、硼砂 500 克、元明粉 500 克（冰硼散加减），共为细末，在患处撒布，每次适量，1～2 次/天，连用 3～5 日。

二、食管阻塞

食管阻塞又称食管梗阻，中兽医称"草噎"，是由于咽下的食物或异物过于粗大或咽下障碍，导致食管梗阻的一种疾病。临床特征为发病突然，大量流涎，咽下障碍。

1. 病因

该病常见于动物饥饿、抢食、采食受惊时，将块根块茎类饲料、棉籽饼或异物等匆忙吞咽，阻塞于食管中；常继发于异食癖、脑部肿瘤、食管炎、食管麻痹、食管狭窄、食管痉挛等。

2. 临床症状

羊在采食过程中，突然停止采食，骚动不安，头颈伸展，频频试图吞咽，张口伸舌，大量流涎，食物、饮水从口鼻流出，并有痉挛性咳嗽，完全阻塞时妨碍反刍和嗳气，引起急性瘤胃臌气，甚至死亡。颈部食管阻塞时，外部触诊有时可感知阻塞物，食管探诊，胃管插入受阻。如阻塞时间过长或阻塞物过于粗大，可引起阻塞部发炎、出血和坏死。

3. 诊断

阻塞部位有密布的块状阴影物，钡餐不能通过阻塞部位。

4. 防治

（1）预防措施　设置足够的料槽，将草料铡碎或做成颗粒饲喂，块根块茎类饲料切碎后饲喂，并防止偷食，饲喂时先粗后精，防止惊吓，治疗原发病。

（2）发病后措施　治疗原则是缓解痉挛，润滑食道，清除阻塞物和预防并发症的发生。

【处方 1】水合氯醛每次 2～4 克，配成 1％～5％溶液，灌肠。0.5％～1％普鲁卡因注射液 10 毫升、石蜡油 50～100 毫升，经口灌服。

挤压法排除颈部食管的阻塞物。如为块状阻塞物，可用双手放于阻塞物两侧，向前推进至咽部后掏出；如为饼粕等粉状阻塞物，可压碎压扁后使其咽下。

疏导法排除胸部或腹部食管的阻塞物。用胃管或食管探子将阻塞物徐徐推入胃内。推入困难时可打气加压，扩张食管，再推入，或注水洗出或软化、润下。

【处方2】瘤胃穿刺放气。当发生瘤胃臌气时，可瘤胃穿刺放气，相关内容见本节瘤胃臌气。

【处方3】颈部食管切开术。颈部食管阻塞，保守治疗无效，应及时进行手术，取出阻塞物。病羊侧位保定，局部剃毛，常规消毒和浸润麻醉，在颈静脉的上缘或下缘（用于食管严重损伤、不便缝合时，有利于排出创液），并与颈静脉平行切开皮肤，分离筋膜和食管周围组织，暴露食管，在阻塞部或阻塞部的稍后方（用于阻塞时间较长、食管色泽明显改变的病例）纵向切开食管，谨慎取出阻塞物，用铬制肠线全层连续缝合食管壁，用间断伦勃特氏法缝合纤维膜及肌肉层，不可内翻组织过多，以免造成食管狭窄。若有坏死倾向，食管不得缝合，保持开放，皮肤可部分缝合，用浸消毒液的纱布填塞。术后应用抗菌药物防止食管炎症，并注意强心补液，给予流质食物，增强机体营养，促进康复。

三、前胃弛缓

前胃弛缓是由各种病因导致前胃神经兴奋性降低，肌肉收缩力减弱，前胃内容物停滞，引起消化功能障碍，甚至全身功能紊乱的一种疾病。其临床表现为食欲下降，瘤胃蠕动减弱或停止，缺乏反刍和嗳气。前胃弛缓并非是一个独立的疾病，而是一组综合症状，多见于冬末春初和舍饲羊群，山羊比绵羊多发。

1. 病因

（1）饲养不当　如草料单一，缺乏营养，突然换料，精料过多，饲料过粗、过细、冰冻、发霉，饮用污水等。

（2）管理不善　如过度拥挤，长途运输，遭受风寒暑湿侵袭，吞食异物（如塑料袋）等。

（3）用药不当　多见于长期大量服用广谱抗菌药物，造成瘤胃菌群紊乱。资料报道链霉素、磺胺类药物对瘤胃菌群影响小。

(4) 继发性因素 继发于消化器官疾病（如瘤胃积食、创伤性网胃腹膜炎、瓣胃阻塞、皱胃阻塞、肠便秘、肠炎）、营养代谢病（如骨软病、妊娠毒血症、生产瘫痪）、传染病（如羊痘、口蹄疫、巴氏杆菌病）、寄生虫病（如梨形虫病、捻转血矛线虫病、肝片吸虫病、球虫病），以及感冒、热性病等全身性疾病。

2. 临床症状

病羊食欲下降，瘤胃蠕动减弱或停止，缺乏反刍和嗳气，瘤胃内容物黏硬，间歇性臌气，便秘或腹泻，粪便内含未消化饲料。由于该病缺乏典型的临床症状，应排除瘤胃积食、瘤胃臌气、瓣胃阻塞、创伤性网胃腹膜炎等前胃病之后才可确诊。

(1) 急性前胃弛缓 病羊多呈急性消化不良。病羊精神沉郁、食欲减少或废绝，反刍减少或停止，时而嗳气，但气味酸臭，瘤胃收缩力减弱，瘤胃蠕动音低沉，蠕动次数减少，瘤胃内容物充满、黏硬或呈粥状，粪球粗糙、附有黏液，全身症状一般较轻。由变质饲料引起者，还可发生瘤胃臌气和腹泻。

(2) 继发症状 如果引发前胃炎、肠炎或自体中毒时，症状较重，病羊精神高度沉郁，体温下降，食欲废绝，反刍停止，排出大量褐色糊状粪便、有时为水样、气味恶臭，眼球下陷，黏膜发绀，不久死亡。

(3) 慢性前胃弛缓 病羊多呈现食欲减退，异食（异食的原因为长期营养缺乏，或由营养代谢病、寄生虫病导致），反刍、嗳气减少，瘤胃触诊时内容物黏硬，但不过度充满，瘤胃蠕动音减弱，发生间歇性臌气。病情时好时坏，病羊体质衰弱，日渐消瘦，常因严重贫血和衰竭死亡。

3. 诊断

瘤胃液 pH 值下降，瘤胃纤毛虫数量减少、活力减弱，糖发酵能力降低。

4. 防治

(1) 预防措施 加强饲养管理，提供充足的蛋白质、碳水化合物、矿物质、维生素和微量元素，备足全年草料，合理调配饲料，不喂给过粗、过细、冰冻或发霉的饲料，提供良好的环境条件，加强运动，积极治疗原发病。

（2）发病后措施 治疗原则是除去病因，防腐制酵，兴奋瘤胃蠕动，调整前胃功能。

【处方1】①病初禁食1～2天，按摩瘤胃。②氯化氨甲酰甲胆碱注射液（比赛可灵）0.05～0.08毫克/千克体重，或甲基硫酸新斯的明注射液2～5毫克/次，或毛果芸香碱注射液5～10毫克，皮下注射，每日1～3次，连用2～3日，患羊心力衰竭和妊娠时不用。

【处方2】①石蜡油50～100毫升，或芒硝（也可用硫酸镁或人工盐，反刍动物泻下一般不用盐类泻剂）1克/千克体重，加水配成5%溶液，灌服。②10%氯化钠液注射液30毫升、5%氯化钙注射液20毫升、10%安钠咖注射液10毫升，静脉注射。

【处方3】适用于吃精料过多病羊。①温水5～10升，洗胃。②鱼石脂酒精溶液（鱼石脂1～5克，75%酒精2～10毫升，温水加至500～1000毫升），500～1000毫升，灌服。③氧化镁2～5克，或小苏打5～15克，加水500～1000毫升，灌服。④健康羊瘤胃液400～800毫升，灌服。⑤盐酸甲氧氯普胺注射液0.1～0.3毫克/千克体重，皮下或肌内注射，每日1～2次，连用3日。

【处方4】适用于慢性病羊。①生理盐水1500～1900毫升，灌服。②甘油20～30毫升、维D_3磷酸氢钙片30～60片、干酵母片30～60克、健胃散30～60克，加水灌服，每日2次，连用3～5日。③10%葡萄糖注射液500毫升、10%安钠咖注射液10毫升、5%维生素B_1注射液2～5毫升，静脉注射，每日1～2次，连用3日。

四、瘤胃臌气

瘤胃臌气又称瘤胃臌胀、瘤胃气胀，是由于前胃神经反应性降低，肌肉收缩力减弱，动物采食了大量易发酵的饲料，在瘤胃内微生物的作用下异常发酵，产生大量气体，引起瘤胃和网胃急剧膨胀，导致呼吸与循环障碍，发生窒息现象的一种疾病。临床上以呼吸极度困难，反刍、嗳气障碍，腹围急剧增大，腹痛等症状为特征。该病多发生于牧草生长旺盛的季节，或采食较多谷物类饲料的羊群。

1. 病因

(1) 泡沫性瘤胃臌气　羊采食了大量幼嫩多汁的豆科植物，如苜蓿、三叶草、紫云英、花生蔓叶，或采食较多的谷物类饲料如玉米粉、小麦粉等。

(2) 非泡沫性瘤胃臌气　羊采食了幼嫩多汁的青草，堆积发热的青草，或采食了被雨淋、水泡、冰冻，以及发霉的饲料。

(3) 继发性瘤胃臌气　见于食管阻塞、食管狭窄、前胃弛缓、创伤性网胃腹膜炎、瓣胃阻塞、迷走神经性消化不良和某些中毒病等病程中，因瘤胃气体排出障碍引发。

2. 临床症状

(1) 急性瘤胃臌气　羊发病快而急，在采食易发酵饲料过程中或采食后不久发生。病羊不安，回头顾腹，发出呻声。腹围明显增大，左肷部凸出，严重时右肷部也凸出，甚至高过背中线，腹部触诊瘤胃壁扩张，腹壁紧张有弹性，偶有肩背部皮下气肿，按压有捻发音，瘤胃内容物不黏硬，腹部叩诊呈鼓音，腹痛明显。病羊频繁起卧，甚至打滚、吼叫。后期病羊精神极度沉郁，不断排尿，运动失调，倒地，呻吟，全身痉挛，甚至死亡。饮欲食欲废绝，反刍、嗳气、瘤胃蠕动次数病初暂时性增加，之后减少或停止。病羊口中喷出粥状瘤胃内容物。病羊出现呼吸和循环障碍症状，呼吸极度困难，张口呼吸，伸舌流涎，头颈伸展，前肢开张，眼球震颤或突出，结膜充血、而后发绀，心率增加，脉搏增数，静脉怒张、淤滞。

(2) 慢性瘤胃臌气　一般发生缓慢，发作时病羊食欲减退，腹部膨大，左肷部凸出，但程度较轻，有时出现周期性瘤胃臌气（多在采食后发作，然后缓解），反刍、嗳气减少、正常或停止，瘤胃蠕动一般减弱，便秘或腹泻，逐渐消瘦，衰弱。

3. 病理变化

瘤胃壁过度紧张，充满大量气体，有时含有泡沫状内容物（如果剖检时间过晚，泡沫将消失），肺脏充血，肝脏和脾脏由于受压而呈贫血状态。有时可见瘤胃和膈肌破裂，瘤胃黏膜淤血。

4. 防治

(1) 预防措施

① 限制饲喂易发酵牧草。在牧草丰盛的夏季，可在放牧前先喂给适量青干草或稻草，以免放牧时过量食入青绿饲料，特别是大量易发酵的青绿饲料引起发病。

② 积极治疗食管阻塞等原发病。

③ 药物抗泡。可用油和聚氧化乙烯或聚氧化丙烯（非离子性的表面活性剂），在放牧前内服或混饮，预防泡沫性瘤胃臌气。

(2) 发病后措施　治疗原则是排气减压，制酵消沫，健胃消导，对症治疗。

【处方1】适用于早期轻度、非泡沫性瘤胃臌气。①石蜡油100～200毫升（或植物油50～100毫升）、胃复安片0.1～0.3毫克/千克体重、来苏尔2～5毫升，加水200～400毫升，灌服。②瘤胃按摩。在瘤胃部反复进行徐缓而深入按压，使气泡融合而排出。③诱发嗳气。口衔椿棍，上坡运动。

【处方2】胃管疗法。羊站立保定，保持前高后低姿势，佩戴开口器，经口插入胃管，放出气体，若放不出气体，可调整胃管深浅。主要用于非泡沫性的瘤胃臌气。①消胀片20～30片、鱼石脂酒精溶液（鱼石脂1～5克、75%酒精2～10毫升，温水加至200～400毫升）200～400毫升，胃管灌服。②氯化氨甲酰甲胆碱注射液（比赛可灵）0.05～0.08毫克/千克体重，或甲基硫酸新斯的明注射液2～5毫克/次，或毛果芸香碱注射液5～10毫克，皮下注射，每日1～3次。

【处方3】瘤胃穿刺放气（见图10-65）。病羊站立或右侧横卧保定，在左侧胲窝中央，或髋结节到最后肋骨连线中点进行穿刺和间歇性放气。由于该法对腹壁及瘤胃壁有极大损伤，应在情况危急时采用。放气后瘤胃注入二甲硅油1～2毫升（或松节油3～10毫升）、氧化镁或氢氧化镁5～10克、福尔马林溶液1～5毫升、水100～150毫升，瘤胃内注入。

刺入部位

羊瘤胃积气、放气位置

图 10-65 瘤胃穿刺

【处方4】手术疗法。若上述方法无效，可进行瘤胃切开术，彻底清除瘤胃内容物，并接种健康羊的瘤胃内容物（切记不可使腹压下降过快）。

【处方5】莱菔子（炒）90克、枳壳30克、大黄60克、芒硝120克、香附24克、厚朴24克、青皮30克、木通18克、滑石45克，共末（顺气散加减），分成6份，每次1份，加水灌服，每日1～2次，连用3～6日。

【处方6】党参、白术、茯苓、青皮、陈皮、木香、砂仁、莱菔子、甘草各30～45克，共末（香砂六君子汤加减），分成6份，每次1份，加水灌服，每日1～2次，连用3～6日。

五、瘤胃积食

羊瘤胃积食又称急性瘤胃扩张，是反刍动物贪食大量粗纤维饲料或容易膨胀的饲料引起瘤胃扩张，瘤胃容积增大，内容物停滞和阻塞，以及整个前胃功能障碍，形成脱水和毒血症的一种严重疾病。临床特征为瘤胃体积增大，触诊坚硬，发生腹痛，反刍和嗳气停止，瘤胃蠕动减弱或停止。该病多见于舍饲和体质瘦弱的老龄母羊。在兽医临床上，通常把由于过量食入粗饲料引起的称为瘤胃积食，把由过量采食碳水化合物类精料引起的称为瘤胃酸中毒。

1. 病因

动物长期食入过量干硬粗饲料、蔓藤类青饲料，以及食入塑料袋等异物，或过度饥饿，一次采食过多，饮水不足，饮用冷水，饱食后立即运动、运输，长期舍饲、羊过肥，在妊娠后期等，均可引发该病。该病也可继发于前胃弛缓、瓣胃阻塞、创伤性网胃腹膜炎、皱胃阻塞等疾病。

2. 临床症状

患羊精神沉郁，食欲减退或废绝，反刍迟缓或停止，眼结膜充血、发绀，背腰拱起，顾腹踢腹，摇尾呻吟，下腹部轻度膨大。触诊瘤胃内容物充满而黏硬，按压呈捏粉状，病羊抗拒检查，叩诊呈浊音，呼吸迫促，排便迟滞，粪便干燥色暗，有时排少量恶臭的粪便，偶尔可见继发肠臌胀。严重的病羊脱水明显，红细胞压积增高，步样不稳，四肢颤抖，心律不齐，全身衰竭，卧地不起。

3. 病理变化

瘤胃过度扩张，内含有气体和大量腐败内容物，胃黏膜潮红，有散在出血斑点，瓣胃叶片坏死，实质脏器淤血。

4. 防治

(1) 预防措施　加强饲养管理，防止饥饿过食，避免骤然更换饲料，粗饲料和蔓藤类青饲料应加工后再喂，注意饮水和适当运动。

(2) 发病后措施

【处方1】①禁食1～2天，按摩瘤胃。②石蜡油300～500毫升、鱼石脂4克、酒精20毫升、苦味酊60毫升、温水500毫升，一次灌服，每日1次，连用2～3日。③氯化氨甲酰甲胆碱注射液（比赛可灵）0.05～0.08毫克/千克体重，或甲基硫酸新斯的明注射液2～5毫克/次，或毛果芸香碱注射液5～10毫克，皮下注射，每日1～3次，连用2～3日，患羊心力衰竭和妊娠时不用。

【处方2】瘤胃内容物腐败发酵，可插入粗胃管，用0.1%高锰酸钾溶液或1%碳酸氢钠溶液进行洗胃，异物冲出后，投服健羊的新鲜瘤胃液或反刍食团。排出瘤胃内容物，可用按摩、口内横衔木棒、内服泻剂等方法，促进反刍、嗳气和瘤胃蠕动。

【处方3】10％葡萄糖注射液500毫升、10％葡萄糖酸钙注射液10～50毫升、10％安钠咖注射液10毫升；5％葡萄糖生理盐水500～1000毫升、维生素 B$_1$ 注射液5～10毫克/千克体重；5％碳酸氢钠注射液100～200毫升。依次静脉注射，每日1次，连用2～3日。

重症而顽固的病例，经上述措施无效时，可实行瘤胃切开术，取出瘤胃积滞的内容物，术后注意加强护理，抗菌消炎等。

【处方4】陈皮9克、枳实9克、枳壳6克、六神曲9克、厚朴6克、山楂9克、槟榔3克、莱菔子9克（健胃散加减），水煎去渣，候温灌服，每日2次，连用3口。

【处方5】大黄9克、枳实6克、厚朴6克、芒硝12克、神曲9克、山楂9克、麦芽6克、陈皮9克、草果6克、槟榔3克（大承气汤加减），水煎去渣，候温灌服，每日2次，连用3日。

六、肠便秘

肠便秘又称肠阻塞、肠梗阻，是由于肠管运动功能和分泌功能紊乱，粪便停滞，水分被吸收而干燥，导致某段肠管发生完全或不完全阻塞的一种急性腹痛病。羊肠便秘的临床症状为突然发病，不同程度的腹痛，饮欲食欲减退或废绝，肠音减弱或消失，排便停止，腹部检查感到有粪便秘结。

1. 病因

（1）饲养管理不当 饲料粗糙干硬，不易消化，如豆秸、玉米秆、稻草、小麦秆、花生藤等；或饲料过细，精料过多；或饲喂不定时，饲料或饲养方法突变，羊只饥饿抢食、咀嚼不充分、饮水减少、运动不足，喂盐不足，天气骤变等因素均可引发该病。

（2）继发因素 可继发于慢性胃肠病、急性热性传染病、寄生虫病、异食癖等，还可因用药不当、肠道狭窄、直肠管麻痹等诱发，妊娠后期或分娩后不久的母畜也易发生。

2. 临床症状

早期病羊精神、食欲正常，但放牧或饲喂前病羊欣窝不见塌陷。

之后腹围逐渐增大，回头顾腹，不时做伸腰动作，腹痛严重时不断起卧。食欲减退，反刍次数减少或消失，眼窝深陷，眼结膜发绀，口腔干燥，舌色呈灰色或淡黄色，排便减少或停止，粪便被覆黏液，听诊时瘤胃蠕动音减弱或停止，肠音不整、减弱或消失，用手感触腹部可触摸到肠内充满多量粪便，按压呈捏粉状。初生羔羊发病时，时常伏卧，后腿伸直，哀叫，甚至不安起卧，显示疯狂状态。

3. 防治

（1）预防措施　加强饲养管理，按时定量饲喂，防止过饥过饱，合理搭配饲料，防止饲料单一，禁止喂粗硬、不易消化的饲料，提供充足的饮水，注意运动。及时治疗原发病。如果发病羊只较多，可在饲料中加入健胃散预防。

（2）发病后措施　治疗原则为静（镇静、止痛）、通（疏通）、减（减压）、补（补液、强心、解毒）、护（护理）。

【处方1】初期。①温肥皂水5000毫升，深部灌肠。②石蜡油300～500毫升，或芒硝50～100克、水1000～2000毫升，一次灌服。③氯化氨甲酰甲胆碱注射液（比赛可灵）0.05～0.08毫克/千克体重，或甲基硫酸新斯的明注射液2～5毫克/次，或毛果芸香碱注射液5～10毫克，皮下注射，每日1～3次，连用2～3日，患羊心力衰竭和妊娠时不用。

【处方2】①25%硫酸镁溶液30～40毫升、石蜡油100毫升，瓣胃注射，第二日再重复注射1次。②30%安乃近注射液3～10毫升，腹痛时肌内注射。③温生理盐水5000毫升，瘤胃内充满多量液体时洗胃。④50%葡萄糖氯化钠注射液1000毫升、庆大霉素注射液20万单位、10%葡萄糖酸钙注射液10～50毫升、维生素C注射液0.5～1.5克；10%葡萄糖注射液500毫升、10%氯化钾注射液10毫升、10%安钠咖注射液10毫升。静脉注射，每日1～2次，连用3日。

【处方3】手术疗法。病羊侧卧保定，局部剃毛消毒，用0.25%～0.5%盐酸普鲁卡因注射液浸润麻醉，从右侧肷部打开腹腔，然后找到秘结的肠管，实施隔肠按压或侧切取粪，肠管坏死应将其切除，然后施行断端吻合术。术后加强护理，润肠通便，抗菌消炎，补液解毒。手术应及早进行，如果发病时间过长，阻塞肠管过多，不一定取得满意效果。

七、胃肠炎

胃肠炎是胃肠表层黏膜及其深层组织的重剧炎症过程。其临床特征为严重消化功能障碍，全身症状明显，重剧自体中毒。

1. 病因

该病多是由于长期饲喂粗硬、冰冻、发霉饲料，饮用不干净饮水导致；或羊处在过冷、过热、圈舍卫生不良的环境，长途运输等，使机体抵抗力下降而发病。还可继发于胃肠卡他、肠便秘、肠变位、中毒病、大肠杆菌病、羔羊痢疾、球虫病、鞭虫病、食道口线虫病等。长期应用广谱抗菌药物导致胃肠菌群失调也可引发该病。

2. 临床症状

（1）严重消化功能障碍　病羊食欲减退或废绝，饮欲增加或减少，反刍减少或停止，时而有嗳气、带有臭味，口腔干红恶臭，舌苔黄而厚，肠音增强、减弱或消失，腹痛不安。初期病羊可能发生便秘，表现为粪便干硬、表面粗糙，甚至变形、颜色较深、常被覆黏液，之后发生腹泻，不断努责，里急后重，粪便稀薄或呈水样，含有黏液、血液、脓汁和坏死组织片等病理性产物，气味恶臭或腥臭。

（2）重剧全身症状和自体中毒　病羊精神沉郁，体温升高，脉搏起初洪大有力，继而快而弱，呼吸增加而微弱。病羊消瘦，脱水，眼球下陷，皮肤干燥，皮肤弹性降低，尿量减少，尿色变浓，血液浓缩，红细胞数增多，红细胞压积（比容值）增高，中心静脉压降低。严重时病羊衰竭，卧地不起，体温下降，皮温不整，四肢末梢发凉，甚至出现肌肉震颤、痉挛或昏迷等自体中毒症状。

3. 防治

（1）预防措施　加强饲养管理，供给优质草料、洁净饮水，防止各种应激因素的作用，慎重应用各种抗菌药物（长期注射给药也可引起菌群紊乱），积极治疗原发病。

（2）发病后措施　治疗原则为查清病因，杀菌消炎，补液解毒，清理胃肠，对症治疗。

【处方1】①2%盐酸环丙沙星注射液，2.5毫克/千克体重，肌内注射，每日2次，连用3日。②石蜡油50~100毫升，便秘时灌服。

【处方2】磺胺脒片0.1~0.2克/千克体重、次硝酸铋片2~6克、碳酸氢钠片5~10克、维D₂磷酸氢钙片30~60片、干酵母片30~60克、丙二醇20~30毫升，加水内服，每日2次，连用3~5日。

【处方3】①生理盐水500毫升、氨苄青霉素钠50~100毫克/千克体重（或硫酸庆大霉素注射液20万单位）；10%葡萄糖注射液500毫升、维生素C注射液0.5~1.5克、10%安钠咖注射液5~20毫升、10%葡萄糖酸钙注射液10~50毫升、10%氯化钾注射液10毫升。静脉注射，每日1~2次，连用3~5日。②甲硝唑注射液10毫克/千克体重，静脉注射，每日1次，连用3日。③5%碳酸氢钠注射液50~100毫升，静脉注射，每日1次，连用3~5次。④0.1%高锰酸钾溶液1000毫升，灌肠。

【处方4】白头翁100克，黄连、黄柏、秦皮各50克，苦参50克，猪苓、泽泻各25克（白头翁散加减），分成3~6份，每次1份，水煎去渣灌服，每日2次，连用3日。

八、支气管炎

支气管炎是由各种原因引起的动物支气管黏膜表层或深层组织的炎症。其临床特征为咳嗽，流鼻液，呼吸啰音和不定型热。该病多发生于早春、晚秋等气候变换季节。

1. 病因

该病主要是由于受寒感冒、应激，以及吸入刺激性气体、尘埃、花粉等，使条件致病菌大量繁殖引起；也可继发于喉炎、肺炎、胸膜炎、羊痘、传染性胸膜肺炎、肺线虫病等。

2. 临床症状

（1）急性支气管炎 主要症状是咳嗽。病初病羊呈短、干、痛的咳嗽，从两侧鼻孔流出浆液性、黏液性或黏脓性鼻液。肺部听诊肺泡呼吸音增强，有干性或湿性啰音，人工诱咳阳性，叩诊时无明显变化，体温升高或正常，呼吸加快，或出现吸气性呼吸困难。

（2）慢性支气管炎　以长期顽固性咳嗽为特征。病羊全身症状轻微，肺部听诊有啰音，肺泡呼吸音强盛，叩诊时无异常，发生肺气肿时叩诊有过清音，肺叩诊界后移，听诊肺泡呼吸音减弱或消失，严重时呼吸困难，动物逐渐消瘦。

3. 诊断

X线检查，慢性支气管炎时发现支气管纹理增厚而延长。

4. 防治

（1）预防措施　加强饲养管理，供给优质草料，提供温暖舒适、通风透光的环境，使动物多晒太阳、多运动。积极治疗原发病。

（2）发病后措施　治疗原则为除去病因，消除炎症，祛痰止咳。

【处方1】①长效土霉素注射液 10～20 毫克/千克体重，或5％氟苯尼考注射液肌内注射，5～20 毫克/千克体重，每日1次，连用3日。②氯化铵片 2～5 克、甘草片 3～4 片、咳必清片 50～100 毫克，内服，每日 2～3 次，连用 3～5 日。

【处方2】①5％葡萄糖注射液 250～500 毫升、50％葡萄糖注射液 20 毫升、盐酸环丙沙星注射液 2.5～5 毫克/千克体重、盐酸消旋山莨菪碱注射液（654-2 注射液）5～10 毫克、地塞米松注射液 4～12 毫克，静脉注射，每日 1～2 次，连用 3 日。②复方咳必清止咳糖浆（100 毫升含本品 0.2 克、氯化铵 3 克、薄荷油 0.008 毫升）20～30 毫升，每日 2～3 次，连用 3～5 日。

【处方3】款冬花 50 克、知母 50 克、贝母 30 克、茯苓 30 克、桔梗 35 克、杏仁 30 克、金银花 50 克、桑白皮 35 克、黄药子 35 克、郁金 30 克（款冬花散加减），共末，分成 5～6 份，每次 1 份，开水冲候温灌服，每日 2 次，连用 3 日（病重时用）。

【处方4】百合 50 克、生地黄 40 克、熟地黄 35 克、玄参 40 克、麦冬 50 克、川贝母 30 克、白芍 30 克、当归 50 克、甘草 25 克、桔梗 30 克、杏仁 35 克、瓜蒌 50 克（百合固金散加减），共末，分成 5～6 份，每次 1 份，开水冲候温灌服，每日 2 次，连用 3 日（慢性支气管炎）。

九、贫血

贫血指单位容积血液中红细胞数、红细胞压积容量和血红蛋白含量低于正常值下限的综合征的统称。其临床表现为皮肤和可视黏膜苍白，以及各组织器官由于缺氧而产生的一系列症状如心率加快、脉搏增强、呼吸困难、肌肉无力等。该病可分为出血性贫血、溶血性贫血、营养性贫血和再生障碍性贫血。

1. 病因

（1）出血性贫血　急性出血性贫血见于外伤，手术，肝、脾破裂等，慢性出血性贫血主要由寄生虫病（如捻转血矛线虫病、仰口线虫病、肝片吸虫病）、肿瘤病和某些中毒病等引发。

（2）溶血性贫血　见于巴贝斯虫病、钩端螺旋体病、附红细胞体病、铅中毒、汞中毒、砷中毒等。

（3）营养性贫血　由于造血物质缺乏导致，如蛋白质、铁、铜、钴、叶酸等的缺乏。

（4）再生障碍性贫血　主要由放射病、骨髓肿瘤、中毒病、传染病，以及由某些药物作用引起。

2. 临床症状

共同症状是精神沉郁，食欲减退，皮肤与可视黏膜苍白，心跳加快，心音增强，甚至出现贫血性心内杂音，心肌无力，呼吸困难等。

（1）急性出血性贫血　病羊多有受伤史，可视黏膜突然急剧苍白，脉搏微弱，体温下降，出现低血容量休克死亡等。

（2）慢性出血性贫血　可视黏膜徐发苍白，机体发生进行性消瘦，血液中出现大量幼稚红细胞。

（3）溶血性贫血　可视黏膜苍白、黄染，病羊体温升高或正常，严重时出现血红蛋白尿，肾脏肿大，黑便，黄疸指数升高，血液中胆红素含量升高，幼稚红细胞增多等。

（4）营养性贫血　病羊有营养缺乏病史，精神沉郁，食欲减退，异食，消瘦，虚弱，发育迟缓，严重时引发水肿等。

（5）再生障碍性贫血　可视黏膜苍白，且逐渐加重，皮肤与可视黏膜有出血性斑点，全身症状越来越重，全血细胞（红细胞、白细胞和血小板）减少，无幼稚红细胞，一旦发生感染，难以控制。

3. 诊断

可根据红细胞数减少，血红蛋白含量减少，血液中出现多量的幼稚红细胞（再生障碍性贫血时减少），红细胞压积下降，血沉加快进行诊断。

4. 防治

治疗原则是除去病因，迅速止血，恢复血容量，补充造血物质，刺激骨髓造血功能。

【处方 1】急性出血性贫血。采用压迫、钳夹、结扎（如动脉性出血）或深层缝合（如发生少量持续性出血，又找不到血管，可在创伤处理后进行深层缝合）等方法进行止血。

①安络血注射液 10～20 毫克，或止血敏注射液 0.25～0.5 克，肌内注射，每日 1～2 次，连用 1～3 日。②5％葡萄糖注射液 500 毫升、10％葡萄糖酸钙注射液 10～50 毫升、10％安钠咖注射液 10 毫升，静脉注射，每日 1～2 次，连用 1～3 日。③6％中分子右旋糖酐注射液 250～500 毫升，静脉注射。

【处方 2】慢性出血性贫血。查找病因，积极治疗原发病。如果是捻转血矛线虫病引起，用盐酸左旋咪唑注射液 5～6 毫克/千克体重，皮下注射。①安络血注射液 10～20 毫克，或止血敏注射液 0.25～0.5 克，肌内注射，每日 1～2 次，连用 1～3 日。②维生素 B_{12} 注射液 0.3～0.4 毫克，肌内注射，每日 1 次，连用 3～5 日。③丙二醇或甘油 20～30 毫升、维 D_2 磷酸氢钙片 30～60 片，干酵母片 30～60 克，加水灌服，每日 2 次，连用 3～5 日。

【处方 3】营养性贫血。查找病因，饲喂全价配合饲料。①丙二醇或甘油 20～30 毫升、维 D_2 磷酸氢钙片 30～60 片、干酵母片 30～60 克，加水灌服，每日 2 次，连用 3～5 日。②右旋糖酐铁注射液 1～2 毫升，肌内注射。③维生素 B_{12} 注射液 0.3～0.4 毫克，肌内注射，每日 1 次，连用 3～5 日。

【处方 4】当归 75 克、川芎 25 克、炒白芍 40 克、熟地黄 50 克、党参 50 克、白术 50 克、炙黄芪 50 克、炙甘草 50 克（八珍汤加减），研成末，分成 6 份，每日 1 份，开水冲服（适用于出血性贫血）。

【处方5】黄芪 100 克、党参 100 克、白术 50 克、当归 50 克、阿胶 50 克、熟地黄 60 克、甘草 25 克（归脾汤加减），研成末，分成 6 份，每日 1 份，开水冲服（再生障碍性贫血）。

十、中暑

中暑（日射病及热射病）是由于纯物理原因引起的体温调节功能障碍的一种急性病。其临床特征为体温显著升高、循环障碍和一定的神经症状。该病主要发生于炎热季节。

1. 病因

（1）日射病　在炎热季节，因日光直射动物头部，再加上动物肥胖、体质虚弱，致使脑及脑膜充血、出血，引起中枢神经功能严重障碍。

（2）热射病　由于动物长期处于高温、高湿、无风的环境，或动物过度肥胖、体质虚弱、被毛较厚，过度拥挤、缺乏饮水时，吸热增多，散热减少，以及剧烈运动、长途运输时，产热增多，体内积热，导致中枢神经功能严重紊乱。

2. 临床症状

（1）日射病　发病突然，病初病羊精神沉郁，四肢变软，步态不稳，共济失调，突然倒地，四肢泳动，眼球突出，之后出现心力衰竭，呼吸急促，体温升高，发汗减少，皮肤干燥，常在剧烈抽搐或痉挛中死亡。

（2）热射病　发病突然，病初病羊精神沉郁，大汗喘气，体温过高，可达 42～43℃，之后可引发短时的兴奋乱冲，但马上转为抑制，此时无汗，呼吸高度困难，脉搏疾速，后期出现昏睡、昏迷、卧地不起，呼吸浅表疾速，节律不齐，血压下降，结膜发绀，口吐白沫，体温下降等症状，常在痉挛发作期死亡。

3. 病理变化与诊断

脑膜及脑部血管高度淤血、有出血点，脑组织水肿，脑脊液增多，肺充血，肺水肿，气管内有泡沫状液体，心包积液，心腔积血。

根据天气炎热、日光直射、过度拥挤、长途运输等病史资料，以及体温过高，心肺功能障碍等可作出诊断。

4. 防治

（1）预防措施　加强羊舍的隔热设计，注意羊舍周围和运动场的绿化（种植阔叶树木）；夏季加强防暑管理。

（2）发病后措施　治疗原则为加强护理，促进降温，维持心肺功能，补液解毒。把羊群赶到阴凉通风处，或给予遮阴，提供充足的饮水或口服补液盐水，病羊全身用冷水浇、酒精擦、冰袋镇，或冷水灌肠等。

【处方 1】①5%葡萄糖氯化钠注射液 500 毫升、10%安钠咖注射液 10～20 毫升、地塞米松注射液 4～12 毫克、盐酸消旋山莨菪碱注射液（654-2 注射液）5～10 毫克；10%葡萄糖注射液 500 毫升、1%三磷酸腺苷二钠注射液（ATP 注射液）2～6 毫升、注射用辅酶 A 50～100 单位，葡萄糖酸钙注射液 10～20 毫升、10%氯化钾注射液 10 毫升。依次静脉注射。②30%安乃近注射液 3～10 毫升，或氯丙嗪注射液 1～3 毫克/千克体重，肌内注射。③5%碳酸氢钠注射液 50～100 毫升，酸中毒时静脉注射。④呼吸加快、困难时，有条件的可以吸氧。

【处方 2】党参、芦根、葛根各 30 克，生石膏 60 克，茯苓、黄连、知母、玄参各 25 克，甘草 18 克（止渴人参散加减），共研末，分成 6 份，每次 1 份，开水冲服。无汗加香薷，神昏加石菖蒲、远志，狂躁不安加茯神、朱砂，热急生风、四肢抽搐加钩藤、菊花。热痉挛和热衰竭要结合补液和补充电解质。

十一、湿疹

湿疹是动物皮肤表层和真皮浅层，由致敏物质刺激所引起的一种过敏性炎症反应。其临床特征为皮肤呈多形性变化，患部皮肤发生红斑、丘疹、水疱、脓疱、糜烂、结痂及鳞屑等皮肤损害，并伴有热、痛、痒症状，常反复发作。该病多发生于春夏季节。

1. 病因

（1）外源性因素　如皮肤遭受摩擦、蚊虫叮咬、长期处于阴暗潮湿的环境；或皮肤遭受排泄物、分泌物浸渍；或日光曝晒等。

（2）内源性因素　机体受消化道炎症、肝炎、肾炎等产生的各种病理性产物，细菌、病毒、寄生虫及其产生的毒物和毒素，以及饲料、药物中致敏物的作用，或由营养失调、代谢紊乱、内分泌功能障碍等引起。

2. 临床症状

（1）急性湿疹　羊只多在天热出汗和受淋之后突然发病，在背部、腰荐部和臀部出现皮肤发红，之后可出现水疱、脓疱和糜烂，浆液渗出增多，产生结痂，病羊瘙痒，不断摩擦，被毛脱落。湿疹病程较长，常反复发作。随病程延长，转成慢性，可见皮肤渗出物减少，皮肤肥厚、粗糙和皲裂，甚至有色素沉着。

（2）绵羊日光疹　绵羊在剪毛后，由于日光长时间照射，可引起皮肤充血、肿胀、发热、疼痛，之后迅速消失，结痂痊愈。

3. 诊断

根据湿疹的多形性变化，反复发作，有热、痛、痒等症状不难作出诊断。但应与荨麻疹进行区别，荨麻疹又称风疹块，是家畜受体内、外因素刺激所引起的一种过敏性疾病，其临床特征为体表发生许多圆形或扁平的局限性疹块，发生和消退都较快，并伴发皮肤瘙痒。

4. 防治

治疗原则为消除病因，收敛防腐，脱敏止痒。

【处方1】①0.1%高锰酸钾溶液（或1%～2%鞣酸、2%～3%明矾溶液、3%硼酸溶液）1000毫升，局部清洗。②炉甘石洗剂（炉甘石10克、氧化锌5克、石炭酸1克、甘油5毫升、石灰水100毫升），或1:1氧化锌滑石粉、1:9碘仿鞣酸粉、3%～5%龙胆紫溶液，适量，局部撒布或涂抹，每日2～3次，连用3～5日。③马来酸氯苯那敏注射液12～20毫克，或苯海拉明注射液40～60毫克，肌内注射，每日2次，连用3～5日。④红霉素软膏，有化脓时局部涂抹。

⑤1％～2％石炭酸酒精溶液，急性湿疹发生瘙痒时患部涂擦。

【处方2】①氧化锌水杨酸软膏（氧化锌软膏100克、水杨酸4克），或10％水杨酸软膏、碘仿鞣酸软膏（碘仿10克、鞣酸5克、凡士林100克），适量，局部涂抹（慢性湿疹）。②10％葡萄糖注射液500毫升、10％氯化钙注射液20～50毫升，隔日1次，静脉注射，连用3～5日。

【处方3】荆芥、防风、牛蒡子各24克，蝉蜕20克，苦参20克，生地黄24克，知母24克，生石膏50克，木通15克（风热型用消风散加减），共为细末，分成6份，每次1份，开水冲服，每日2次。同时外用青黛散。

【处方4】黄芩、黄柏、苦参各24克，生地黄30克，白鲜皮24克，滑石24克，车前子24克，板蓝根30克（湿热型用清热渗湿汤加减），共为细末，分成6份，开水冲服，每日1次。渗出较重者用生地榆水或甘草水洗后冷敷。

十二、羊直肠脱

直肠末端的黏膜层脱出肛门的称为脱肛或肛门脱垂。直肠的一部分甚至大部分向外翻转脱出肛门，称直肠脱。严重病例在发生直肠脱的同时并发肠套叠或直肠疝。

1. 病因

山羊的直肠脱多见于长时间下痢、便秘，病后虚弱，病理性分娩，或用刺激性药物灌肠后引起强烈努责，腹内压增高等。在这些病因的作用下，加之直肠韧带、直肠黏膜下层、肛门括约肌松弛及功能不全，直肠发育不良、萎缩，神经营养不良、松弛无力，不能保持直肠处于正常位置，而发生直肠脱。

2. 临床症状

患羊在卧地或排便后黏膜脱出，在一定的时间内不能自行复位，若此现象经常出现，则脱出的黏膜发炎，黏膜下层高度水肿，失去自行恢复的能力，在肛门处可见到淡红或暗红色的圆球形肿胀。随着炎症和水肿的发展，则直肠全层脱出，由肛门向外突出呈柱状的肿胀物，由于脱出的肠管被肛门括约水肿更加严重，同时受外界污染，表面污秽不洁，沾有泥土和草屑，甚至发生黏膜出血、糜烂、坏死和继发损伤。严重时伴有全身症状，体温升高，精神沉郁，并且频频努责，做排粪姿势。

3. 防治

（1）预防措施　排除病因，及时治疗便秘、下痢，加强饲养管理，并注意适量饲水，以预防该病的发生。

（2）发病后措施　病初，若脱出体外的部分不多，应用1％明矾或0.5％高锰酸钾溶液充分清洗脱出部分，然后再提起患羊两后肢，用手指慢慢复位，在肛门四周作口袋状缝合，伸入一个手指入直肠，收紧缝线，打结，防止复发。脱出时间长，水肿严重，充分清洗后，用注射针头乱刺水肿的黏膜，用纱布衬托，挤出炎性渗出液；对脱出部的表面溃疡、坏死黏膜，应慎重除去，直至露出新鲜组织，不要损伤肠管肌层；清洗、消毒，涂以油剂或油膏剂，然后轻轻送回；为了防止复发，同样要在肛门四周作口袋状缝合加以固定。

黏膜下层切除术。黏膜水肿严重及坏死区域较广泛的病羊，可施行黏膜下层切除术，在距肛门1厘米处，环形切开黏膜直达下层，向下剥离，翻转黏膜层，将其切除，用0号肠线将顶端黏膜边缘与肛门周围边缘黏膜作结节缝合，整复脱出部分，肛门口再作烟包袋口状缝合。

直肠部分切除术，用于直肠脱出过多，整复有困难，脱出的直肠发生坏死、穿孔等。取两根灭菌的兽医用麻醉针头，紧贴肛门处交叉刺穿脱出的肠管将其固定，在固定针后方约2厘米处，将脱出肠管环形横切，充分止血，用4号丝线，把肠管两层断端的浆膜和肌层结节缝合，两层黏膜作连续缝合，用消毒液冲洗，蘸干，涂以抗生素药物。根据病情给予镇痛、消炎等对症疗法。

十三、腐蹄病

腐蹄病是趾（指）间隙皮肤及皮下组织的急性或亚急性炎症，是反刍动物常发的蹄病，也称趾间腐烂。该病以蹄角质腐败、趾间皮肤和组织腐败、化脓为特征。该病多见于低湿地带和湿热多雨季节。

1. 病因

饲养管理差，在炎热雨季，圈舍潮湿泥泞，蹄部受粪尿浸渍，护蹄不当，草料中钙、磷比例不平衡，致使蹄角质疏松，弹性降低，引起皲裂、发炎。或先天性蹄角质软弱，蹄部被石子、铁器、玻璃等刺伤，感染病菌（病原菌为结节状梭菌和坏死厌氧丝杆菌等）而引起发病。

2. 临床症状

病羊跛行，喜卧怕立，行走困难。病初精神沉郁，体温升高，食欲减退或废绝，轻度跛行，多为一蹄患病。随着病情的发展，跛行加重。若两前肢患病，病羊常跪地或爬行，后肢患病时，常见病肢伸到腹下。蹄壳腐烂变形时，病羊卧地不起，久卧不起易发生褥疮。多数病羊跛行达数十天甚至几个月，逐渐消瘦，不及时治疗可引起败血症。

3. 诊断

蹄部发热、肿大、敏感疼痛，趾（指）间隙皮肤充血、肿胀及溃烂，并有恶臭的分泌物排出，可以蔓延至蹄冠、蹄后部和系部，亦可侵害腱、韧带、关节，使其发生化脓性炎症。有时蹄底溃烂，形成小孔或大洞，内充满污灰色或黑褐色的坏死组织及恶臭的脓汁，导致蹄壳脱落，最后可引起蹄畸形和继发脓毒败血症。

4. 防治

（1）预防措施

① 加强饲养管理。备足草料，改善营养，圈舍地面硬化，保持干燥卫生，定期消毒，尽量减少和避免在低湿地带放牧。

② 加强蹄部护理。经常检查和修理羊蹄，及时处理蹄部外伤。

③ 药物预防。在多雨潮湿季节或发病时，全群定期用 10％硫酸铜溶液或 10％福尔马林进行浴蹄。

（2）发病后措施　治疗原则是修蹄排污，杀菌消炎。

【处方1】轻症。①3％双氧水或 0.2％高锰酸钾溶液 500 毫升，冲洗患蹄。②10％硫酸铜溶液，或 10％硫酸锌溶液、10％福尔马林

500 毫升，浴蹄，之后包扎。

【处方 2】 重症。①蹄叉腐烂、蹄底出现小洞，并有脓汁和坏死组织渗出时，先用消毒剂将蹄洗净擦干，5％碘酊消毒后，用小刀，由外向内将坏死组织和脓汁彻底清除，再灌注 5％碘酊消毒，撒布土霉素粉或碘仿磺胺粉、四环素粉，外用福尔马林松馏油（1∶4）棉塞填塞。最后用棕片或帆布片包住整个蹄，在系部用细绳捆紧，一般 2～3 天换药 1 次。②青霉素 5 万～10 万单位/千克体重、链霉素 10～15 毫克/千克体重、30％安乃近注射液 3～10 毫升、注射用水 10 毫升，肌内注射，每日 1 次，连用 2～3 日。③10％甲硝唑注射液，10 毫克/千克体重，静脉注射，每日 1 次，连用 3 日。

十四、流产

流产是指在妊娠期间，因胎儿与母体的正常关系受到破坏而使妊娠中断的病理现象。流产可发生在妊娠的各个阶段，但以妊娠早期较多见。山羊发生流产较多，绵羊少见。

1. 病因

（1）侵袭性流产　多见于布鲁氏菌病、沙门菌病、支原体病、衣原体病、弯曲菌病、毛滴虫病、弓形虫病，以及某些病毒性传染病等。通常表现为群发性流产。

（2）普通流产

① 生殖器官疾病。如先天性生殖器官畸形，子宫内膜炎在妊娠期间复发，迁徙性子宫炎症，卵巢及黄体的病变，子宫粘连，阴道脱出，阴道炎，胎膜炎，胎水过多。

② 饲养管理不当。如牧草和精料严重不足，饲料发霉、腐败、酸败、冰冻、有毒，环境温度过高、湿度过大，羊剧烈运动、打斗、滑倒、受惊吓，长途运输，过度拥挤，注射应激等。

③ 继发因素。见于内科病如急性瘤胃臌气、顽固性前胃弛缓、皱胃阻塞、肺炎、肾炎、日射病及热射病、重度贫血、败血症；营养代谢病如维生素 A 或维生素 E 缺乏症、矿物质缺乏症、微量元素不足或过剩等；中毒病如农药中毒、棉籽饼粕中毒、有毒植物中毒、食盐中毒等；外科病如外伤、蜂窝织炎等。

④ 诊疗错误及用药不当。大量放血、采血，对孕羊催情、交配（或授精）、粗暴的保定和临床检查，应用地塞米松、氯前列烯醇、缩宫素、麦角制剂、比赛可灵、毛果芸香碱、全身性麻醉药，以及妊娠忌服的中草药如乌头、桃仁、红花、冰片等，注射某些疫苗。

2. 临床症状

突发流产者，产前一般无特征表现。发病缓慢者，表现精神不振，食欲废绝，腹痛起卧，努责呻叫，阴户流出羊水，待胎儿排出后转为安静。由传染病、寄生虫病、营养代谢病和中毒病等引起者，常陆续出现流产。由外科病引起者，由于受外伤程度的不同，受伤的胎儿常因胎膜出血、剥离，于数小时或数天排出体外。临床上常见的流产有几种。

（1）隐性流产　因为发生在妊娠的早期，主要在妊娠第一个月内，胚胎还没形成胎儿，故临床上难以看到母羊有什么症状表现。临床表现为配种后发情，发情周期延长，习惯性久配不孕。

（2）早产　排出不足月的活胎儿，这类流产的预兆和过程与正常分娩相似，胎儿是活的，因未足月即产出，故又称为早产。

（3）小产　排出死亡而未变化的胎儿，这是流产中最常见的一种，故通常称为小产。病羊表现精神不振，食欲减退或废绝，腹痛，起卧不安，努责呻叫，阴门流出羊水，胎儿排出后逐渐变安静。

（4）延期流产（死胎停滞）　指胎儿在母体内死亡后，由于子宫收缩无力、子宫颈不开张或开张不全，死亡的胎儿可长期留在子宫内，称为延期流产。根据子宫颈口是否开张，分为胎儿干尸化和胎儿浸溶。

胎儿干尸化是指胎儿死亡后，未被排出，其组织中的水分及羊水被吸收，变为棕色，好像干尸一样。其多是由于胎儿死亡后黄体不萎缩、子宫颈口不开张所致。

胎儿浸溶是指妊娠中断后，死亡胎儿的软组织被分解，变为液体流出，骨骼部分仍旧留在子宫内。其原因为胎儿死亡后，黄体萎缩、子宫颈口部分开张，腐败菌等微生物从阴道进入子宫及胎儿，胎儿的软组织被分解排出，骨骼则因子宫颈口开张不全而滞留于子宫。此时，病羊经常发生努责，并由阴道内排出红褐色或棕褐色有异味的黏稠液体，有时混有小的骨片，后期排出脓汁。严重时可诱发子宫内膜炎、腹膜炎、败血症等。

（5）习惯性流产　自然流产连续发生三次以上者称为习惯性流产。其特征往往是每次流产发生在同一阶段，也可能下次流产比上次流产稍长些。这类流产是普通流产中较典型的表现形式，其原因多见于幼稚病（身体发育不良）、子宫的瘢痕（多有难产或剖宫产病史）、变性，以及黄体发育不良、孕酮不足。

（6）先兆性流产　孕畜因某些原因出现流产的先兆，如采取有效的保胎措施，能够防止的一类流产。先兆性流产是普通流产的一种表现形式，其原因多见于外科手术、意外损伤事故、较重的其它疾病、特殊的环境应激等。表现为孕畜出现腹痛，阵缩，兴奋不安，呼吸、脉搏加快等现象，但阴道检查时，可见子宫颈口还是闭锁的，子宫颈黏液栓尚未溶解，有时可感触明显的胎动和子宫阵缩现象，B超检查胎儿尚存活。

3. 诊断

根据病史和临床症状即可作出初步诊断，必要时需结合病原学检查等进行确诊。

4. 防治

（1）预防措施　对妊娠母羊，应给充足的优质饲料，严禁饲喂冰冻、霉败变质或有毒饲料，防止其饥饿、过渴、过食、暴饮；妊娠母羊要适当运动，防止挤压碰撞、跌摔、踢跳、鞭打惊吓或追赶猛跑，做好防寒、防暑工作；合理选配，以防偷配、乱配，母羊的配种、预产都要记录；妊娠诊断和阴道检查时，要严格遵守操作规程，禁止粗暴操作；对羊群要定期检疫、预防接种、驱虫和消毒，及时诊治疾病，谨慎用药；当羊群发生流产时，首先进行隔离消毒，边查原因，边进行处理，以防侵袭性流产的发生。

（2）发病后措施

【处方1】①0.1％高锰酸钾溶液20～100毫升，冲洗子宫，并排尽冲洗液。②促孕灌注液10～15毫升，隔日1次，3次为1个疗程，连用1～2个疗程。③黄体酮注射液15～25毫克，配种后第3天起，每日 1 次，肌内注射，连用 5～7 日。受胎率可提高 30% 左右。④适用于隐性流产。对多次配种不孕或有子宫疾病的母羊实行子宫灌注药物，子宫冲洗。必要时配合黄体酮。

【处方 2】①黄体酮注射液 15～25 毫克，肌内注射，每日或隔日 1 次，连用 2～3 次；或绒毛膜促性腺激素 400～800 单位，每日 1 次，连用 2～3 次。②维生素 E 注射液 0.1～0.5 克，皮下或肌内注射。③维生素 K_1 注射液 0.5～2.5 毫克/千克体重、止血敏注射液 0.25～0.5 克或安络血注射液 10～20 毫克，肌内注射。④1% 硫酸阿托品注射液 0.5～1.5 毫克，皮下或肌内注射；或水合氯醛 2～4 克，配成 1%～5% 浓度，内服或灌肠；或安乃近注射液 1～3 克，肌内注射（适用于先兆性流产和习惯性流产）。

【处方 3】白术（炒）25 克、当归 30 克、川芎 20 克、白芍 30 克、熟地黄 30 克、阿胶（炮）20 克、党参 30 克、苏梗 25 克、黄芩 20 克、艾叶 20 克、甘草 20 克（白术安胎散加减）。每次 60～90 克，水煎候温灌服，隔日 1 次，连服 3 次（适用于先兆性流产和习惯性流产）。

【处方 4】党参 30 克、黄芪 30 克、当归 30 克、续断 30 克、黄芩 30 克、川芎 15 克、白芍 30 克、熟地黄 45 克、白术 30 克、砂仁 15 克、炙甘草 12 克（泰山盘石散加减）。每次 60～90 克，水煎候温灌服，每日 1 次，连服 7 次为 1 个疗程，必要时再间断服用 3 个疗程（适用于先兆性流产和习惯性流产）。

上述处理仍难保胎、胎膜破、羊水流者，保胎无效，应及时引产，必要时进行助产。对于排出的不足月胎儿或死亡胎儿，不需要进行特殊处理，仅对母羊进行护理。

【处方 5】青霉素 2 万～3 万单位/千克体重、地塞米松注射液 4～12 毫克、注射用水 5～10 毫升，肌内注射。缩宫素注射液 30～50 单位，子宫颈口开张后，皮下注射、肌内注射或静脉注射（适用于小产和早产）。

【处方 6】氯前列烯醇注射液 0.2 毫克，肌内注射。

【处方 7】苯甲酸雌二醇注射液 1～3 毫克，肌内注射，隔日再注射 1 次。缩宫素注射液 30～50 单位，子宫颈口开张后，皮下注射、肌内注射或静脉注射。

【处方 8】0.1% 乳酸依沙啶溶液 20～100 毫升，冲洗子宫，并排尽冲洗液。1%～1.5% 露它净（宫炎清）100 毫升，子宫灌注。

【处方 9】益母草 120 克、当归 75 克、川芎 30 克、桃仁 30 克、炮姜 15 克、炙甘草 15 克（益母生化散）。每次 30～60 克，或每千克体重 1 克，水煎候温灌服，每日 1 次，连用 3～6 次。

【处方 10】青霉素 5 万～10 万单位/千克体重、链霉素 10～15 毫克/千克体重、地塞米松注射液 10 毫克、注射用水 5～10 毫升，肌内注射，每日 1～2 次，连用 3 日。甲硝唑注射液 10 毫克/千克体重，静脉注射，每日 1 次，连用 3 次。

注：处方 5～处方 10 适用于延期流产。对延期流产者应尽早引产。死胎滞留时，应采用引产或助产措施。先肌内注射雌激素，使子宫颈开张，然后灌入少量石蜡油，从产道拉出胎儿。必要时进行子宫灌注和子宫冲洗，并配合抗菌消炎。若上述方法不能取出干尸或胎骨，宜行截胎术或剖宫产术，没有价值的要及时淘汰。

对于侵袭性流产，应先查清病因，再选择高敏药物（如磺胺间甲氧嘧啶、甲硝唑）、疫苗［如布鲁氏菌病活疫苗（M5 株）、羊流产衣原体灭活疫苗］等进行防治。

十五、早期胚胎死亡

早期胚胎死亡专指妊娠的胚胎早期发生的死亡。早期胚胎死亡在流产中占 30% 左右的比例，是隐性流产的主要原因。临床表现为屡配不孕（附植前死亡）或返情推迟（附植后死亡），以及妊娠率降低，产羔数减少，窝产羔数或年产羔数减少。绵羊和山羊的早期胚胎死亡主要发生在妊娠第一个月内，大部分发生在附植以前。

1. 病因

（1）内因　见于遗传因素如染色体畸变，基因与遗传标志的影响（绵羊的垂肉、山羊的无角等，均对多胎性有影响），精卵结合异常，双亲亲本亲和力低，母子双方免疫不相容均可导致胚胎死亡；分子信号及细胞信号的影响（绵羊的胚胎多时，会因孕酮不足而导致胚胎死亡，但孕酮必须与雌二醇成适当比例才能维持妊娠）；子宫环境不正常（胚胎的发育必须与子宫的发育同步，才能附植，以及子宫疾病）；公畜对胚胎死亡的影响（如精液品质不良）。

（2）外因 见于传染病如弯曲菌病、布鲁氏菌病等；营养过剩或不足，如钙、磷、钠、钼、氟等过多，可降低受精率或影响胚胎质量，营养不足可以抑制胚胎发育；环境因素的影响，如光照周期长和环境高温可以降低公羊等精液质量，使胚胎死亡率增高；另外，精液的稀释、贮存条件以及输精时间都能影响胚胎的存活。

2. 临床症状与诊断

早期胚胎死亡属于隐性流产，因为发生在妊娠初期，临床上难以发现外部症状。胚胎发育程度低，尚未形成胎儿，死亡后发生液化，被母体吸收，或者随母体尿液排出，难以发现。一般在超过一个发情周期后返情，并可能表现出屡配不孕。

必要时可通过测定母畜血清中的早孕因子（绵羊在配种或受精后不久出现，胚胎死亡或取出后不久即消失）和孕酮（怀孕早期，家畜血、奶中的孕酮水平一直持续高水平，一旦胚胎死亡，孕酮水平即急剧下降）进行判断。

3. 防治

（1）预防措施 加强种公羊、母羊的饲养管理，尽可能满足其对维生素及微量元素的需要，创造优良的环境条件，以提高配子质量，另外还要提高配种的技术水平。在妊娠早期视情况补充孕酮。

（2）发病后措施

【处方】①促孕灌注液 10～15 毫升，隔日 1 次，3 次为 1 个疗程，连用 1～2 个疗程。②黄体酮注射液 15～25 毫克，配种后第 3 天起，每日 1 次，肌内注射，连用 5～7 日。受胎率可提高 30% 左右。

十六、孕畜截瘫

孕畜截瘫是妊娠后期孕畜既无导致瘫痪的局部因素（如腰、臀、后肢损伤），又无明显的全身症状，但后肢不能站立的一种疾病。该病有地区性，多见于冬、春季节，以及体弱和衰老的孕畜，通常发生于分娩前一个月之内。

1. 病因

（1）饲养管理不当　草料单一、质地不良，孕畜缺乏营养可能是发病的主要原因。如饲料中严重缺乏糖、脂肪、蛋白质、矿物质（主要是钙、磷或钙、磷比例失调）、维生素（维生素 D、维生素 A）、微量元素（铜、钴、铁）等。

（2）继发因素　孕畜瘫痪可能是怀孕后期许多疾病的一种症状。其可以继发于羊水过多、妊娠毒血症、酮病、捻转血矛线虫病、严重子宫捻转、风湿病等。

2. 临床症状

病初病羊后躯摇摆，步态不稳，起立困难，最后，后肢不能站立，卧地不起。个别母羊突然倒地，后肢不能直立。后躯局部及后肢无明显病理变化，无疼痛现象，但痛感反应正常，也无明显全身症状，食欲正常。病程较长可引发阴道脱出或褥疮，甚至败血症。如果该病发生后不久即分娩，则产后大多能很快自愈。

3. 诊断

注意与羊水过多、妊娠毒血症、酮病、捻转血矛线虫病、严重子宫捻转、风湿病、骨盆骨折、后肢韧带及肌腱断裂等进行鉴别。

4. 防治

（1）预防措施　母羊怀孕后期，应加强饲养管理，保证机体对糖、蛋白质、矿物质、维生素及微量元素的需要，补充精料，供给优质干草和青绿饲料，有条件的可以饲喂全价配合饲料，使其多晒太阳、多运动。

（2）发病后措施　治疗原则为除去病因，加强护理（勤换垫草、定期翻身，排除粪便，防止褥疮发生），尽早治疗，重点补充钙、磷和维生素 D。

【处方 1】①10%葡萄糖酸钙注射液 50～150 毫升或 5%氯化钙注射液 20～100 毫升，10%葡萄糖注射液 100～500 毫升，10%安钠咖注射液 5～20 毫升，静脉注射，每日 1～2 次，连用 3～5 日。②维丁胶性钙注射液 2～3 毫升，皮下或肌内注射，每日 1 次，连用 3～5

次，或维生素 D₃ 注射液 0.15 万～0.3 万单位/千克体重，肌内注射，每日 1 次，连用 3～5 次。

【处方 2】①20％磷酸二氢钠注射液 40～50 毫升、5％葡萄糖氯化钠注射液 500 毫升、10％氯化钾注射液 5～10 毫升，静脉注射，每日 1 次，连用 3～5 次。②5％碳酸氢钠注射液 50～100 毫升，静脉注射，每日 1 次，连用 3～5 次。

【处方 3】维生素 B₁ 注射液 25～50 毫克、硝酸士的宁注射液 2～4 毫克，臀部皮下或肌内注射，每日 1 次，连用 5～7 日。

【处方 4】当归 50 克、白芍 35 克、熟地黄 50 克、续断 35 克、补骨脂 35 克、川芎 30 克、杜仲 30 克、枳实 20 克、青皮 20 克、红花 15 克（当归散加减），每次 40～60 克，水煎候温灌服，每日 1 次，连用 3 次。

十七、难产

难产即分娩受阻，是指母畜在分娩过程中，超过正常分娩的时间，不能将胎儿顺利产出，需要人工辅助或全靠人工将胎儿取出。难产是产科疾病的常见病、多发病，它严重威胁着动物母仔的生命安全，如果处理得当，母仔存活，如果处理失误，母仔双亡。正常分娩所需要的时间绵羊为 1.5 小时，山羊为 3 小时。难产的发病率绵羊为 5％，山羊为 3％。

1. 病因

难产的病因相当复杂，但归纳起来不外于产力、产道和胎儿三大要素。

（1）产力不足（或产力性难产）　妊娠期间饲养管理不当，缺乏运动，母羊过肥、过瘦，患腹壁疝或子宫疝（因腹肌破裂而妊娠子宫直接位于皮下，致使腹壁突出的疾病）等，使子宫阵缩无力、腹肌收缩乏力，影响胎儿娩出。

（2）产道异常（或产道性难产）　见于产道狭窄（如早孕、盆腔狭窄和骨盆骨骨折等导致的硬产道狭窄，以及发育不良、配种过早、子宫颈狭窄、阴门及阴道狭窄、软产道水肿等引起的软产道狭窄）、产道变形（如子宫捻转、阴道黏膜水肿），影响胎儿产出。

（3）胎儿异常（或胎儿性难产）　胎儿正确的产出姿势为胎儿身体与母体平行，背部朝向母体背腰，分娩时两前肢抱着头部伸直先进入产道，称为"纵向上位正生"，或胎儿身体与母体平行，背部朝向母体背腰，两后肢先进入产道称为"纵向上位倒生"。胎儿异常导致的难产最常见，如胎儿过大或畸形（如全身气肿、腹腔积水、腹裂畸形、先天性假佝偻、先天性歪颈）、双胎难产，以及胎势、胎位和胎向异常。

① 胎势异常。胎势是指胎儿本身各部分之间的相互关系。胎势异常如头颈侧弯、头颈下弯、头颈后仰、头颈捻转、腕部前置（或腕关节屈曲）、肩部前置（或肩关节屈曲）、肘关节屈曲、跗部前置（或跗关节屈曲）和坐骨前置（或髋关节屈曲）。

② 胎位异常。胎位是指胎儿在子宫里的姿势和位置，是指胎儿背部与母体背腹部的相对位置关系。胎位异常如正生侧位、正生下位、倒生侧位、倒生下位。

③ 胎向异常。胎向是指胎儿纵轴与母体纵轴的关系。胎向异常如横向（背横向、腹横向）、竖向（背竖向、腹竖向）。

2. 诊断

（1）病史调查　主动询问畜主，了解孕羊的饲养管理情况、年龄及胎次、初产或经产、早产或超日、努责开始时间及其特点、胎囊外露及破水情况、胎儿肢体外露情况、胎儿产出情况、有无难产病史和剖宫产史、用药及助产情况等，可以帮助了解病情，建立诊断。

（2）临床检查　难产多发生于超过预产期的孕畜，妊娠母羊表现不安，不时徘徊，阵缩或努责，阴唇松弛湿润，阴道流出羊水、污血或黏液，时而回顾腹部和阴部，但经 1~2 天不见产羔。有的外阴部夹着胎儿的头或腿，长时间不能产出。随着难产时间延长，妊娠母羊精神变差，痛苦加重，表现精神沉郁、呻吟、卧地、心率增加、呼吸加快、阵缩减弱。病至后期阵缩消失，卧地不起，甚至昏迷。检查时要注意努责和宫缩情况，注意有无腹壁疝和子宫疝，了解机体的功能状态和产力，初步诊断是否发生难产，判断预后，为拟定正确的治疗方案打下基础。

（3）产道检查　若胎儿未进入阴道或未露出阴门外，进行产道检查，判断产道是否狭窄和变形。如外阴有无异常，阴道的情况（松软程度、湿润度、是否狭窄、有无损伤和瘢痕、有无螺旋状皱襞），子宫颈的情况（子宫颈开张还是闭锁，子宫颈黏液栓情况，子宫颈阴道部方向，子宫颈开张度大小，胎囊凸出及破水情况，是否可以触摸到胎儿），硬产道检查（骨盆是否狭窄、变形、发育异常，有无骨瘤和肿瘤）。进行检查时应注意对术者手和手臂、器械及母羊阴门进行充分消毒。

（4）胎儿检查　胎囊（胞）或胎儿的某部已进入产道，应进行胎儿检查。如胎囊凸出及破水情况，头和四肢的情况（鉴别前、后肢及蹄底朝向），胎势、胎位、胎向是否异常，胎儿是否存活［拉舌头、掐肢体、按眼球、感吸吮、拔被毛、摸心跳、摸脉搏（颈动脉和脐动脉）、触肛门，若胎儿有反应证明为活胎，若没有反应或被毛脱落、皮下气肿则为死胎］，有无胎儿过大和畸形情况。通过这些以判定胎儿死活和是否发生胎儿性难产，从而确定助产方法。

（5）B超检查　B超检查可以进行妊娠诊断、产道检查、胎儿检查（检查胎心与胎动，胎儿的性别与数量，胎盘与脐带，胎儿的骨骼和内脏，以及胎势、胎位、胎向）等，给妊娠检查、难产诊断和助产等提供精确的依据，有条件的羊场可以应用。

3. 防治

（1）预防措施　预防难产的关键是加强对母羊的饲养管理。满足青年母羊的营养需要，促进其生长发育，加强运动，防止过肥。种公羊、母羊分群饲养，防止早配和偷配，青年母羊配种不应早于1～1.5岁，也不易与体型差别过大的种公羊配种，防止骨盆狭窄和胎儿过大造成难产。妊娠母羊注意补充干草和精料，并少量多次饲喂，适当运动。妊娠母羊临近预产期，应在产前1周至半个月送入产房，并提供良好的环境条件。对有乳房胀大，可挤出奶汁，阴门肿大，流浓稠黏液，肷窝下陷，臀部肌肉塌陷，孤独站立或起卧不安，排尿次数增多，不断回顾腹部，不时鸣叫等临产表现的母羊，要专人护理和接产，留心观察分娩中的异常表现，及时进行临产检查。

（2）发病后措施　治疗措施主要是助产。助产原则是诊断准确，处置果断，首选药物助产、牵引助产和矫正后助产，无效时选用截胎术或剖宫产术。做好助产准备，如消毒（术者手和手臂、器械及动物阴门，要用0.1%新洁尔灭清洗消毒）、保定母羊（侧卧或站立保定，取前低后高姿势）、润滑产道（产道灌注灭菌石蜡油或植物油或必要时灌服1%温盐水）等工作，助产方法如下。

① 药物助产。分娩时子宫阵缩和腹肌收缩乏力，不能将胎儿排出，阴道检查子宫颈口已经充分开张，产道无异常，胎势、胎位和胎向正常时采用。

【处方1】缩宫素注射液或垂体后叶激素注射液10~20单位，皮下或肌内注射，半小时1次（如分娩开始后1~2日，可先皮下或肌内注射苯甲酸雌二醇注射液1~3毫克）。10%葡萄糖注射液100~500毫升、10%葡萄糖酸钙注射液50~100毫升，静脉注射。

② 扩张产道。子宫颈开张不全，如果努责不强、胎囊未破、胎儿还活，宜稍等待，同时注射药物开张宫颈。也可采用子宫颈切开术，但会导致子宫颈更狭窄，甚至完全闭锁。

【处方2】苯甲酸雌二醇注射液1~3毫克，皮下或肌内注射。地塞米松注射液4~12毫克、青霉素2万~3万单位/千克体重、注射用水5~10毫升，肌内注射。缩宫素注射液30~50单位，子宫颈口开张后，皮下或肌内注射。

③ 矫正胎儿。胎儿的胎势、胎位和胎向发生异常时，可对母羊采取前低后高姿势，将胎儿暴露的部分送回，将手伸入产道进行纠正，必要时，可以反复拉出和送回。

④ 矫正子宫。如果病羊努责、呻吟，产道检查见阴道壁紧张，子宫颈管完全闭合，并呈螺旋皱襞，不能直接触到胎儿，可能是发生子宫捻转导致的难产。采用翻转母体法纠正，捻转缓解后，如果能拽出胎儿的前肢或后肢，可转动胎儿辅助纠正捻转，无效时进行剖宫产术。

⑤ 牵引助产。对于胎儿过大，子宫阵缩及努责微弱，轻度的产道狭窄，胎势、胎位轻度异常的，可实施牵引助产。将母羊前高后低站立保定，进行消毒和润滑后，用右手握住胎儿的两前肢或两后肢，左手向前推送母羊外阴，防止撕裂，随着母羊的努责，慢慢向下方拉出胎儿，助手如果能向上托起或压迫母羊腹部，则更有利于胎儿

产出。

⑥ 截胎术。胎儿过大，已经死亡，牵引助产无效，可施行截胎术，术中要防止损伤子宫和阴道。

⑦ 剖腹产术。当胎儿过大或畸形严重，难以矫正的胎势、胎位、胎向异常，严重的硬产道和软产道狭窄，不能矫正的子宫捻转，子宫破裂等，可进行剖宫产术。羊横卧保定，左侧（或右侧）肷部中下切口，进行全麻（速眠新Ⅱ注射液，每千克体重 0.1～0.15 毫升，肌内注射，或 40%酒精 3.5～4 毫升/千克体重，口服）或局麻（0.5%的普鲁卡因注射液），局部剃毛，用 0.1%新洁尔灭溶液消毒术部、器械、敷料、术者手及手臂，然后依次切开皮肤、肌肉和腹膜，找到子宫，在靠近子宫体沿孕角大弯处，避开子宫阜切开子宫（摸着切）子宫上的大血管最好避开或先行结扎，子宫壁周围垫纱布，防止羊水流入腹腔，缓慢拉出胎儿，擦干净胎儿口鼻黏液，将子宫切口边缘的胎衣剥离，子宫内放置青霉素、链霉素，第一层用肠线或丝线进行全层连续缝合，第二层用丝线进行连续内翻缝合，局部涂布青霉素，逐层闭合腹壁及皮肤，并用碘酊消毒，加强术后护理。

十八、胎衣不下

胎衣不下又称胎膜滞留，是指母畜在分娩后，胎衣在正常时限内不排出体外。产后胎衣正常排出的时间山羊为 2.5 小时，绵羊为 4 小时，奶山羊为 6 小时。

1. 病因

（1）产后子宫收缩无力　草料单一，营养不良，缺乏钙、磷、硒以及维生素 A 和维生素 E，母羊消瘦、过肥、老龄、体弱、运动不足，胎儿过大等都能使羊发生子宫弛缓，胎儿过多或过大、胎水过多，难产时间过长，流产，早产，生产瘫痪，子宫捻转，难产后子宫肌疲劳，产后未能及时给羔羊哺乳等，致使催产素释放不足，都能影响子宫肌的收缩，从而造成胎衣不下。

（2）胎盘未成熟或老化　未成熟的胎盘，母体子叶胶原纤维呈波浪形、轮廓清晰，不能完成分离过程，因此，早产时间越早，胎衣不下的发生率越高。胎盘老化时，母体胎盘结缔组织增生，母体子叶表层组织增厚，使绒毛钳闭在腺窝中，不易分离，胎盘老化后，内分泌功能减弱，使胎盘分离过程复杂化。

（3）胎盘充血或水肿　在分娩过程中，子宫异常强烈收缩或脐带血管关闭太快会引起胎盘充血，使绒毛钳闭在腺窝中，同时还会使腺窝和绒毛发生水肿，不利于绒毛中的血液排出。水肿可延伸到绒毛末端，导致腺窝内压力不能降低，胎盘组织之间持续紧密连接，不易分离。

（4）胎盘炎症　妊娠期间子宫受到感染（如李氏杆菌、胎儿弧菌、沙门菌、支原体、霉菌、毛滴虫、弓形虫等），发生子宫内膜炎及胎盘炎，使结缔组织增生，胎儿胎盘与母体胎盘发生粘连。

（5）胎盘组织构造　羊胎盘属于上皮绒毛膜与结缔组织绒毛膜混合型胎盘，胎儿胎盘与母体胎盘联系紧密，是羊发生胎衣不下的主要原因。

2. 临床症状与诊断

羊产后3～4小时仍不排出胎衣，即可诊断为胎衣不下。病羊背部拱起，时常努责，有时努责强烈，引起子宫脱出。胎衣不下超过1天，胎衣腐败，腐败产物可被吸收，使病羊全身症状加重，如精神沉郁、体温升高、呼吸加快、食欲减退或废绝、产乳量减少或泌乳停止、从阴道中排出恶臭的分泌物。一般5～10天胎衣发生腐烂脱落。该病往往并发或继发败血症、破伤风、气肿疽、子宫和阴道的慢性炎症，甚至导致病羊死亡。山羊对胎衣不下的敏感性比绵羊高。

（1）全部胎衣不下　分娩后未见胎衣排出，胎衣全部滞留在子宫内，少量胎衣呈带状悬垂于阴门之外，呈土红色，表面有大小不等的子叶，之后胎衣腐败，恶露较多，有时继发败血症。

（2）部分胎衣不下　排出的胎衣不完整，大部分垂于阴门外（可达跗关节）或胎衣排出时发生断离，从外部不易发现，恶露排出量较少，但排出的时间延长，有臭味，其中含有腐烂的胎衣碎片。

3. 防治

（1）预防措施　饲喂含钙及维生素丰富的饲料，加强运动，尽可能使母畜自己舔干仔畜身上的黏液，必要时应用药物，促进子宫复旧和排出胎衣，预防子宫内膜炎。

（2）发病后措施　治疗原则为控制子宫感染，促进子宫收缩和胎盘分离，手术剥离，以及全身治疗。

【处方1】①益母草10～30克，水煎服，每日1～2次，连用3日。②缩宫素注射液5～10单位，皮下或肌内注射。

【处方2】促进子宫收缩。①苯甲酸雌二醇注射液1～3毫克，皮下或肌内注射。②缩宫素注射液30～50单位，用雌二醇1小时后，皮下或肌内注射，2小时后重复注射1次。

【处方3】促进子宫收缩。垂体后叶激素注射液10～50单位，皮下或肌内注射。或马来酸麦角新碱注射液0.5～1毫克，肌内或静脉注射。

【处方4】促进母子胎盘分离。5%～10%食盐水500～1000毫升，子宫灌入，注入后并使其完全排出。或3%双氧水10～20毫升，子宫灌注。

【处方5】控制子宫感染。1%～1.5%露它净（宫炎清）100毫升，子宫灌注。或0.5%碘液（碘片0.5克、碘化钾1克，蒸馏水加至100毫升）100毫升，灌注到子宫与胎膜间隙之中，必要时隔日再灌1次。或青霉素160万单位、链霉素100万单位、蒸馏水20毫升，子宫灌注，每日2次，连用3日。

【处方6】控制子宫感染。0.1%乳酸依沙吖啶溶液（或0.1%高锰酸钾溶液、0.5%来苏尔溶液、0.02%新洁尔灭溶液）20～100毫升，冲洗子宫，并排尽冲洗液。

【处方7】手术剥离法。用药物治疗已达48小时仍不奏效，应立即进行手术疗法。病羊站立保定，按常规准备及消毒后，进行人工剥离，努责严重的进行后海穴麻醉。术者应佩戴手套，一手握住阴门外的胎衣并稍拉，另一只手沿胎衣表面伸入子宫黏膜和胎衣之间，用食指和中指夹住胎盘周围绒毛成一束，以拇指剥离开（推开）母子胎盘相结合的周围边缘，剥离半周后，手向手背侧翻转以扭转绒毛膜，使其从小窝中拔出，与母体胎盘分离。剥后冲洗，并灌注抗生素或防腐消毒药液。

也可采用自然剥离方法，即不借助手术剥离，而辅以防腐消毒药或抗生素，让胎衣自溶排出，从而达到自行剥离的目的。在子宫内投放土霉素 0.5 克，效果较好。

【处方 8】 全身治疗。①5%葡萄糖氯化钠注射液 500 毫升、庆大霉素 20 万单位、地塞米松注射液 4～12 毫克、10%安钠咖注射液 10 毫升；10%葡萄糖注射液 500 毫升、10%葡萄糖酸钙注射液 50～150 毫升、维生素 C 注射液 0.5～1.5 克。依次静脉注射，每日 1～2 次，连用 2～3 日。②5%碳酸氢钠注射液 100 毫升，静脉注射，每日 1 次，连用 2～3 次。

【处方 9】 益母草 120 克、当归 75 克、川芎 30 克、桃仁 30 克、炮姜 15 克、炙甘草 15 克（益母生化散加减），每次 30～60 克，或每千克体重 1 克，水煎候温灌服，每日 1 次，连用 3～6 次。

十九、子宫内膜炎

子宫内膜炎是子宫内膜的炎症，是常见的生殖器官疾病，常于分娩后发生，一般为急性子宫内膜炎，如果治疗不当，炎症扩散，可引起子宫肌炎、子宫浆膜炎、子宫周围炎，常转为慢性炎症，是导致母羊不孕的主要原因之一。

1. 病因

该病主要由于分娩、助产、子宫脱出、阴道脱出、胎衣不下、腹膜炎、子宫复旧不全、流产、死胎滞留在子宫内或由于配种、人工授精和接产过程中消毒不严，或造成子宫和软产道的损伤等因素，导致细菌感染而引起的子宫黏膜炎症；还可继发于传染病或寄生虫病，如布鲁氏菌病、沙门菌病、弓形虫病等。

2. 临床症状

病羊有时拱背、努责，从阴门内排出黏性或黏液脓性分泌物，严重时分泌物呈污红色或棕色，且有臭味，卧下时排出较多，在尾根和阴门常附着炎性分泌物。严重时，精神沉郁，体温升高，食欲减退或废绝，反刍减弱或停止，轻度臌气。若治疗不当，可转变为慢性。常继发子宫积脓、积液、子宫与周围组织粘连、输卵管炎等，病羊表现为发情期紊乱，屡配不孕，或受孕后又流产。阴道检查，子宫颈充血、肿胀、稍开张，有时见到其中有分泌物流出。

3. 防治

（1）预防措施

① 加强饲养管理，保持圈舍和产房的清洁卫生，临产前后，对母羊阴门及周围部位进行消毒，在配种、人工授精和助产时，应注意器械、术者手臂和母羊外生殖器的消毒。

② 治疗流产、难产、胎衣不下、子宫内翻及脱出、阴道炎等生殖器官疾病，以防造成子宫损伤和感染。积极防治布鲁氏菌病、沙门菌病、弓形虫病等侵袭性疾病。

③ 产后药物预防

【处方 1】①缩宫素注射液 5～10 单位，皮下或肌内注射。②促孕灌注液 10～15 毫升，隔日 1 次，连用 2～3 次。③青霉素 2 万～3 万单位/千克体重、链霉素 10～15 毫克/千克体重、注射用水 5～10 毫升，肌内注射，每日 2 次，连用 3 日。

【处方 2】益母草 120 克、当归 75 克、川芎 30 克、桃仁 30 克、炮姜 15 克、炙甘草 15 克（益母生化散加减）。每次 30～60 克，或每千克体重 1 克，水煎候温灌服，每日 1 次，连用 3～6 次。

（2）发病后措施　治疗原则为抗菌消炎，防止感染扩散，促进分泌物排出。

【处方 3】①苯甲酸雌二醇注射液 1～3 毫克，肌内注射。②0.1%乳酸依沙吖啶溶液（或 0.1%高锰酸钾液）100～300 毫升，冲洗子宫，并用虹吸方法排尽冲洗液。③1%～1.5%露它净（宫炎清）100 毫升，子宫灌注，每日 1 次，连用 3 次。④缩宫素注射液 30～50 单位，皮下注射、肌内注射或静脉注射。

【处方 4】盐酸环丙沙星注射液 2.5～5 毫克/千克体重，肌内注射，每日 2 次，连用 2～3 日。

【处方 5】①5%葡萄糖氯化钠注射液 500 毫升、氨苄青霉素钠 10～20 毫克/千克体重、地塞米松注射液 4～12 毫克、10%安钠咖注射液 10 毫升；10%葡萄糖注射液 500 毫升、10%葡萄糖酸钙注射液 50～150 毫升、维生素 C 注射液 0.2～0.5 克。依次静脉注射，每日 1～2 次，连用 2～3 日。②甲硝唑注射液 10～20 毫克/千克体重，静脉注射，每日1次，连用2～3日。

【处方6】 益母草120克，当归75克，川芎30克，桃仁30克，炮姜15克，炙甘草15克（益母生化散加减）。每次30～60克，或每千克体重1克，水煎候温灌服，每日1次，连用3～6次。

二十、生产瘫痪

生产瘫痪又叫乳热症，中兽医称为产后风，是母畜分娩前24～72小时突然发生以轻瘫、昏迷和低钙血症为主要特征的一种代谢性疾病。该病主要发生于第2～5胎的高产奶山羊，特别是产后1～3天，成年绵羊也可发病。

1. 病因

确切原因还不清楚，一般认为与以下因素有关。

（1）病羊的血钙、血磷、血糖浓度显著降低　主要原因是由于母羊分娩之后，将大量的血液物质作为原料合成初乳，其中钙、磷、糖是合成初乳的主要物质，从而导致血钙、血磷、血糖下降。其中，血钙降低是各种反刍动物生产瘫痪的共同特征。如营养良好的舍饲母羊产乳量过高，钙、磷不平衡等都可以诱发该病。

（2）肾上腺皮质激素的含量下降和大脑皮层抑制　在血钙、血磷、血糖下降的同时，常常伴随肾上腺皮质激素的下降。分娩过程中，大脑皮层常常处于高度兴奋紧张状态，产后由高度兴奋即转为深度抑制，同时由于分娩后腹内压突然下降，血液重新分布（即腹腔器官发生被动性充血和大量血液进入乳房），造成大脑皮层缺氧，引起暂时性的脑贫血，加深大脑皮层的抑制程度，从而产生昏睡。

2. 临床症状

分娩前后数日内母羊突然出现精神沉郁，食欲减退，反刍停止，后肢发软，步态不稳，喜卧恶立。病羊倒地后起立困难，个别不能站立（图10-66），头颈伸直，不排粪便和尿液，皮肤对针刺的反应很弱，体温一般正常。严重时，病羊四肢伸直，头弯于胸部，体温逐渐下降，有时降至36℃，心跳微弱，呼吸深而慢，皮肤、耳朵和角根冰冷，少数病羊完全丧失知觉，最后昏迷死亡。用钙剂治疗疗效迅速而确实。

图 10-66 病羊倒地后起立困难，不能站立

3. 诊断

可根据血钙（正常血钙含量为 2.48 毫摩尔/升，发病时血钙含量为 0.94 毫摩尔/升）、血磷、血糖浓度显著降低进行诊断。该病应与孕畜截瘫、产后截瘫（产后截瘫神志清楚，病变一般在腰部，多由外伤引起）和产褥热（产褥热多由产后感染引起，常有体温升高等全身症状，甚至出现败血症）进行区别。

4. 防治

（1）预防措施　妊娠母羊加强饲养管理，科学补充各种矿物质，如添加磷酸氢钙、骨粉等，保持钙、磷比例在 1∶1～1.5∶1，注意运动，多晒太阳。高产奶羊产后不立即哺乳或挤奶，或产后 3 天内不挤净初乳。

（2）发病后措施　治疗原则为补充血钙、血磷、血糖，也可采用乳房送风疗法。

【处方 1】10％～25％葡萄糖注射液 200～500 毫升、10％葡萄糖酸钙注射液 50～150 毫升（或 10％硼葡萄糖酸钙注射液 0.21～0.43 毫升/千克体重，或 5％氯化钙注射液 1～5 克）、地塞米松注射液 4～

12 毫克、10%安钠咖注射液 10 毫升，静脉注射，每日 1～2 次，连用 2～3 日。

【处方 2】①5%葡萄糖氯化钠注射液 500 毫升、20%磷酸二氢钠注射液 40～50 毫升、10%氯化钾注射液 5～10 毫升，静脉注射，每日 1 次，连用 3～5 次。②维丁胶性钙注射液 2～3 毫升，皮下或肌内注射，每日 1 次，连用 3～5 次。

【处方 3】乳房送风疗法。乳房消毒后，用通乳针依次向每个乳头管内注入青霉素 40 万单位、链霉素 50 万单位（用生理盐水溶解）。然后再用乳房送风器或 100 毫升注射器依次向每个乳头管注入空气。注入空气的适宜量，以乳房皮肤紧张，乳腺基部的边缘清楚并且变厚，轻叩呈现鼓音为标准。送完气后，用纱布将乳头轻轻束住，防止空气逸出。待病羊站起后，经过 1 小时，再将纱布解除。

二十一、乳腺炎

乳腺炎是由各种病因引起的乳腺的炎症，其主要特点是乳汁发生理化性质及细菌学变化，乳腺组织发生病理学变化。该病多见于泌乳期的山羊、绵羊。

1. 病因

（1）病原微生物感染　多由非特异性微生物从乳头管侵入乳腺组织而引起，绵羊乳腺炎常见的病原有金黄色葡萄球菌、溶血性巴氏杆菌、大肠杆菌、乳房链球菌、无乳链球菌等，山羊乳腺炎的病原菌主要有金黄色葡萄球菌、无乳链球菌、停乳链球菌、化脓链球菌和伪结核菌等。

（2）饲养管理不当　如营养不足，圈舍卫生不良，挤奶消毒不严，乳头咬伤、擦伤，停乳不当，乳头管给药时操作不当或污染。

（3）继发性因素　该病可继发于胃肠炎、腹膜炎、产褥热、子宫内膜炎、产后脓毒血症、胎衣不下、结核病等。

2. 临床症状

乳腺炎的主要表现为乳汁异常（色泽、凝块、絮片和染血），乳房的大小、质地、温度异常及全身反应。急性乳腺炎临床炎症明显，局部红、肿、热、痛，局部坚实，产奶量减少，乳汁呈淡棕色或黄褐色、含有血液或凝乳块，全身症状明显，病羊精神沉郁，食欲减退，反刍停止，体温高达 41～42℃，呼吸和心跳加快，眼结膜潮红等。乳汁镜检内有多量细菌和白细胞。慢性乳腺炎病程较长，临床症状不太明显，乳房无热无痛，但泌乳减少，乳房内有大小不等的结节或硬肿（图10-67），严重的出现化脓。

3. 防治

（1）预防措施

① 加强饲养管理。枯草季节要适当补喂草料，避免严寒和烈日曝晒，杀灭蚊虫。乳用羊要定时挤奶，一般每天挤奶3次为宜，产奶特别多而羔羊吃不完时，可人工将剩奶挤出和减少精料，分娩前如果乳房过度肿胀，应减少精料及多汁饲料。

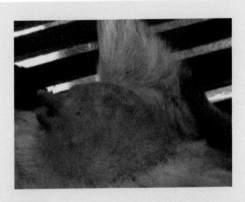

图 10-67　乳房肿胀，乳房内有大小不等的结节或硬肿

② 搞好卫生。定期清扫消毒羊圈，保持圈舍干燥卫生，挤奶时用温水洗净乳房及乳头，再用干毛巾擦干，挤完奶后，用0.05%新洁尔灭溶液浸泡或擦拭乳头。对病羊要隔离饲养，单独挤乳，防止病原扩散。

③ 保护乳房。放牧时防止母羊乳房受伤，做好分群和断奶工作，怀孕后期停奶要逐渐进行，停奶后将抗生素注入每个乳头管内。

④ 定期化验乳汁，检出病羊，积极治疗。

（2）发病后措施　治疗原则为抗菌消炎，消肿。局部形成脓肿时，按照化脓创处理。

【处方 1】蒲公英 60 克，金银花 60 克，连翘 60 克，丝瓜络 30 克，通草 25 克，芙蓉叶 25 克，浙贝母 30 克（公英散加减）。每次 30～60 克，水煎候温灌服，每日 1 次，连用 3 日。

【处方 2】庆大霉素 8 万单位（或青霉素 40 万单位，链霉素 50 万单位）、蒸馏水 20 毫升，酒精棉球消毒乳头，挤净病侧乳汁，用通乳针通过乳头管注入，注后按摩乳房，每日 2 次，连用 3～5 日。或林可霉素-新霉素乳房注入剂 7 克，乳头管注入，注后按摩乳房，每日 1 次，连用 3 日。

【处方 3】青霉素 80 万单位、0.5% 盐酸普鲁卡因注射液 40 毫升，在乳房基底部或腹壁之间，用封闭针头进针 4～5 厘米，分 3～4 次注入，每 2 天封闭 1 次。

【处方 4】20% 硫酸镁 500 毫升，乳腺炎初期可用冷敷，中后期用热敷（40～50℃），每次 10～20 分钟，每日 2 次。10% 鱼石脂酒精或 10% 鱼石脂软膏 100 克，外敷。

【处方 5】碘樟脑酒（2% 碘酊加入 10% 樟脑）100 毫升，慢性乳腺炎时涂擦乳房皮肤，必要时隔 1～2 日再用 1 次。

【处方 6】5% 葡萄糖氯化钠注射液 500 毫升、氨苄青霉素钠 10～20 毫克/千克体重（或硫酸庆大霉素注射液 20 万单位）；10% 葡萄糖注射液 500 毫升、维生素 C 注射液 0.5～1.5 克。依次静脉注射，每日 1～2 次，连用 3 日。5% 碳酸氢钠注射液 50～100 毫升，静脉注射，每日 1 次，连用 3～5 次。

二十二、泌乳不足及无乳

母畜产后及泌乳期乳腺功能异常，乳汁量显著减少，甚至完全无乳，乳房局部及全身没有临床症状，称为泌乳不足及无乳。其临床特征为泌乳量减少或无乳。

1. 病因

（1）饲养管理不当　母羊怀孕期过瘦或过肥，草料单一、质地不良甚至霉变，饲料营养不全，突然换料；母羊配种过早，乳腺发育不全，或年龄过大，导致泌乳功能衰退，挤奶不净或不及时哺乳，抑制乳腺分泌，奶山羊停乳过迟；哺乳母羊遭受应激因素如气候突变，圈舍阴冷潮湿，环境过热，长途运输，受惊，突然换饲养人员，突然改变挤奶时间、地点及挤奶员等均可引起该病。

（2）用药不当　泌乳母羊使用碘酊、泻剂和雌激素，均可影响泌乳，降低泌乳量。

（3）继发因素　该病可继发于前胃疾病、妊娠毒血症、热性传染病、寄生虫病、难产、乳腺炎、胎衣不下，以及产后感染如产后阴道炎、子宫内膜炎、败血症、脓毒血症。

2. 临床症状与诊断

乳房及乳头缩小，乳房皮肤松弛，乳腺松软，母羊拒绝哺乳，常俯卧或站立，甚至攻击羔羊，泌乳量减少，挤出的乳汁正常。羔羊经常用头碰撞母羊乳房，吮乳次数增加，或跟在母羊后鸣叫待哺，常因饥饿很快消瘦，甚至死亡。

检查母羊乳房常无炎症反应，不红不肿不痛，羔羊消瘦，死亡剖检胃内无乳汁或乳凝块可诊断。

3. 防治

（1）预防措施　加强饲养管理，母羊给予优质干草，适当补充蛋白质、谷物和青绿多汁饲料，有条件的羊场可饲喂全价配合饲料，加强羊舍建设，创造良好环境条件，定时挤奶，挤奶前对乳房进行热敷和仔细充分按摩。积极防治原发病。

（2）发病后措施　治疗原则为加强饲养管理，促进泌乳。

【处方1】垂体后叶激素注射液或缩宫素注射液10～20单位，皮下或肌内注射，每日1次，连用3～4次。

【处方2】催乳片（复方王不留行片）5～10片、维D_2磷酸氢钙片5～10片、干酵母片30～60克、胃复安片5～10毫克、甘油20～30毫升、炒黄豆50克，内服，每日2次，连用3～5日。

【处方3】当归30克、王不留行30克、黄芪60克、路路通30克、红花25克、通草20克、漏芦20克、瓜蒌25克、泽兰20克、丹参 20 克（通乳散加减）。每次 60～90 克，水煎候温灌服，每日 1 次，连用 3～5 日。

【处方 4】王不留行 20 克、黄芪 10 克、皂角刺 10 克、当归 20 克、党参 10 克、川芎 20 克、漏芦 5 克、路路通 5 克（催奶灵散加减）。每次 40～60 克，水煎候温灌服，每日 1 次，连用 3～5 日。

二十三、母羊的不育症

母羊不育症通常称为不孕症，是指已达到配种年龄的母羊暂时性或永久性的不能繁殖。临床特征为发情异常，受精障碍和胎儿生前死亡，屡配不孕。母羊超过始配年龄或产后经过 3 个发情周期的配种仍不能受孕，就可视为该母羊患有不育症。

1. 病因

（1）先天性不育　主要见于生殖器官发育异常，如幼稚病、生殖器官畸形、两性畸形、异性孪生不孕母羊、近亲繁殖等，这种器质性不育的羊要及时淘汰。

（2）饲养不当　饲料长期不足、单一，饲料中缺乏蛋白质、碳水化合物、矿物质（如钙、磷）、维生素（如维生素 A、维生素 B、维生素 D、维生素 E）和微量元素（如硒、锰、钴、碘）。饲料品质不良，饲料腐败变质、发霉，及长期饲喂未脱毒的有毒饲料，如棉籽饼、菜籽饼、酒糟、淀粉渣等。营养过剩，母羊过肥。

（3）管理不良　如母羊泌乳过多，断奶过迟，长期处在寒冷潮湿的圈舍，缺乏运动，外界气温突变，光照不足，突然改变母羊生活环境条件等。

（4）配种技术差　如母羊漏配，配种时间不当，精液品质不良，人工授精技术不当，精子受损，输精不当，妊娠检查不准。

（5）卵巢功能减退、不全或萎缩　由于长期饲喂量不足或饲料质量不好，哺乳过多及长期患病（如子宫疾病或严重的全身性疾病），使母羊营养过度消耗，身体瘦弱导致。卵巢炎可引起卵巢萎缩及硬化。天气过冷、过热或变化无常，也可引起卵巢功能暂时减退。

（6）卵巢囊肿　饲料缺乏维生素 A、磷或含有较多的植物雌激素（主要见于三叶草、苜蓿草、青贮料、大豆、豌豆等草料中），饲喂精料过多而又缺乏运动，内分泌功能紊乱如促黄体素分泌不足或促肾上腺皮质激素分泌过多，或雌激素用量过多均可导致卵巢囊肿。由子宫内膜炎、胎衣不下及其他卵巢疾病而引起卵巢炎可导致排卵受阻，此外，其也与气候突变、遗传有关。

（7）继发因素　该病可继发于其他生殖器官疾病（如流产、早期胚胎死亡、围产期胎儿死亡、难产、胎衣不下、子宫脱出、慢性子宫内膜炎、子宫积水、阴道炎、慢性子宫颈炎等）、内科病、传染病（布鲁氏菌病、沙门菌病、衣原体病）和寄生虫病等。

2. 临床症状

母羊表现为长期繁殖障碍如长期不发情（或乏情），发情不明显，发情周期延长，发情但屡配不孕，频繁发情，怀孕后发生流产和胎儿死亡等。

卵巢功能减退和不全的特征是发情周期延长或长期不发情，发情的外表症状不明显，或出现发情症状，但不排卵。卵巢萎缩时母羊不发情。若母羊安静发情，可以利用公羊检查其是否发情。

卵泡囊肿的临床特征是无规律的频繁发情和持续乏情，甚至出现慕雄狂。黄体囊肿的特征为长期不发情（或乏情）。

3. 诊断

（1）阴道检查　可以发现子宫颈外口闭锁、畸形、不正、肿瘤，或充血、水肿、附有黏液或脓液。

（2）B超检查　对生殖器官的发育异常和形态学变化（如子宫积水、卵巢囊肿），以及延期流产等引起的不育有重要的诊断价值。

4. 防治

（1）预防措施

① 改善饲养管理。饲料要多样化，补喂富含蛋白质、矿物质、维生素和微量元素的饲料，满足种羊的营养需要。注意防止母羊过肥，过肥母羊要减少精料喂量，增加青绿多汁饲料喂量。加强草场养护，提高牧草质量，严禁牧地超载，增加母羊放牧和日照时间。冬天注意防寒保暖，夏季注意防暑降温。

② 做好母羊配种和分娩工作。做好发情鉴定，提高本交和人工

授精技术，防止漏配和配种不适，减少配种过程中的污染，进行妊娠检查，及时发现未孕母羊。必要时将用输精管结扎的公羊，混于母羊群中催情。公母羊分群饲养，防止偷配、乱配和近亲交配。接产时注意卫生消毒，助产动作要轻柔，促进子宫复旧，做好产后保健，防止生殖器官疾病的发生。

③ 积极淘汰和治疗原发病。及早淘汰或治疗有生殖器官发育异常和有生殖器官疾病（如子宫内膜炎等）的母羊，对羊群定期进行预防接种和驱虫。

（2）发病后措施

① 卵巢功能减退和不全

【处方1】促卵泡素（FSH）2.5～5毫克，皮下、肌内或静脉注射，每日1次，连用2～3次。促黄体素（LH）2.5毫克，发情后皮下或静脉注射，可在1～4周内重复注射。

【处方2】孕马血清（孕马血清促性腺激素，PMSG）300～1000单位，皮下或静脉注射，1日或隔日1次。人绒毛膜促性腺激素（HCG）400～800单位，肌内注射，可在发情后或与孕马血清促性腺激素同时注射。

【处方3】维生素AD注射液0.5～1毫升，肌内注射，每10日1次，连用3次。

【处方4】氯前列烯醇注射液0.2毫克，肌内注射。或黄体酮注射液15～25毫克，肌内注射。或苯甲酸雌二醇注射液1～3毫克，肌内注射，隔日再注射1次。注意本品只能引起发情，不能引起卵泡发育及排卵，故第一次发情，不必配种。配种前最好配合促排卵药物。

【处方5】淫羊藿6克、阳起石（酒淬）6克、当归4克、香附5克、益母草6克、菟丝子5克（催情散加减）。每次50克，拌料或水煎候温灌服，每日1次，连用5日。配种前最好配合促排卵药物。

② 卵巢囊肿

【处方6】促黄体素（LH）2.5毫克，皮下或静脉注射。或人绒毛膜促性腺激素（HCG）400～800单位，肌内注射。

【处方7】促排卵3号（注射用促黄体素释放激素 A_3，LRH-A_3）5～10微克，肌内注射。

【处方8】黄体酮注射液5～10毫克，肌内注射，每日或隔日1次，连用2～7次。

【处方9】氯前列烯醇注射液0.2毫克，肌内注射，用于黄体囊肿。

二十四、精液品质不良

精液品质不良是指公羊的精子达不到使母羊受精所需的标准，主要表现是无精子、少精子、死精子、精子畸形、精子活力不强，或含有红细胞、白细胞。这是公羊不育最常见的原因。

1. 病因

饲料的喂量不足或质量低劣，营养成分不全，运动不足，配种过度，长期不配种，人工授精时精液处理不当等；隐睾、睾丸发育不全，睾丸炎及附睾炎，精索静脉曲张等均可引起该病。该病还可继发于高热性疾病、传染病（布鲁氏菌病、衣原体病）。

2. 临床症状

精液带血时呈粉红色至深红色，带尿液时呈黄色，常有尿臭味。

3. 诊断

公羊有饲养管理不当，性欲减退，以及所配母羊发生返情或不孕的病史；显微镜检查精液可能是无精子、少精子、精子的活力降低或死亡，或者出现各种不同的畸形。如畸形精子数不超过10％～20％，公畜基本具有正常生育力，畸形精子数达到30％～50％，甚至50％以上时，明显影响生育力。生殖器官疾病时，可发现大量白细胞和脓细胞。

4. 防治

（1）预防措施　加强饲养管理，如改善饲料品质（补充蛋白质、碳水化合物、维生素和矿物质），增加饲料的数量，加强运动，暂停配种。积极治疗引起精液品质不良的原发病。对先天性不育的公羊，不能留作种用。

（2）发病后措施

【处方1】孕马血清（孕马血清促性腺激素，PMSG）300～1000单位，皮下或静脉注射，1日或隔日1次。或人绒毛膜促性腺激素（HCG）400～800单位，肌内注射，间隔1～2日1次，连用2～3次。或促黄体素（LH）2.5毫克，皮下或静脉注射，可在1～4周内重复注射。

【处方2】丙酸睾酮注射液30～60毫克，皮下或肌内注射，隔日1次，连用2～3次。

二十五、新生羔羊窒息

新生羔羊窒息又称为假死，是指胎儿在刚出生时无呼吸动作而仅有微弱的心跳。如果抢救不及时，可致死亡。

1. 病因

该病主要是由于胎盘血液循环障碍，胎儿体内二氧化碳含量过高所致。如分娩时间过长（如老龄、体弱母羊，产力不足，产道干燥、狭窄），胎儿排出受阻（如胎儿过大，难产），胎盘分离过早，胎囊破裂过晚，脐带受到挤压，脐带缠绕，催产素使用过量，子宫痉挛收缩，胎盘血液循环障碍，母畜严重贫血或伴有热性病，血液循环不良，血液质量差，以及胎儿过早发生呼吸反射，使羊水吸入胎儿的呼吸道等，均可导致新生羔羊窒息。

2. 临床症状

新生羔羊出现全身松软，黏膜发绀或苍白，呼吸微弱或停止，反射减弱或消失，心跳加快或微弱，舌伸于口外，口鼻充满黏液，肺部听诊有湿性啰音。

3. 防治

（1）预防措施 母羊临产专人看护，正确助产，合理用药，治疗原发病。

（2）发病后措施 治疗原则为及时清理呼吸道，兴奋呼吸。用布擦净羔羊口鼻羊水，倒提羔羊，不断抖动、拍打颈部及臀部，让鼻腔和气管内的羊水流出。进行人工辅助呼吸（如有规律的按压胸部或腹部，拉动四肢，一般每分钟60次）。用氨水等刺激鼻黏膜，诱导呼吸，或氧气吸入。

【处方1】 25％尼可刹米注射液 0.5 毫升，皮下、肌内或静脉注射，也可选脐血管注射。或盐酸洛贝林注射液 1～3 毫克，皮下或静脉注射。

【处方2】 氨苄青霉素 10～20 毫克/千克体重、地塞米松注射液 1～2 毫克、盐酸消旋山莨菪碱注射液（654-2 注射液）1～2 毫克、注射用水 2 毫升，肌内注射，每日 2 次，连用 2～3 日。

二十六、新生羔羊孱弱

新生羔羊孱弱是指羔羊生理功能不全、衰弱无力、生命力不强的一种先天性发育不良综合征。表现为出生后如果不及时处理可能在数小时或几天内死亡，或因生活能力低下而长久卧地不起。该病多见于冬季和早春季节，母羊舍饲，以及多胎羔羊。

1. 病因

（1）母羊妊娠期间饲料营养不良　如饲料不足，或缺乏蛋白质、碳水化合物、维生素、矿物质。

（2）母羊患病　如妊娠毒血症、产前截瘫、生产瘫痪、产后感染、布鲁氏菌病。

（3）羔羊生活力降低　如母羊老龄体弱、早产、近交，护理不当，羔羊受冻、过度饥饿。

2. 临床症状

临床特征为新生羔羊全身生理功能低下，活力降低。表现为羔羊出生后体质衰弱，肌肉松弛，站立困难或卧地不起，心跳快而弱，呼吸浅表而不规则，体温降低，四肢末端发凉，不会吮吸，闭眼，皮肤震颤，对外界反应迟钝。

3. 防治

（1）预防措施　加强妊娠母羊的饲养管理，提供营养丰富的饲料，产房注意保暖，寒冷季节，母羊产后进行取暖。辅助羔羊吃足初乳，必要时进行寄养或人工哺乳。积极治疗母羊疾病。

（2）发病后措施　治疗原则为强心补液，补充营养。

【处方】10％葡萄糖注射液 20～30 毫升、10％葡萄糖酸钙注射液 1～2 毫升、1％三磷酸腺苷二钠注射液（ATP 注射液）0.5～1 毫升、注射用辅酶 A10～20 单位、维生素 C 注射液 0.1～0.2 克、10％安钠咖注射液 1～2 毫升，静脉注射，每日 1～2 次，连用 3 日。

二十七、胎粪停滞

胎粪停滞又称为新生羔羊便秘，是指由胎儿胃肠道黏液、脱落上皮、胆汁及吞咽的羊水等消化残物所形成的胎粪，在羔羊出生后久不排出，一般是在产后 1 天不排胎粪，并伴有腹痛现象。该病多发生于体弱的绵羊羔，胎粪常密结于直肠或小肠等部位。

1. 病因

怀孕后期，饲养管理不当，母羊缺乳或无乳；初乳品质不良，缺乏镁离子等轻泻元素；羔羊孱弱，未及时哺喂初乳；均可引起肠道弛缓，胎粪滞留。

2. 临床症状

羔羊出生后 1～2 天未见胎粪排出，病初不安，吮乳次数减少，肠音减弱或消失，常作排粪姿势，如拱背、努责、收腹，但无胎粪排出，之后出现腹痛表现，如回头顾腹，后肢踢腹，频频起卧，甚至打滚咩叫。手指伸入直肠检查，可发现肛门端积有浓稠或硬性黄褐色胎粪。常继发肠臌气。

3. 防治

（1）预防措施　加强母羊怀孕后期的饲养管理，供给全价日粮，羔羊出生后，及时哺喂初乳。

（2）发病后措施

【处方 1】手指掏粪：带上医用手套，石蜡油润滑，用手指取出直肠内结粪。或同时配合腹部按摩。

【处方 2】温肥皂水 200 毫升，或 5％芒硝溶液（5％硫酸镁溶液）20～40 毫升，灌肠。

【处方 3】石蜡油 5～15 毫升，一次灌服。

参考文献

[1]　陈怀涛.羊病诊断与防治原色图谱[M].北京：金盾出版社，2003.

[2]　常新耀，魏刚才.规模化羊场兽医手册[M].北京：化学工业出版社，2013.

[3]　魏刚才，齐永华.养羊科学安全用药指南[M].北京：化学工业出版社，2012.

[4]　金笑敏.兽医药方手册（修订版）[M].上海：上海科技出版社，2008.

[5]　刘俊伟，魏刚才.羊病诊疗与处方手册[M].北京：化学工业出版社，2011.

[6]　马玉忠.简明羊病诊断与防治原色图[M].2版.北京：化学工业出版社，2019.